本书得到南京大学"985"三期工程的资助

图书情报与档案管理创新丛书

信息检索相关性判据及应用研究

成　颖　著

科学出版社

北　京

内 容 简 介

本书通过对194名研究对象相关性判据文本的内容分析，解析出了包括传播特征、内容、情境、使用、系统特征、愉悦、质量、总体与文献特征9类相关性判据；解析出了包括参考文献、出版单位、出版时间、关键词、基金、篇幅、全文、题名、文献格式、文摘、语种、文献类型、来源期刊、作者和机构15个影响信息用户相关性判断的文献特征；研究了任务复杂性以及性别对相关性判据选择的影响。同时，基于相关性判据、价值增值模型、TEDS模型与信息系统成功模型构建了面向相关性判据的学术信息检索系统成功模型，并证实了模型的有效性。

本书可以作为图书馆学、情报学和信息管理与信息系统专业高年级本科生和研究生的参考用书。

图书在版编目（CIP）数据

信息检索相关性判据及应用研究／成颖著 . —北京：科学出版社，2011
（图书情报与档案管理创新丛书）
ISBN 978-7-03-032328-6

Ⅰ. 信…　Ⅱ. 成…　Ⅲ. 情报检索 – 研究　Ⅳ. G252. 7

中国版本图书馆 CIP 数据核字（2011）第 185331 号

责任编辑：李　敏　赵　鹏　王晓光／责任校对：陈玉凤
责任印制：钱玉芬／封面设计：王　浩

科学出版社 出版
北京东黄城根北街 16 号
邮政编码：100717
http：//www.sciencep.com

北京彩虹伟业印刷有限公司 印刷
科学出版社发行　各地新华书店经销

＊

2011 年 9 月第　一　版　　开本：787×1092 1/16
2011 年 9 月第一次印刷　　印张：16 1/4　插页：2
印数：1—2 000　　　　　　字数：362 000

定价：76.00 元
（如有印装质量问题，我社负责调换）

总　序

　　图书情报与档案管理作为独立的一级学科，如何在激烈的竞争环境中生存、扬弃、发展、创新，探索出一条既符合学科发展规律，又与社会、经济、科技和文化发展与时俱进的学科发展道路，是一代又一代图书情报与档案管理人光荣而神圣的使命。

　　南京大学信息管理系作为我国图书情报与档案管理学科的重要教学和研究阵地，从20世纪20年代创建伊始就一直以培养人才、创新科研、服务社会为历史使命。80多年来，已毕业的6000多名南京大学信息管理系学子遍及国内外图书情报服务机构，以及文教、传播等其他行业。

　　图书情报与档案管理学科的发展承载着先辈的学术寄托，从创建图书馆学科肇始，学科先辈就在为争取独立学科地位、构建自身核心理论体系及扩大教育规模而努力。图书情报与档案管理获得一级学科地位后，仍然面临"大学科观"与"小学科观"、"图书馆业务中心论"与"情报分析与服务中心论"等不同的学科发展路径争论。20世纪90年代以来，又面临紧跟计算机科学、互联网技术发展，适应工商管理需求的巨大挑战。

　　走向国际化、建成世界一流大学是南京大学的既定战略目标。南京大学信息管理系近日被批准加入国际iSchools图书情报教育联盟，这是我系推进国际化战略所迈出的坚实一步。从国际上看，2000年美国图书情报教育联合会就指出，图书情报教育的服务场景和核心技能正发生深刻蜕变，以数字环境和学科融通为特征的创新更为显著；美国图书馆学会也发现，美国所有图书情报学院开设的课程越来越多地围绕信息科学的前沿展开，充分体现了图书情报与档案管理学科的创新特征；2002年在意大利帕尔玛召开的"图书馆和情报研究国际化"研讨会和在赛萨洛尼基达成的"欧洲图书情报学教育重整和适应标准"，以及2003年在波茨坦召开的"应对变化——图书情报学教育管理变革"和随后推进的"博洛尼亚进程"均反映了学科内涵的跨学科发展与融合发展趋势。

　　国内外同行皆认为图书情报与档案管理学科目前仍然处于学科范式急剧"转型"阶段。因此，在学科范式和教育模式的探索中，必须以学科创新为前提和己任。南京大学信息管理系历来致力于学科前沿与社会服务的有机融合，其学科与期刊评价、数字图书馆技术、数字出版教育、数字人文阅读、信息系统采纳、信息用户行为、保密科技、档案信息资源建设等专业方向在国内外相关领域具有重要影响力。

　　咀英嚼华悟真知，南京大学信息管理系汇集了全系最新、最具影响力的一批科研成果，通过出版《图书情报与档案管理创新丛书》，既向国内外学者汇报南京大学信息管理系的科研进展，也想与国内外同行相互切磋，共同为图书情报与档案管理学科的发展贡献绵薄之力。创新是一个持续的过程，我们也希望通过国家"985"工程等平台的支持，以《图书情报与档案管理创新丛书》为载体，催生更多的学术成果，将图书情报与档案管理学科的学术创新精神延续传承。

古语曰："周虽旧邦，其命维新"①。仅以创新为旨向，以《图书情报与档案管理创新丛书》为形式，诉予大家同仁，是为志，亦以为序。

孙建军

2011 年 8 月于南京大学

---

① 引自《诗经·大雅·文王》

前　言

　　相关性是情报学基本问题的观点得到了国内外图书情报学界的普遍认同。国外的相关性研究无论在理论方面，还是实证方面都取得了丰硕的成果，相关成果可参见 Saracevic（1975）、Mizzaro（1997）、Schamber（1994）和 Saracevic（2007）等综述。相关性研究虽然也得到国内学界的重视，但是只能检索到为数不多的国外研究成果的综述与介绍。鉴于此，作者开展了基于本土的面向用户的相关性判据研究以及相关性判据应用研究。本研究的主要成果与结论有 4 个方面。

　　（1）相关性判据集。本研究以南京大学信息管理系 4 个年级与南京大学教育科学系 1 个年级的相关性判据文本数据为信息源，采用内容分析法解析出了包括传播特征、内容、情境、使用、系统特征、愉悦、质量、总体与文献特征 9 类相关性判据。通过频次分析发现，文献特征、质量判据、内容判据、总体和使用占据了相关性判据的主要位置，而愉悦、情境、传播特征和系统特征则相对没有那么重要。与 Schamber（1991）和 Barry（1993）研究相比，本研究拓展了面向用户的相关性判据集，提炼出了包括文献总体、文献使用与传播特征等三个新的相关性判据类别。

　　（2）影响信息用户相关性判断的文献特征。通过对相关性判据文本数据的内容分析，解析出了包括参考文献、出版单位、出版时间、关键词、基金、篇幅、全文、题名、文献格式、文摘、语种、文献类型、来源期刊、作者与机构在内的 15 个影响信息用户相关性判断的文献特征。

　　（3）任务复杂性以及性别影响相关性判据的选择。研究结果显示，用户在面对不同复杂性的任务时，在文献内容、文献使用、文献特征、作者与文献类型等相关性判据的选择方面存在差异；而性别维度仅影响作者、文献类型与文献总体层面的相关性判据选择。由于数据量的原因，本研究没能证实任务复杂性与性别对信息用户在选择来源期刊、机构、系统特征、传播特征与愉悦感知 5 个类别相关性判据的影响。

　　（4）基于相关性判据、价值增值模型、TEDS 模型以及信息系统成功模型构建了面向相关性判据的学术信息检索系统成功模型，并证实了模型的有效性。根据模型设计了问卷，问卷共发放 1114 份，回收 1054 份，其中有效问卷 929 份。通过对数据的结构方程分析证实：①系统因子 1 和系统因子 2 对选择性存在正负不同方向的影响，路径系数分别为 0.59 和 -0.39；②系统因子 2、系统因子 3 和选择性对系统效能存在正性的影响，路径系数分别是 0.11、0.15 和 0.50；③系统因子 1 和灵活性对自适应性存在正性的影响，路径系数分别达到 0.14 和 0.70；④系统因子 5、灵活性、时间认知和可靠性对系统性能存在正性的影响，路径系数分别为 0.20，0.29，0.10 与 0.38；⑤美感和娱乐体验对情感认知存在正性的影响，路径系数分别为 0.54，0.27；⑥系统因子 4 和系统因子 6 对易用认知存在正性的影响，路径系数分别为 0.23，0.21；⑦完整性、实时性、权威性、有效性对于信息质量存在正性的影响，路径系数分别为 0.26，0.26，0.38 与 0.25；⑧系统因子 1、灵活性、隐私和自适应性对服务质量存在正性的影响，路径系数分别为 0.10，0.15，0.10，0.52；⑨效能认知、性能认知、选择性、易用认知、情感认知与自适应性对系统质量存在正性的影响，路径系数分别为 0.21，0.30，0.29，0.08，0.32，0.23；⑩系统质量、信息质量对满意度存在正性的影响，路径系数分别为 0.56，0.29。最后，结构方程分析的结果表明，信息质量、系统质量与满意度对使用意图存在正性的影响，路径系数分别为 0.35，0.55 和 0.11，而服务质量对于使用意图存在负性的影响，路径系数为 −0.16。

本书共分六章，主要内容如下。

第 1 章，绪论。主要包括选题背景、研究内容与意义、研究思路、方法和创新点。本章还对本研究的核心概念相关性从多角度进行了探讨。

第 2 章，文献综述。全面系统地对国内外相关性理论以及相关性判据研究进行了综述。本章首先通过 3 个阶段阐述了相关性的理论研究；然后，将相关性判据的实证研究也分为 3 个阶段进行了详实地综述，并进行了归纳与总结。文献综述为本研究奠定了坚实的基础，既阐述了相关性判据研究领域的现状，同时也为本研究指明了方向。

第 3 章，相关性判据研究。根据从南京大学信息管理系以及教育科学系 4 个年级学生中采集的相关性判据与行为文本数据，采用内容分析法，分析出了包括传播特征、内容、情境、使用、系统特征、愉悦、质量、总体与文献特征 9 个类别的相关性判据。

第 4 章，相关性判据应用研究——建模与问卷设计。在对南京大学图书馆电子资源中呈现的中外文学术数据库进行了系统调研的基础上，结合第三章的研究成果、Taylor 的价值增值模型、Eisenberg 衍生的 TEDS 模型与信息系统成功模型构建了面向相关性判据的学术信息检索系统成功模型，并根据变量之间的关系提出了研究假设。根据模型完成了问卷设计并对问卷进行了项目分析以及描述性统计分析。

第 5 章，相关性判据应用研究——分析结果。报告了实证分析的数据分析结果，分别采用探索性因子方法完成了问卷结构效度的分析、采用 Cronbach's α 系数分析了各构念以及问卷各个部分的信度、采用验证性因子方法分析了问卷的收敛效度和区分效度，最后通过结构方程分析检验并修正了本研究第 4 章提出的理论模型。

第 6 章，研究结论与进一步研究方向。根据前面章节的研究，围绕构建的模型，探讨了选择性、系统效能、自适应性、系统性能、情感认知、易用认知、信息质量、服务质量、系统质量、满意度与使用意图等的影响因素，并分别根据研究的结果对学术信息检索系统的分析、设计与完善提出了具体意见。

本书的完成得到了南京大学孙建军教授、沈固朝教授、苏新宁教授、叶继元教授、朱庆华教授、郑建明教授、朱学芳教授与华薇娜教授的指导和帮助；书中的诸多观点得益于巢乃鹏副教授、李刚教授、汪传雷教授、柯青副教授、李明副教授、李君君博士、李宝强博士、苏君华博士与朱惠博士的有益建议，特此致谢。

感谢汪传雷教授、李刚教授、郭爱民副教授、巢乃鹏副教授、王水良研究员、陈先来副教授、张雪峰副教授、柯青副教授、闵红平老师、苏君华老师、李宝强博士、张俊松老师、王琛老师、徐春蕾老师、丁海燕老师、王云峰老师、沈奎林老师、李琳博士、程慧平博士、陈彬、孙海霞、史文轩、任静、黄贺方、杨石山、张露、王青、吴夙慧、龚思婷和张敏等同学在问卷调查方面所给予的帮助；对吴夙慧与张敏同学所付出的劳动致以诚挚的谢意。

本书得到南京大学"985"三期工程的资助。特此致谢！

成　颖

2011 年 7 月于南京大学

目　　录

第1章 绪 论

相关性是情报学基本问题的观点得到了国内外图书情报学领域主流学者的普遍认同。

国内，马费成教授和梁战平教授高屋建瓴地提出了情报学的相关性原理。马费成（2007）教授认为"研究和揭示情报相互关联（即相关性）的规律和规则，是有效组织和检索信息、知识、情报的基础"；梁战平（2007）教授提出"相关性原理应用非常普遍，如情报检索、引文分析、数据库知识发现、知识地图、数据挖掘、市场分析研究、专利图分析、证券分析等等"；张新民等（2008）总结了相关性类型及其关系的研究成果，进一步证实了马费成教授的观点；屈鹏等（2007）的研究提供了数据方面的支持，其在对国际情报学研究主题进行聚类分析的基础上，提出的研究结论认为"一级类目情报学研究下面，……，这些主题主要归属于检索和计量两个方面。其中检索主要包括文本检索会议、相关性与相关反馈、模型和用户行为等这些信息检索基础理论（相关性、评价、模型）方面的内容，它们应该是情报检索理论研究的核心部分，是情报学对于检索领域的主要贡献所在"。

国外，Saracevic（1975，2007）更是早在20世纪70年代就提出相关性是情报学基本问题的观点，其他众多的学者如Schamber（1994）、Barry（1994）等也持相同观点。目前，信息检索中的相关性研究在国外已经取得了丰硕的成果，在相关性本质的认识、相关性模型、相关性判据以及相关性行为研究等方面都取得了一系列成果。

1.1 研 究 背 景

学术界已经普遍认同将信息检索中的相关性研究分为两个学派，即面向系统与面向用户两个类别。面向系统的相关性研究主要由Salton（1989）等为代表的计算机界进行，面向用户的相关性研究则主要由图书情报学界进行，其中相关性判据研究一直是面向用户相关性研究中的一个核心课题。

相关性判据研究可以追溯到20世纪60年代分别由Cuadra和Katter（1967）和Rees和Schultz（1967）完成的两项相关性实验，70年代以及80年代前期的实证研究甚少，进入80年代中期之后，实证研究再次引起了学者的重视。迄今已经有多项实证研究相继展开，从研究手段上看60年代的研究主要基于实验室完成，80年代之后的研究则主要基于自然主义方法。

Cuadra和Katter（1967a，b）与Rees和Schultz（1967a，b）两个小组分别完成的相关性判据的实证研究在相关性研究历史上具有重要的地位并产生了深远的影响，至今仍被频繁引用。Cuadra和Katter（1967a，b）的研究认为焦点变量、界限变量、情境变量、刺激材料变量、个体差异变量以及量化尺度模式在相关性判断中起着重要的作用。Rees和

Schultz（1967a，b）的研究认为实验对象及其认知在相关性判断中起主要作用。

Saracevic（1975）在对上述两项研究的数据加以分析后认为，影响相关性判断的判据可以归结为 5 类：文献及文献表示、检索表达式、判断情境、标度以及实验对象。Schamber（1994）也对包括 Cuadra 和 Katter 以及 Rees 和 Schultz 的研究数据进行了分析，总结出了 80 项影响相关性判断的判据，并将其分为六类：实验对象、查询请求、文献、信息系统、判断情境与标度的选择。Schamber 认为"相关性的多维性仅仅是总体上的结论。实际上，存在更多影响相关性判断的判据，完整地将其列出是不可能的，这里列出的 80 项仅仅是一个比较合理的抽样而已"。

80 年代之后的相关性判据研究主要分为两类，第一类是对相关性判据比较全面的研究，主要研究特定情境中所有影响相关性判断的因素，第二类研究侧重于相关性判据的某一方面，比如文献排序对相关性判断的影响等。

其中属于第一类相关性判据整体研究的主要有 Nilan 等（1988）、Schamber（1991）、Cool 等（1993）、Barry（1994）、Schamber（1994，1996）、Wang（1994，1998，1999）、Tang 等（1998）、Bateman 等（1998）、Maglqughlin 等（2002）、Crystal 等（2006）。

属于第二类相关性判断部分因素研究的有 Eisenberg 和 Barry（1988）针对文献排列顺序对相关判断影响的研究、Janes 和 Mckinney（1992）与 Janes（1994）研究了不同类型实验对象对相关性判断的影响问题、Spink 等（1998）的研究主要集中于探询部分相关的判断判据及其价值、Zhang（2002）研究了相关性判断中的合作行为。

根据 Mizzaro（1997）的研究，到 1994 年为止，有关相关性判据的研究合计有 24 项；1994 年之后的相关性判据研究可以从 Saracevic（2007）得到反映，除了在 Mizzaro（1997）已经阐明的之外，Saracevic（2007）列举了 11 项 1995～2005 年的相关性判据研究。根据作者从 Weily Interscience、Ebsco、Elservior 等数据库的检索结果获得了 2005 至今的相关性判据研究 12 篇。

综合现有的相关性判据研究可以发现（成颖和孙建军，2004）：①不同学者的研究结论存在明显的差异。上述众学者的研究在描述相关性判据时都是围绕着一个个具体的判据完成的，而判据在不同的情境中最容易变化，因而也就导致了各位学者得到的相关性判据差异明显，这种状况意味着在相关性判据的研究中缺乏一个良好的描述框架。②在相关性判据的研究中，尽管学者们使用了一组相异的术语，不过大都认为用户是相关性判断的核心力量，同时认为用户的评估行为是一种认知现象。③除了相关性的认知本质以及动态性之外，众研究还证实了相关性判据是主观的、情境的、多维的以及可测度的。④相关性判据研究已经从原先的主要探讨学术信息源的相关性判据问题转变到多种不同类型的相关性判据研究，比如音乐、链接、医学影像、视频以及互动问答平台等。⑤随着针对不同类型文献的相关性判据研究的开展，研究对象也呈现多元化，比如音乐制作人、儿童、医务人员等。

在上述相关性判据研究中，存在的无法忽视的第一个现象就是虽然国外已经开展了 30 多项相关性判据的实证研究，但是该领域在国内一直鲜有研究开展，对国外研究成果的介绍散见于孙绍荣、康耀红、李国秋、王家钺、张新民以及成颖等的论文中；第二个现象是相关性判据研究成果的应用很少，上述研究中的作者在结合某语境完成了相关性判据的研究之后，鲜见继续开展紧随其后的应用研究，这种状况直接导致了面向系统与面向用户的相关性研究的脱节。

本研究针对上述两个现象做一些具体的工作，即首先开展基于本土的相关性判据研究，然后基于发掘出的相关性判据开展相关应用研究。

1.2　研究内容和意义

1.2.1　研究内容

1）用户的相关性判据研究

在相关性判据的研究中，学者们大都认为用户是相关性判据的核心力量，同时认为用户的评估行为是一种认知现象。基于该结论，拟研究个体在相关性判据中的认知、心理以及行为因素对相关性判据的影响。

2）相关性判据应用研究

面向用户的相关性判据研究应该为面向系统的相关性研究提供用户层面的内容。本研究以 Taylor（1986）的价值增值模型以及 Scholl 等（2011）改进的 TEDS 模型为基础，结合信息系统成功模型，探讨相关性判据在学术信息检索系统改进中的应用研究。研究结论可以从用户的相关性判据的角度为学术信息检索系统的改进提供依据。

1.2.2　研究意义

（1）相关性研究是情报学的核心，本研究将对情报学的理论体系的完善以及应用研究的深入提供有效的支撑。

（2）目前，面向系统与面向用户的相关性研究基本上各自独立。本研究认为，面向用户的研究应当为面向系统的研究提供更多用户层面的内容，以利于在检索系统的分析、设计以及利用方面更多地考虑用户的因素。本研究的价值之一就是可以通过面向用户的研究为面向系统的相关性研究提供个性化的支持。

（3）用户进行相关性判断需要依赖自身的知识储备、社会、心理以及问题情景等多方面因素，本研究力图充分发掘用户的心理与社会层面的因素，从而为用户的相关性判断提供较为有益的指导。

1.3　研究思路、方法与创新

1.3.1　研究思路

本研究首先在文献调研的基础上，结合专家咨询以及访谈等方式拟定研究的理论框架；然后采用文献调研、内容分析以及数理统计等方法完成本研究的基础工作——相关性判据的综述；再次根据从南京大学信息管理系以及教育科学系 2002 级、2003 级、2004 级和 2008 级获得的相关性判据以及行为方面的原始数据，利用内容分析法进行基于本土的相关性判据的研究工作，进而采用数理统计的相关方法分析不同任务维度以及性别维度的相关性判据的差异；最后根据 Taylor 的价值增值模型、Eisenberg 的 TEDS 模型以及信息系统成功模型开展相关性判据的应用研究，研究中采用结构方程模型研讨学术信息检索系统中的相关性判据所蕴含的各种功能以及功能点对于信息质量、系统质量与服务质量的影响，并进而讨论三个因子对于满意度以及使用意图的影响，根据路径系数总结出对于满意度以及使用意图产生主要影响的各相关性判据及其所涵盖的功能点，从而提出有针对性的改进学术信息检索系统的相关建议，研究路线图如图 1-1 所示。

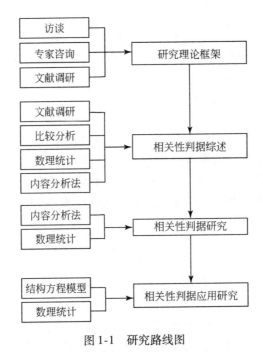

图 1-1　研究路线图

1.3.2　研究方法

本书主要采用文献调研法、专家咨询、访谈、内容分析法、比较研究、数理统计方法以及结构方程模型等多种研究方法。

1）文献调研法

本研究系统地就相关性理论、相关性判据、相关性行为、相关性评估、Taylor 的价值增值模型、Eisenberg 的 TEDS 模型以及信息系统成功模型等领域进行文献调研，从而充分地掌握这些领域当前的研究现状与进展。同时也就结构方程模型的相关应用进行必要的调研，掌握结构方程模型的分析模式，了解学者们在使用该模型时所遇到的问题以及解决的方案。全面的文献调研是本研究得以开展的基础。

2）专家咨询与访谈

在文献调研的基础上，经过充分吸收，确定初步的研究思路并拟定初步的研究方案，并就研究方案访谈南京大学以及武汉大学的相关领域专家，就方案的思路等相关问题开展专家咨询，根据专家意见优化研究方案，经过多次交互之后，形成研究方案。

3）内容分析法

目前，Kerlinger 给出的内容分析法的定义最具代表性，即内容分析是以测量变量为目的，对传播进行系统、客观和定量分析研究的一种方法。内容分析法的特征可以归纳为明显、客观、系统、量化 4 个方面。内容分析法的分析步骤包括提出研究问题或假设、确定研究范围、抽样、选择分析单位、建立分析的类目、建立量化系统、进行内容编码、分析数据资料与解释结论。本研究已经积累了 4 个年级的学生围绕课程作业形成的相关性判据文本数据，对这些无结构的文本，本研究将按照内容分析法的分析流程进行分析处理，从而获得信息用户的相关性判据，完成主要的一项研究工作。

4）比较研究

比较研究法是对事物异同关系进行对照、比较，从而揭示事物本质的思维过程和方法。本研究通过对国外的相关性判据实证研究进行比较分析，从中发现这些研究的共性与差异，力图找出研究中所蕴涵的跨平台、跨语境的相关性判据集。

5）数理统计法

本研究中涉及大量的基础数据的统计分析，包括相关性判据分析中的求和、均值、t 检验、秩和检验等，还包括问卷分析中大量的最大值、最小值、标准差、均值、主成分分析、信度分析以及效度分析等。

6）结构方程模型

结构方程模型，也称为结构方程建模（structural equation modeling，SEM），是基于变量的协方差矩阵分析变量之间关系的一种统计方法，也称为协方差结构分析（侯杰泰等，2004）。SEM 整合了因素分析和路径分析两种统计方法，同时检验模型中包含的线性变量、潜在变量、干扰或者误差变量间的关系，进而获得自变量对因变量影响的直接效应、间接效应或者总效应（吴明隆，2009）。本研究通过 TEDS 模型与 ISSM 模型，结合相关性判据进行 SEM 建模，分析检索系统的功能、功能点以及元素对相关性判据的影响，进而分析相关性判据对信息质量、系统质量以及服务质量的影响，并探讨三者对满意度和使用意图的影响。SEM 分析的结果将对基于相关性判据的检索系统改进提供积极的借鉴。

1.3.3 创新之处

（1）构建了一套基于本土研究的面向用户的相关性判据集。国内面向系统的相关性研究已经尽显实证之风,大部分研究都有丰富的数据支持,但是面向用户的相关性研究则实证相对偏少。本研究构建的相关性判据集对信息检索系统的分析、设计以及系统性能的改善提供了用户层面的依据。

(2)证实了 TEDS 模型的有效性。与技术采纳模型(TAM)、任务技术适配模型(TTF)以及整合性科技接受模型(UTAUT)等模型的大量实证相比,Taylor 提出的价值增值模型以及衍生的 TEDS 模型,实证研究甚少,模型的有效性如何尚未见实证数据的支持,本研究为 TEDS 模型的有效性提供了实证支持,证实了该模型的有效性,能够有效地阐释学术信息检索系统的采纳与接受问题。

(3)将面向用户的相关性判据的研究成果应用于面向系统的相关性研究。面向用户与面向系统的相关性判据研究的分离,导致了学术信息检索系统的提高与改进步履维艰,一些检索系统的改进看不到用户数据支持的影子。本研究通过详实的问卷结合结构方程模型分析将对学术信息检索系统的改进提供丰富详实的用户数据支持。

(4)开发了一个结合相关性判据、学术信息检索系统元素、TEDS 模型以及信息系统成功模型的量表。量表开发是"具有定量取向的社会研究的关键一环",它在社会调查研究中"有着极为重要的作用"(风笑天,2005)。实证分析的结果表明,该量表能够有效地阐释学术信息检索系统的成功因素。

1.4 术语定义——相关性

信息检索相关性的研究队伍主要来自两个学科,其一是以 Mooers、Taube、Perry 以及 Salton 等为代表的计算机科学界,他们的研究主要围绕检索系统展开,包括系统的分析、设计、检索算法以及性能评估等,尤其是表征用户信息需求的查询表达式与文档或文档替代品的匹配算法与模型是核心的研究内容,比如布尔模型、向量空间模型、概率模型、神经网络模型等是其主要的研究成果,这支队伍从 20 世纪 50 年代至今一直统领着信息检索的研究。另一支队伍来自图书情报界,代表人物包括 Cuadra、Katter、Rees、Schultz、Saracevic 以及 Schamber 等,他们的研究重点是用户或者检索中介在检索过程中的认知、交互以及情境等层面。

现在学术界把这两支队伍分别称为系统中心(system-centered)学派以及用户中心(user-centered)学派,即前者主要以检索系统的内部机制为研究重点,后者则以用户以及用户与系统的交互为研究重点。目前,两个学派在相关性研究的各个方面都泾渭分明,比如研究方法、领域、各自的学术团体等。以学术团体为例,在美国面向系统的学术团体是美国计算机协会(ACM)中的信息检索专门兴趣组(SIGIR),面向用户的学术团体则是美国信息科学协会(ASIS),各自的学术刊物、学术会议等基本上也都井水不犯河水。

尽管二者的区分明显,不过他们研究的目的是共同的,即都以提高检索系统的性能以及用户的满意度为己任,两项研究之和贯穿了信息检索交互模型(图 1-2)的全部。下面的阐述将围绕该模型展开。

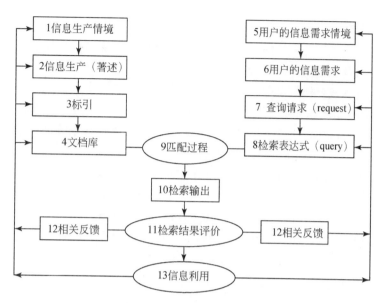

图 1-2　信息检索交互模型

1.4.1　面向系统的相关性

面向系统的相关性也称为系统观的相关性，源于信息检索系统的理论与实践，概念上是指用户信息需求的检索语言描述与系统中文档的检索语言描述之间的匹配关系。目前，系统观的相关性定义形式很多，其中使用最多的是 Cuadra 与 Katter（1967a）给出的定义"相关性是查询表达式与文档内容的一致性，也就是文档所涵盖的内容对查询表达式的适合程度"。Saracevic 曾对系统观定义进行了整理，择其要者有"文档和问题之间的一致性，可用以测量文档提供信息的程度"、"文档根据问题提供解答，而此解答的优劣或其满足信息需求的程度"以及"文档和问题间的关系程度，此关系包含相关程度、重复程度和适合程度等"。系统观研究的着眼点主要包括图 1-2 中的 4、8、9 以及 10 等 4 个部分，由系统完成，无需用户干预。现有的文献中有些学者用其他词汇描述系统观的相关性，主要有匹配（matching）、相似度（similarity），系统相关性反应（system relevance response）、主题性（topicality）等。

系统观的相关性必须接受三个基本假设：其一是查询表达式中的主题词足以描述用户真实的信息需求；其二是赋予文档的主题词足以概括文档的主题内容；其三是匹配的结果恰为与用户真实的信息需求相关的文档集合，这些假设是系统观相关性的基础。系统观的相关性认为相关性是系统的内在机制，也就意味着所有检索出的文档都是用户相关的，同时主题词在表示内容或者意义方面必须精确且一致，也就是说，甲和乙输入相同的检索问题，会得到完全相同的输出信息，这种纯以主题决定相关的做法，目前依然是信息检索系统的主流。

1. 系统相关性的实现

系统观的相关性研究源于 20 世纪 50 年代开始的信息检索系统试验，其中将信息检索描述为系统与用户两个集合间的匹配关系，系统集合中的元素主要是以多种方式表示的文档，而文档则通常以文件等形式加以组织；用户集合中的元素则包括由用户最初的信息需求经觉察、表达以及形式化等过程转变成的系统可理解的查询表达式（query）。该观点依赖诸如主题词的精确或者模糊逻辑匹配等能够客观观察以及测试的现象，集中于技术层面上的输入/输出功能（例如标引、检索）以及系统内部的匹配或者相似性判断（例如文档权重、聚类）等。Saracevic（1975）认为"隐藏在所有信息检索系统内部的是相关性概念的某种解释"。下面对这些隐藏的相关性概念的解释加以分析。

（1）基于词汇选择相似性的相关性。在手工标引以及包括布尔模型或者向量空间模型等在内的检索模型中，相关性概念的解释是用户或者标引者与系统之间的词汇选择相似性。其内在的假设是用户与系统将为同一文档选择相同的标引词。不过，该假设并不成立，Markey（1984）与 Leonard（1975）的研究表明：标引者主题词选择的一致性分别徘徊在 4%～82%与 10%～80%的范围，表明在标引词选择方面存在相当的不一致性，这也意味着用户同样可能为同一文档选择不同的词汇。因此，相关性既不能保证词汇选择的一致性，也不是词汇选择相似性的内在特征。

（2）基于语法结构相似性的相关性。自然语言处理的一个重要目的就是展现文档表示或者信息需求表示的语法结构。Metzler 等（1990）研制的"组件对象解析器"能够生成句子层次语法结构的二叉树表示，该研究基于如下的假设：句子的意义内嵌在句子的语法结构中，相关性就是语法结构的相似性。不过，Salton 等（1990）指出使用计算机分析文本的前提是：计算机需拥有能够支撑语法分析的语义以及语用知识库，然而，该知识库在现阶段计算机中的实现是不现实的，至少目前是这样。从而，计算机的语义分析限制是明显的，因此语法结构的相似性并不能保证语义的相关性。在考虑词汇选择不一致性的基础上，基于语法结构相似性的相关性的价值将更难以体现。

（3）基于词频的相关性。词频以及词的区分度早已用于自动标引以及自动分类，其基本的假设是词频与相关性之间存在一定的联系。为了增强词频的有效性，Liddy（1990）研制了用于消除首语重复法的算法，如果前面的假设是正确的，则该算法的效果很值得期待。不过，该算法的实际效果并不显著，词频与相关性更加明确的关系还有待进一步证实。

（4）基于概率的相关性。在概率模型中，相关性概念是用户相关性判断的概率。相关性意味着如果先前用户根据某一检索词将一篇文档判断为相关，则当前用户根据该检索词将该文档判断为相关的概率将增加。它假设当前用户的特征与先前的用户特征相似，且当前用户的相关性判断也类似于先前用户的相关性判断。如果该假设是错误的，则当前用户的相关性判断将不同于先前用户的相关性判断，从而该模型的效度将很低。不过，概率相关性的效度还依赖于相关性判断的概率分布，如果概率分布是广泛的，则信息检索将是低效的。相关性判断的影响因素研究，Leonard 与 Markey 分别完成的标引词选择不一致性的研究以及由 Schamber（1994）总结的相关性的多维的、动态的以及可测度的等特征都显示概率分布的广泛性是可能存在的。除此之外，基于概率的相关性仅考虑了相关性数量方面的特征，它假设相关性维度间的差异对信息检索的有效性没有影响，而这一点假设显然有缺陷。

2. 优势与缺陷

系统观相关性的优势在于它源于实际的系统应用与评估，明确地定义了信息检索以及信息检索系统研究与发展的目标，它面向表示、组织、匹配等在系统控制中的相关过程，并通过信息检索系统的广泛应用获得了成功。系统观相关性的优势还在于其简单明了，易于操作且直观，所以一直是信息检索研究者乐于接受的。实际上这也是因为设计检索技术时必须假设存在着某种"客观"的相关性判据，否则信息检索研究将无法进行下去。信息检索内在的不确定性与相关性判据的不确定性，对于要求精确的计算机科学来说确实不利。在此情况下，假设存在客观标准也是不得已的办法。系统观的相关性大多数情况下都通过现在仍然广泛应用的布尔精确匹配方法以及后来改进的基于概率、向量、逻辑以及自然语言处理等的最佳匹配方法完成。大多数信息检索评价研究，包括从 20 世纪 50 年代与 60 年代早期的 Cranfield （1997） 研究到 90 年代的 TREC 评价，都是采用这种基于系统观的相关性完成的。

诚然，系统的内部特征会影响系统的性能，不过显然这不是影响相关性判据的唯一层面。相关性的系统观，尽管正确，但是不全面。系统观的相关性定义集中于检索系统的内部机制，造成了事实上对用户作用的忽视。然而在检索系统的实际应用中，实际上最终是由用户来决定检索结果是否有用，或在某种意义上满足用户的需求。正如 Saracevic （1975） 所阐述的，到 20 世纪 50 年代末期，学术界"已经正式认识到相关性可能并不仅仅简单的是与检索内容的高效匹配相关联的系统现象"。

1.4.2　面向用户的相关性

以用户为中心的相关性主要研究用户以及用户或者检索中介与系统之间的关系，该类型的相关性是主观的，不过根据主观程度的不同，现在学界又将其分为信息观的相关性以及情境观的相关性。

1. 信息观的相关性

信息观的相关性是指查询请求与文档间的概念关联性判断，而判断则主要基于信息问题与信息外在表现间的关系，判断的实质是判断者内在的知识储备。信息观相关性的主要着眼点是图 1-2 中的 1 ~ 3、7、8、10、11，主要由检索中介或者用户完成，其基本假设是检索中介能够全权代表用户完成解决用户信息问题的特定信息的相关性判断。例如，检索实践中专业的检索中介能够代替实际用户完成文档的相关性判断，标引者能代替潜在用户完成文档"关于性"的判断，主题专家或者研究者在信息检索系统的测试中能代替用户完成查询与文档间的评估等。文献中常用的描述信息观的相关性的词汇还包括关于性（aboutness）、相关性（relevance）、主题性（topicality）等。目前 Cooper、Ingwersen、Lancaster 等学者的观点属于信息观的相关性范畴。

Cooper （1973a） 提出了逻辑观的相关性，其着眼点在于不同元素关系的本质，而本质需通过推理体现，目前该观点主要有两种类型：①主要源于演绎逻辑的演绎推理观点；

②主要源于归纳以及概率的概率推理观点，由于演绎逻辑要比归纳逻辑完整与精确得多，因此前者也要比后者完整、精确得多。Cooper（1973a）认为：相关性是推理的本质属性、句子是存载信息的基本语言单位、信息需求以及检索系统中的数据可以通过陈述句加以表示。若此，语句 s 与另一语句 r 相关（或是其逻辑非 ¬ r）的前提是 s 属于包括 r 的最小前提组（minimal premise set） M。形式化的表示就是：relevant（s，r）iff $\exists M$（$s \in M \wedge M \mid = r \wedge M - s \mid \neq r$）。最小前提组在哲学上的定义是"能推论出所需结果的最小前提集合，在此集合中，如果删除任一前提，就无法以逻辑推理得到所需结论"。文档 D 被看作语句的集合 $D = \{s_1,$ $s_2，\cdots s_n\}$，它与检索请求 r 相关的定义是 relevant（D，r）iff $\exists i$（relevant（s，r））。基于此，Cooper 的逻辑相关的定义为："一句子和信息需求逻辑相关的必要条件是其所属文件（以储存的句子表达）必须包含构成信息需求的最小前提组。"逻辑相关存在三个基本限制：①检索查询只能为是/否型问题，从而可以将其转换成一对是否型的组件语句（component statement）；②储存在系统中的数据必须是已组织好的语句，从而组件语句可以成为最小前提组推演的逻辑结论；③检索行为是推演性的，它能提供直接的答案，而非参考型书目。

Ingwersen（1992）认为存在 4 种不同的关于性。①作者关于性。Salton（1989）等学者认为关于性是与作者撰著的文档中的内容存载单元相联系的，从而可以直接采用源于文档自身的词汇以表示信息，这就是作者关于性，即图 1-2 中的 1、2。作者关于性已经成为自动标引与匹配技术的理论基础，提供了已经修改的作者知识状态表示。不过，学界已经注意到自动标引的逻辑、算法以及规则等并不能完整地体现作者最初的意图或者知识状态。②标引者关于性。由标引者将作者的自然语言描述转换到控制词表的词汇描述，即图 1-2 中的 2、3。理论上讲，标引者关于性要优于作者关于性，因为标引者的作用就是形成文档内容的统一解释与描述。不过，实践中标引者的不一致性是客观存在的，即同一文档被不同的标引者分到不同类别或者赋予不同标引词的现象是客观存在的。③查询请求关于性。决定于用户或者是查询中介如何将查询请求（request，即信息需求的自然语言描述）转换为查询表达式（query，即信息需求的检索语言表示），即图 1-2 中的 7、8。④用户关于性。取决于标引者在标引时对用户所知与所想的考虑，即图 1-2 中的 2、3。由于用户情境经常变化且难以正确定义，因而用户关于性更加真实且动态地描述了信息的总体特征。

Lancaster（1979）提出了面向文档的相关性判断与面向问题的相关性判断，前者的判断由一组判断者（例如标引者或者检索中介）完成，他们最终能达成一致，后者的判断则仅由用户完成。这种划分部分源于这样的认识，即用户与非用户都可以访问由人们共享的公共知识，因而在某种程度上是客观的，而用户还可以访问与其个人情境紧密相关的私有知识，因而又是非常主观的。

2. 情境观的相关性

情境观的相关性描述了信息与用户信息问题情境之间的关系。情境观的相关性认为只有用户才能完成有效的相关性判断，该观点与信息观的相关性相比，在主观性方面前进了一步。文献中描述该观点的术语包括相关性、有用性（usefulness）、效用性（utility）、满意度（satisfaction）以及主题性（topicality）等。目前 Wilson、Harter 以及 Schamber 等学者的观点属于情境观相关性的范畴。

1）情境相关

Wilson（1973）是最早提出情境相关性概念的学者，他认为情境相关性是通过概率归纳逻辑描述的信息与用户个人情境间的关系，涉及用户个人的思考、偏好以及知识储备等。Wilson 的情境相关是以 Cooper（1973）的逻辑相关为基础，融合了归纳逻辑中的证据相关、用户个人的知识状态及其关注点（concerns）等衍生而成的，因此它包括下列 4 方面：①逻辑相关；②证据相关；③个人知识状态；④个人关注点集合（a set of person concern）。情境相关的本质是一种逻辑相关，但其不同于逻辑相关，因为逻辑相关是介于主观与客观相关之间的，即其主观性的程度方面明显弱于情境相关，而情境相关由于考虑到个人的认知状态、兴趣和喜好，因此不同用户即使检索相同的主题，也很有可能得到完全不同的输出结果。

Cooper（1973b）的逻辑相关是从演绎法的观点来看相关，他认为当一篇文章包含构成答案或是可推论出答案的最小前提组时，这篇文章即被判定为逻辑相关。不过，Wilson 认为仅仅从演绎的观点来探讨相关是不够的，还需要从归纳的视角进行思考，也就是说，当文章中的信息能强化某一前提、假设或概念时，这篇文章也应被视为证据相关的文章。证据相关在信息检索方面也相当重要，因为能强化用户假设或推论的文献都应该是有价值的文献，所以用证据相关来补充逻辑相关的不足，对相关概念是一种突破。

通常，情境相关所谓的情境是信息需求者所觉察到的情境，而非其他人所觉察到的情境，因此判定情境相关的先决条件，必须先了解并描述信息需求者个人所处的情境。一般而言，信息需求者所提出的问题应该是其所关心的问题，但决定相关与否的情境却不一定是其所关心的情境。Wilson（1973）认为影响情境的要素有下列几项：①偏好（preference），他认为偏好对用户的意义重大，与问题和答案均息息相关；②兴趣（interest），用户所关心的事物多为其有兴趣的；③时间（time），可分为发生的时间与提起此事的时间，因此相关会随着时间、时代的改变而所有不同；④程度（degree），相关应有程度的差别；⑤完整性（completeness），很难完整地描述所有相关与不相关的事物；⑥显著信息（significant information），可改变认知状态的价值非常大的信息；⑦实用信息（practical information），相关是一种实用相关，故有实用价值的信息会对情境予以考虑。

Wilson（1973）的情境相关对相关性研究的影响很大，他不但提出证据相关以弥补逻辑相关的不足，还将相关的范围延伸到个人的知识状态，这些想法和当今的信息系统设计的理念不谋而合。通常，以情境相关作为相关判断的判据，其面临的最大难题在于描述个人的认知状态及文字与文字间的演绎与归纳关系，而该难题在短时间内还是难以解决的。因此，该领域的研究需要研究者在认知心理学、学习理论及人类思维等领域进行深入的研究与探索，因而也需要多学科的合作。

2）心理相关

1992 年由 Harter（1992）提出的心理相关在情境观的相关性中影响深远。他认为应当将用户的认知状态、过程及变化作为相关性评估的基础，其思想主要来自 Sperber 和 Wilson（2001）合著的《关联性：交际与认知》（*Relevance：communication and cognition*）一书。Harter 从 Sperber 的通信相关性框架中分析并吸收的主要观点为相关性是处理通信与认知的最大化，该观点在信息科学中的应用即相关性是对信息需求的满足，意味着对用户当前动态的持续变化的信息需求的认知状态的满足。不过，信息需求的表示"即使不是不可能也是极其困难的，不过如果力争对其加以描述的话，也将是动态变化过程中的信息需求"。心理相关性是动态的，其基本假设为"检索者认知状态是随着每一个相关引文的发现而变化与演进的"。Harter（1992）认为相关的必要条件"必须能改变人的知识状态"，由于该观点主要考虑了认知层面，因此许多学者认为将其称为"认知相关性"更合适，不过该术语现在已经约定俗成。

系统相关性的缺陷是导致心理相关性出现的最直接原因。事实上，一般对话中提及相关时都不是指系统相关中的"关于某主题"（on the topic），而是一些互相关联的主题、加强或减弱个人认知的信息、或是从其他角度观察事物等较容易被认为是相关的，换句话说，设计信息检索系统时所使用的"关于"（about），并不是通常的相关定义，而是为了兼容早期以词汇描述信息需求及文档主题的相关定义。Harter（1992）认为将相关的概念局限在"关于"（主题相关）层次，对相关性概念的发展是致命的，并进而阻碍信息科学的发展。因此，如何从认知或心理的角度了解相关，尤其是从认知状态或知识状态的改变来认识相关，已经成为相关概念发展的新方向。

心理相关阐述了人内心世界描述的困难，采用语言描述时尤其如此。心理相关的不足在于，它只考虑了个体的心理状态，仅仅阐述了对信息需求的描述，以及当接受到新的信息时所产生的认知变化。它完全忽略了检索过程的动态性以及交互性，以及与之相关联的相关性的动态性，而这些已经通过许多研究得以证实。进而，心理相关忽略了能够经常被观察到的情境方面的差别，这些表明信息需求能够在比较差和比较好的状态下存在，而它则主要将信息需求聚焦于较差的一端。尽管在相关性的解释方面心理相关性独树一帜，但是心理相关性在信息科学的相关性研究中仍然只是一个非常局限的框架。它的局限性要比情境相关性等更加显著。

3. 小结

Saracevic（1975）曾经对面向用户的相关性概念做过比较好的总结，他认为相关性定义可以通过以下模式加以概括，即"相关性是由 E 评估的存在于 C 与 D 之间的 B 的 A"。其中，A、B、C、D 以及 E 可以由表 1-1 中的词汇代替。

表 1-1　面向用户的相关性

A	B	C	D	E
测评	一致性	文献	查询表达式	人
程度	效用	文章	查询请求	判断者
维度	联系	文本格式	所利用的信息	用户
估计	满意度	参考	观点	请求者
评价	适合性	提供的信息	信息需求	信息专家
关系	关系	事实	陈述	
	匹配			

近年来，相关性的研究主要围绕着由 Schamber（1994）等提出的新的相关性框架展开，框架中 Schamber 认为相关性是一个多维的概念，是非常复杂且兼具系统性与可测度性的概念，它决定于内部认知、外部情境因素的动态判断过程。该框架将相关性定位于情境的背景之下，归纳了相关性的主观性本质，强调个体的实践思考、给定的情境、知识的储备以及基于时间的动态交换等。随之，研究者开展了大量成果丰富的研究，拓展了相关性的知识。不过，它也存在着不足，主要的缺陷在于它忽略了信息检索过程与系统的内在联系的动态性与情境性。实际上，情境并不局限于一个单独的个体或小组，也存在于面向信息科学的信息检索。该框架的优势在于解释了硬币的一面，而没有将另一面纳入思考。

4. 结论

尽管描述相关性的术语存在差异，研究的视角也存在显著的不同，但是学者们在相关性判断方面已经达成下列共识。

（1）系统性，系统观的相关性尽管是非常重要的，且仍然是目前信息检索系统主要的实现形式，但仅仅依赖它显然还是不够的。

（2）主观性，即依赖于人（包括用户以及非用户）的判断，并且它不是文献或信息的内在特征。

（3）认知性，即最终总是依赖于人的知识以及理解。

（4）情境性，即与个体用户的信息问题紧密相连。

（5）多维性，即受到多因素的影响。

（6）动态性，即随着时间的推移不断变化。

（7）可测度性，即在某个特定的时刻是可观察的。

总而言之，相关性评估是与用户的经验、认知状态以及思考紧密相连的，最终的相关性判断只能由最初信息查询的提出者完成。用户的信息需求情境是一个典型的动态变化的情境，获得了新的信息之后，是可以更新以及修正的。相关性评估包括多个层面的交互，这些层面包括用户的情境和目标、用户的知识水平和信念、被评估的信息、信息的表示方式、环境中其他信息的可获得性、时间、在获得这些信息过程中的获益和消耗等。

虽然目前面向系统与面向用户的相关性研究都开展得很好，已经包容了信息检索交互模型的整个过程，不过目前二者这种泾渭分明的研究现状还是让人感到非常遗憾。系统观的相关性没有考虑用户层面，面向用户的相关性研究又没有纳入系统层面的思考。将二者予以融合，达到相得益彰的效果才是相关性研究应该完成的，也才能促进信息科学的进步与发展，也是本研究的目的之一。

第 2 章　文　献　综　述

《美国传统词典》相关性词条的解释是"pertinence to the matter at hand"（与手头的事务有关），《汉语大字典》以及《现代汉语词典》对相关的解释是"彼此关联"，这些权威词典的解释实际上就是人们对相关性的直觉理解。相关性是频繁使用的、基本的认知概念，几乎没有人使用相关性一词时会思考其严格的定义，其原因在于相关性概念已经非常基础，类似于自然科学中的公理，无需定义。相关性的直觉理解认为相关性是动态的，随着意图、认知水平以及手头事务的变迁而变化。在人际交流、信息检索以及信息咨询等任何交互式的活动中，都会将其用于过滤、评价、推理、排序、接受、拒绝、联系、分类以及其他类似的任务。相关性的广泛应用，是以相关性为基础的信息检索系统能够获得广泛而深远的成功的内在原因，即人们能够依靠直觉非常容易地理解所检索的一切。相关性直觉理解的日常应用虽然没有任何障碍，但不足之处在于缺乏对其本质的思考。下面本章就相关性在信息科学尤其是信息检索领域的本质问题综述学界的思考。

2.1　相关性理论研究综述

Saracevic（1975）认为 Bradford 是信息科学中最先使用"相关"（relevant）一词的学者，其在 20 世纪 30 年代发表的"文献的混沌状态"（The Documentary Chaos）一文中首次论及"主题相关"（relevant to a subject），此后，相关性逐渐成为信息科学中最基本的概念。知识交流学派的代表人物 Saracevic 认为信息科学之所以成为独立学科，而不再附属于图书馆学或者文献学的原因就在于它开展了相关性的研究，也在于相关性能够解释科学交流中的诸多问题。Schamber（1990，1994）等认为相关性是设计与评估信息检索系统的依据，同时也被应用于人类信息行为的研究中。

自 20 世纪 50 年代开始，"相关性"（relevance）已经成为信息科学，尤其是信息检索领域一个历久不衰的研究课题。到目前为止，国外已有大量的学者对信息检索中的相关性进行了深入的研究，根据 Mizzaro（1997）的统计结果，到 1997 年已经有近 160 篇文献以相关性为主题进行了研究。近年来，相关性依然是信息检索科学的研究热点，具体表现在信息科学的核心刊物 IP&M 以及 JASIS 及其改名后的 JASIST 都持续不断地发表了大量的相关性研究论文。与国外相关性研究的欣欣向荣相比，其在国内却一直是个鲜见研究的领域，对国外研究的介绍也散见于孙绍荣、康耀红、李国秋以及王家钺等学者的论文中。

根据 Mizzaro（1997）的观点，相关性研究从起始到现在大体上可以划分为三个阶段，分别是 1958 年之前，1959～1976 年以及 1977 年至今。第一阶段的标志是 1958 年的科学信息国际会议（ICSI）；第二阶段的标志是 Saracevic 在 1975 和 1976 年发表的相关性研究的阶段性综述；第三阶段的结束至今还没有明确的让人信服的标志。其中第一阶段的研究甚少，第二阶段则是相关性研究历史上最为重要的阶段，其间进行了大量的理论与实证研究，所形成的理论以及实证研究的结论已经成为后来相关性研究的基础与框架，而第三阶段虽然起于 1977 年，但是真正的繁荣则是 20 世纪 80 年代后期以及 90 年代初期。

2.1.1　第一阶段的研究

第二次世界大战激发了科学技术活动的空前活跃，其结果是形成了大量的研究报告与著作。第二次世界大战结束后，Vannevar Bush（1945）提出用刚刚问世的计算机技术对科技文献进行管理的建议。受此建议启发，在 20 世纪 40 年代末 50 年代初 Taube、Mooers、Perry 以及 Luhn 等学者设计并实现了信息检索系统。系统中，查询与检索是基于集合论与布尔代数实现的，使用二者的原因在于其规范化好且易于计算机的实现。系统内在的假设是检索出的文献就是与查询相关的文献，而没有检索出的文献也就是与查询不相关的文献。

不过，Taube（1952）等信息检索研究的奠基者们很快就意识到并不是所有检索出的文献都是相关的，不过学者们关注的焦点是非相关（non - relevance），他们认为误引（false drops）以及噪声（noise）等是由系统内在机制的缺欠造成的，例如文献表示的低效及其应用的不足等。学者们的研究形成了系统相关性的基本观点，即相关性主要是受系统的内在特征与操作影响的，主要包括分类表、索引、词汇的语义以及语法描述、文献组织以及检索提问的分析与检索策略等。系统的内在机制将影响其性能与行为，信源如何处理信息显然会影响信宿的效益，但是据此而排除其它层面也弊端明显。因此系统观的相关性研究尽管是正确的，但也是不全面的，它甚至都没有将对相关性影响巨大的文献选择过程作为系统观的一个层面进行研究，至今也鲜有文献对选择过程展开研究。

系统观的相关性研究在 1958 年的科学信息国际会议（ICSI）上遭到了严峻的挑战。会上学者们对仅仅从系统的角度研究相关性所产生的诸多问题进行了正式的并且深入的研讨，结论认为相关性的研究必须突破系统观的限制，应当把人的因素引入相关性的研究。除此之外，会上学者们还希望能顺利解决相关性研究的两大争议：一是相关性的哲学基础及科学定义，另一则是相关性的测度方式，不过遗憾的是这两个问题现在依然没有完全解决。这次会议上，Vickery（1985）提出将相关性分为"主题相关"（relevance to a subject）和"用户相关"（user relevance）二种模式。Vickery 将主题相关用"主题性"（topicality）表示，并将其定义为描述检索问题的主题词和描述文献的主题词之间的匹配关系，显然该定义等价于系统观的相关性。Vickery 将用户相关性定义为用户检索相关信息的愿意程度，他理应由用户根据自身的情况决定，因此被称为用户观的相关性。主题相关性属于以系统为出发点的客观概念，而用户相关性则大多涉及主观因素。Rees 和 Schultz（1967a）总结的 ICSI 结论认为：相关性不应局限于系统层面；相关性的内涵应该超越文献内容的本质和文献的关联性；相关性判断不应是二元的；相关性研究必须扩展到用户层面。

2.1.2　第二阶段的研究

该阶段掀起了相关性研究的第一次高峰，出现了在相关性研究历史上产生重大影响的大型实证研究以及一系列理论研究。下面从理论研究角度分别阐述该阶段的主要研究。本阶段的理论研究精彩纷呈，其中作出重要贡献的包括 Maron、Kuhns、Goffman、Hillman 与 Cooper 等。

Maron 和 Kuhns（1960）是信息科学中进行相关性理论研究的先行者之一，他们期望利用概率实现文献的相关性排序。Maron 和 Kuhns 认为"信息科学中相关性概念的解释与香农信息论中信息量概念的解释是相似的，因此也可以用概率方法对相关性概念进行研究"。据此，他们提出用"相关量"（relevance number）作为相关性的量化值，该值的条件概率基本上是由用户的查询、查询的主题域、查询表示及系统检出的文献 4 项因素共同决定，换句话说，相关量即用户以"需求的主题域"形成"查询表示"后，"系统检出的文献"能满足"信息用户查询"的概率。Maron 和 Kuhns（1960）的贡献在于他们认为用户的查询、查询的主题域、查询表示及系统检出的文献等是影响相关性的因素，意识到这些因素之间存在着某种关系，并引入概率的方法对该关系进行描述。概率方法在许多现象复杂的领域中都取得了成功，不过提出将概率作为一种测量的尺度是一个问题，如何得到具体的概率值则是另一个问题，后者是实践中主要需面对的问题，也是到目前为止依然需要更多努力的问题。

第二个相关性理论由 Goffman（1964）提出，其主要目的在于探讨查询表达式与文献所存载信息之间的相关关系，研究基于集合论进行。他认为数学上作为测量值必须满足 4 个必要条件，形式化的表示如下。

定义集合 N，M，对于每一 $N \subset M$，赋值 $\mu(N)$ 必须满足下列必要条件：

①对于每一个 $N \subset M$，$\mu(N) \geqslant 0$；

②对于每一个 $N_1 \subset M$ 以及 $N_2 \subset M$，且 $N_1 \subseteq N_2$ 则 $\mu(N_1) \leqslant \mu(N_2)$；

③对于每一个 $N \subset M$ 以及 N 的补集 $\overline{N}$，$\overline{N} \subset M$，则 $\mu(N) + \mu(\overline{N}) = \mu(M)$；

④对于 N_i，$i = 1, 2, \cdots k$，是 M 的无交集的子集，则

$$S = \sum_{i=1}^{k} N_i \text{ 是 } M \text{ 的子集并且 } \mu(S) = \sum_{i=1}^{k} \mu(N_i) = \mu \sum_{i=1}^{k} N_i。$$

必要条件：①说明测量值必须是大于等于零的实数；②保证了测量值必须是有序的；③说明测量值应有绝对零点，即 $\mu(0) = 0$；④测量值必须满足完全相加（completely additive）。Goffman（1964）认为若将相关性定义为每篇文献所存载信息与查询表达式之间的关系，则相关性不可能成为测量值，因其违背测量值的必要条件（②，③，④）。很明显，单篇文章的相关值之和不一定会等于所有文章的相关值（违背必要条件④；相关值 4 和 2 的差距，不一定等于相关值 10 和 8 的差距，虽然其间的距离皆为 2（违背基本条件②）；至于零相关（相关的绝对零点）更是因人而异，根本无法找出相关值的绝对零点（违背必要条件③）。不过，由于 Goffman 认为相关性应该是数学上的测量值，造成上述现象的原因可能出在相关性的定义上，因此他认为应突破系统观的相关性定义，应当考虑包含检索出的文献集而不仅仅是文献本身。

第三个理论是由 Goffman 和 Newill（1966）共同提出的流行病学理论，他们将知识的传播类比于疾病的传播，该理论的核心概念是有效接触（effective contact）。作为传播过程子过程的信息检索过程，相关性被作为接触有效性的量度。概括而言，在整个传播过程

中，相关性的定义是：在信息检索过程中测量信息传播效益的值。Goffman 和 Newill（1964）认为任何传播过程皆可视为信息从源（source）到宿（destination）的一连串事件，所应用的原理被其称为"流行病学原理"。在流行病学理论中，传染源和感染者大体上可分为感染者、易感者和免疫者三类，而传染的效果则可分为病情加重、病情减弱以及病情稳定，其中最有效的传播方式是由感染者传染易感者。同理，如果想发挥信息传播的最大效益，从源到宿的信息必须是相关的，只有这样才能形成信宿的知识积累。为了量化该传播模型，Goffman 和 Newill 基于检索问题与文献及文献与文献间的关系决定相关性的条件概率，此概率即相关值，可以用来代表传播所能达到的效果。

第四个是理论是 Cooper（1973）提出的逻辑相关性理论，该理论的观点已经在第 1 章阐明，不再赘述。

2.1.3　第三阶段的研究

自 20 世纪 90 年代开始，迎来了相关性研究的第二次高峰，该阶段的大部分研究都是面向用户展开的，影响比较大的有 1994 年的 *JASIS* 相关性专缉、包括 Schamber、Park、Barry 与 Wang 在内的四篇博士论文，以及 Schamber、Froehlich、Saracevic、Mizzaro、Borlund、Ingwersen 与 Belkin 等人的研究。

Schamber（1990）等认为尽管相关性已经成为设计与评价所有信息检索系统的核心概念，但是学者们并没有达成一致的相关性定义。该文中 Schamber 等回答了两个问题，其一是相关性的意义到底是什么，另一是相关性在信息行为中所扮演的角色。对这两个问题的回答，作者在对近 30 年有关文献研究的基础上，将相关性的观点归结为论题的、面向用户的、多维的、认知的以及动态的等多种维度。在讨论了传统的面向系统的相关性观点的基础上，作者提出了以动态的、情境的方法，采用以用户为中心的相关性研究新思路。作者认为相关性是一个多维的概念，是非常复杂且兼具系统性与可测度性的概念，它决定于内部认知、外部情境因素的动态判断过程。

1994 年 Schamber（1994）在 *ARIST* 中以一个独立的章节专门阐述了相关性的研究，综述了以 1983～1994 年为主的相关性研究文献，从 3 个方面对相关性进行了论述：①行为，哪些因素在影响相关性的判断？相关性评估包括哪些过程？对前一个问题的回答，Schamber 根据已经存在的研究归纳出了一张包括判断者、查询请求、文献、信息系统、判断情境以及量度的选择等在内的 6 类共 80 个影响因素。Schamber（1994）认为这 80 个影响因素也仅仅是一个比较合理的抽样，而没有完全包容所有的相关性判断因素。对后一个问题的回答，Schamber 则是在信息检索模型的基础上，根据模型中的不同阶段提出了相关性的三个基本观点，即系统观、信息观以及情境观。②评估，相关性在信息检索系统评价中有什么作用？相关性应如何评估？面对这两个问题，Schamber 认为相关性在检索效率的用户满意度方面起着至关重要的作用，比如已经广泛使用的两组基于相关性的指标就是实证，一组是偏重于定量的，即查全率与查准率；另一组则偏重于定性的，即效用（utility）与满意度（satisfaction），不过研究者在相关性的具体指标的重要性方面仍存在分歧，比如 Kinnucan（1992）等的研究认为查准率要比查全率更为重要一些，不过 Su（1993）的研究结论则对此持不同意见。③术语，相关性以及不同类型的相关性应如何称谓的问题。有关相关性的名称问题，不同的学者之间在使用方面存在着差异，同一术语不同的研究者使用时也存在差异，这也是阅读相关性文献时应该注意的问题。

Froehlich（1994）在 *JASIS* 相关性专辑的引言中，阐述了6个基本观点：①相关性的不可定义性；②主题作为相关性判断基础的片面性；③影响相关性判断的非主题、面向用户因素的多样性；④信息查询行为的动态性和流变性；⑤对恰当的信息查询行为研究方法需求的迫切性；⑥适用于信息检索系统设计与评估的更复杂的、更健壮模型需求的紧迫性。

Ingwersen（1992）在其成名作"信息检索交互"中提出了相关性的认知模型，该模型集中于发掘所有信息检索过程所涉及的认知元素，包括信息检索系统对象、个人用户、信息检索系统设施与社会/组织环境等（图2-1）。该模型的主要观点包括：①信息检索交互是一组认知过程的集合，并潜在地隐含于信息检索的所有信息处理过程中，系统与用户涉及大量的认知建模；②用户不仅与信息检索系统展开交互，还要与信息对象进行交互，信息对象影响用户的认知结构与信息空间的建构；③用户的认知空间是一组结构化的且具有因果关系的元素集合，其中用户的认知以及语境（situational contexts）是主要的影响因素；④交互发生于不同的层次并表现为不同的类型；⑤交互的过程是高度动态的，多种表现形式同时作用于用户的认知空间以及检索系统的信息空间。该模型似乎没有明确地对相关性予以阐述，不过由于认知表示与建模都是围绕或是基于相关性进行，因此它对相关性的处理是高度隐含的。

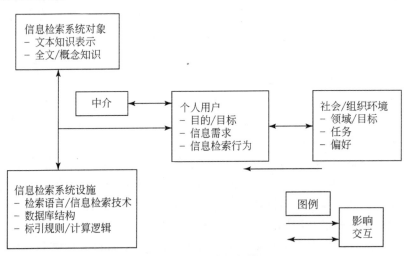

图 2-1　信息检索认知模型

Belkin（1996）认为信息检索的核心问题不是如何表示信息对象，而是如何描述用户的知识异常态（anomalous state of knowledge，ASK），即认知与情境层面才是用户求助于信息检索系统的真实原因。尽管 Belkin 模型是与认知相联系的，但其主要的着眼点在于用户信息查询行为。据此，Belkin 提出了信息检索交互的片段模型，该模型认为用户与信息检索系统的交互是一系列发生于信息查询片段中的交互（图2-2），其中，核心的交互过程是用户与信息的交互。在不同的时刻，用户交互的内容是不同的，每种交互都依赖于不同的因素，例如用户的当前任务、目标、意图、片段的历史以及如此等等。不同类型交互的存在是因为它们支持不同的过程，例如表示（representation）、比较（comparison）、摘要（summarization）、导航（navigation）以及可视化（visualization）等。因此，相关性只存在于部分类型的交互中，不过相关性是多种类型交互的基础。

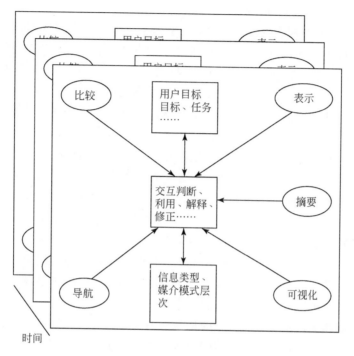

图 2-2 信息检索片段模型

Saracevic（1996）提出的层次模型（图 2-3）也是将交互融入传统信息检索模型的一次尝试。该模型的基本假设包括：①用户与信息检索系统交互的目的是为了利用信息；

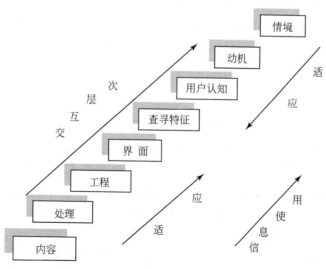

图 2-3 信息检索的层次模型

②信息利用是与认知以及随后的情境应用相联系的。该模型的目标：①使以系统为中心与以用户为中心的相关性研究的优势得以协调强化；②解决或者减少基于系统以及用户方法的相关性研究的不足；③形成对信息科学相关性的本质认识。分层模型借鉴了人机交互研究中的理论以及语言学中的分层理论。

Saracevic（1996）对层次模型的阐释起于获取—认知—应用（A-C-A）信息模型。在信息检索中，获取（acquisition）是指获取信息，认知（cognition）指的是吸收信息或者基于认知对信息进行处理，应用（application）则是利用所吸收的信息同时也基于认知，在特定的情境以及环境中进行信息处理。A-C-A涉及不同的元素，而这些元素则具有不同的作用、目的、过程以及适应等。信息检索交互就是用户与系统之间通过界面的对话，其主要目的就是影响与用户手头特定事务相联系的认知状态，这种对话可以重复进行。Saracevic（1996）认为信息检索交互是发生在几个互相联系的层次或者层面上的，每个层次/层面包括不同的元素与过程。在用户一侧包括生理的、心理的以及认知的层面。在计算机一侧则包括物理的、符号的以及算法等层面。用户与计算机的交互是通过界面直接进行的，从而也完成了这些层次的建模。用户与计算机交互的深入进行则是由用户端的认知、情境以及情感等层面与计算机端的信息资源、工程、内容以及处理等层面来完成。

Saracevic（1996）基于层次模型阐述了相关性的本质，认为用户与计算机交互的主要目的就是处理相关性。在交互过程中存在许多层次，每一层次中都涉及相关性的思考与推理，反过来相关性也可以在不同层次的思考中得以提升，也就是说，信息检索中存在着动态的、相互依赖的相关性系统。假如接受信息检索中相关性的本质是相互依赖的相关性系统，则必然存在以下的推论，即不能接受将该相关性系统中的任何一个层次或者元素作为单独的或者唯一的相关性的观点。研究中不能只突出其一而忽略其他层次的相关性。情境的、心理的或者系统的相关性不存在也不可能存在于各自的真空中。

Mizzaro（1998）对相关性研究进行了全面的综述，在组织上按照时间顺序分为三个阶段，每个阶段又按照七个不同的层面（方法基础、种类、非主题层面的相关性评价判据、相关性评估的表述模式、相关性的动态性、文献表示的类型与不同判断者的一致性）展开，在全面综述的基础上，Mizzaro认为所有的相关性概念以及模型都可以通过其提出的四维模型加以描述。

1）第一维：信息源

Lancaster（1979）提出"相关性是两个集合中实体之间的关系"，该观点已经成为学界的共识，其中第一个集合主要包括下面3个元素，第二个集合就是下面的第二维。

（1）文献（document），指用户在信息检索之后从检索系统获得的物理实体（physical entity）。

（2）文献的替代品（surrogate），指文献的表示（representation），可包括下列部分或者全部内容：题名、关键词列表、作者、书目数据以及文摘等。

（3）信息（information），即用户在阅读检索出的文献时所获得的非实体性内容。

Mizzaro（1998）认为三者的关系为：替代品＜文献＜信息，但这种关系不是一成不变的，在某些条件下可以修正。

2) 第二维: 用户信息需求表示

根据 Belkin 的 ASK 理论, Mizzaro 认为用户与信息检索系统的交互过程需要经过下列阶段: 首先, 用户处于信息需求情境, 即用户有自己的信息需求, Mizzaro 称该信息需求为真实信息需求 (real information need, RIN), 用户觉察 (perceive) 到 RIN 并构建觉察到的信息需求 (perceived information need, PIN), PIN 是用户心理上隐式问题的情境表示。由于 PIN 是 RIN 的心理表示, 因而它有别于 RIN, 有时用户甚至不能以正确的方式或方法觉察 RIN。然后用户通过查询请求 (request) 表达 (expression) PIN, 这是用人类自然语言描述的 PIN, 最后用户 (当然可能在中介的帮助下) 将查询请求形式化 (formalisation) 为查询表达式 (query), 实现了将 PIN 从自然语言到检索语言表示的转换。四个元素 (RIN, PIN, request, query) 与三项操作 (觉察、表达、形式化) 的关系如图 2-4 所示。

图 2-4 信息需求的转化

三种基本操作实际上并不像看起来的那么简单, 其中有许多重要问题有待解决。首先, 当用户处于问题状态时, 从 RIN 到 PIN 的觉察是非常困难的, 用户必须了解一些他还不了解的内容, Belkin 引入了 ASK 以强调用户可能不知道他到底想要了解什么。其次, 表达可能受到下列问题的影响而产生偏差: ①标签效应, 实验证实用户表达其信息需求是通过 "标签" 或者关键词等实现的, 而不是一个完整的陈述; ②词表问题, 源于文献中的词汇与查询请求中的词汇不匹配, 也源于无二义性的词表词汇以及自然语言中的同义现象。最后, 形式化的难度主要在于用户难以掌握检索系统。因为这些问题的存在, 用户的 PIN 与 RIN 之间的映射可能偏差, 从而表现为查询请求 (request) 与 RIN 或者 PIN 之间存在明显的距离; 由于查询表达式 (query) 只是 PIN 的形式化表示, 与前三者可能都会存在差异。

基于以上认识, Mizzaro 认为相关性反映了信息源与用户信息需求的表示这两个集合中元素两两之间的关系 (图 2-5), 比如替代品与查询表达式的相关性、信息与用户 RIN

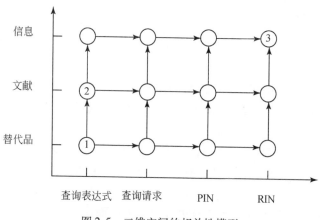

图 2-5 二维空间的相关性模型

之间的相关性等。可以认为相关性是二维平面上的交点，图 2-5 中的箭头表示偏序关系。通过图 2-5 可以解释许多已经得到广泛认同的相关性，比如，Vickery 的"主题相关性"以及"用户相关性"分别是图 2-5 中点 1 与点 3，而 Cranfield 实验以及 TREC 所依赖的相关性则为点 1 或者点 2。

3）第三维：时间

早先多数学者只考虑了前面的二维，不过实践证明这非常不够。由于信息检索是一个动态的过程，因此文献、替代品或者信息对于查询而言有时候相关，有时候又不相关，产生这种现象的主要原因在于用户已经学习了新知识或者用户的 RIN 发生了变化。因此，图 2-5 的二维平面必须修正以适应用户与信息检索系统的动态交互过程（图 2-6）。

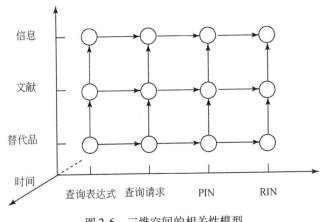

图 2-6　三维空间的相关性模型

时间维度典型地体现了相关性判断的动态性，在不同的时间用户的知识储备以及 RIN 都会变化，因此其对文献的相关性判断也必然表现为一个动态的过程。目前，时间因素的影响已经得到学者们的认同，但也产生了一个难以解决的问题，即相关性判据的制订比较困难。

4）第四维：构件

Mizzaro 认为图 2-5 与图 2-6 中的每一点可以分解为主题（topic）、任务（task）和背景（context）三个构件。主题是用户的兴趣域；任务是用户在信息查询后在所获文献的基础上将展开的活动；背景则包括主题与任务之外的所有内容，不过它将影响检索任务以及检索结果评价的方法与方式，例如用户已经了解的文献或者无法理解的文献、检索所需的时间与经费等。

构件是指不同检索行为在主题、任务和情境方面所呈现出来的差异，构件集合的元素包括 {{主题}, {任务}, {背景}, {主题, 任务}, {主题, 背景}, {任务, 背景}, {主题, 任务, 背景}}。

总而言之，Mizzaro 认为相关性集合可以定义为前面四维各自所形成集合的笛卡儿积，即信息源 × 用户的信息问题表示 × 时间 × 构件。四维模型的优势是将相关性的各个方面分析得很透彻，但相关性的度量也就变得非常困难。

有关相关性概念新近的论述由 Borlund（2003）完成，他认为众多研究者所形成的相关性概念不能定义的共识是有失偏颇的，形成这种认识的根源是相关性是一个多维的、认知的以及动态的概念，这种现象有点类似于瞎子摸象，大家都只触及了相关性的一点而没有其整体观，Borlund 通过重新引入情境相关性构建了整体的相关性框架。

2.1.4　小结

纵观国外的相关性研究，如果从 20 世纪 30 年代算起至今已经有 80 年左右的历史，其间两个主要的流派分别是面向系统的和面向用户的相关性研究。研究的高峰分别集中于 20 世纪 60 年代至 70 年代前期与 80 年代中后期至今等两个阶段。相关性是动态的、多维的、认知的以及可测度的等观点已经成为学术界的共识。为了更好地组织、梳理异彩纷呈的相关性研究，Saracevic，Mizzaro 以及 Borlund 等分别建立了各自的模型以利于从整体上对其加以认识。

总而言之，信息科学中的相关性是用户与系统之间交互式信息交流效果的反映。交互包括不同的层面或层次，在这些层次或层面中相关性是可推理的，这导致了相互依赖的相关性系统的存在。实践中，相关性系统使得交互在信息检索的意义上得以实现，并且将不同的层面紧密结合起来，如果不存在这样的相关性系统，则目前使用的信息检索系统也将不复存在。

2.2　相关性判据研究综述

目前，图书情报学界相关性的研究重心已经从早先的以系统为中心的相关性研究转变为以用户为中心的相关性研究。从 20 世纪 50 年代开始一直到目前，诸多的学者进行了以用户为中心的相关性实证研究。比如，早在 1956 年军事服务技术情报局（Armed Services Technical Information Agency，ASTIA）以及文献公司（Documentation Inc.）就开展了基于相关性的检索系统评价研究。根据 Mizzaro（1997）的研究，在 20 世纪 60 年代共有 24 篇文献进行了相关性的实证研究，包括到目前为止影响最大、被引用频次最高的两项相关性研究分别由 Cuadra 和 Katter 以及 Rees 和 Schultz 于 1967 年完成。相关性的实证研究在 20 世纪 70 年代只有 8 篇，影响较大的包括 Tompson（1973）、Davidson（1977）、Figueiredo（1978）等。在整个 80 年代有 14 篇文献进行了相关性的实证研究，不过其中的 12 篇是在 1985 年以后完成的，尤其是在 1987 和 1988 两年为最。对前面的数据进行简单的分析就可以发现，相关性的实证研究在 60 年代是异常活跃的，在整个 70 年代和 80 年代前半期处于相对萧条的阶段，到了 80 年代后期开始逐渐又成为研究的热点。进入 90 年代之后，相关性的实证研究又进入了春天，Mizzaro 仅仅统计到 1996 年就已经有 25 篇文献涉及该领域的研究，其中影响较大的包括四篇博士论文［分别是 Schamber（1991）、Park（1992）、Barry（1993）与 Wang（1994）］、Cool 等（1993）、*JASIS* 的一个专辑（1994，No.3）、Schamber 等（1996）、Tang 等（1998）、Bateman（1998）与 Spink（1999）等。

2000 年以前的相关性判据的研究语境主要是学术信息环境，学者们围绕学术信息资源的相关性判据展开了深入的研究，采用了不同的实验手段与环境对用户的相关性判据与行为进行了研究。进入 21 世纪之后，学界将视野转向了网络环境以及多媒体信息资源的相关性判据研究，目前也已经取得了比较丰硕的研究成果。本研究按照研究热点的分布将相关性判据研究分为三个阶段，其中 1990 年以前为第一阶段，1990～2000 年为第二阶段，2000 年之后为第三阶段。下面分别按照三个阶段对相关研究进行回顾。

2.2.1 第一阶段的研究

本阶段的实证研究主要包括 1955 年由 Kent 等提出的用查全率以及查准率等指标进行的检索系统评估、Cranfield 测试、Cuadra 和 Katter 的研究、Rees 和 Schultz 的研究、Nilan 的研究和 Eisenberg 的研究。

1）Cranfield 测试

Aslib Cranfield（1997）项目由 NSF（National Science Foundation）资助，该项目包括两项研究，分别是始于 1957 年的 Cranfield Ⅰ 与从 1962 年开始的 Cranfield Ⅱ，两项研究均就信息检索中多种类型的受控词表和自然语言标引进行了测试。在 Cranfield Ⅰ 中，研究主要基于系统观的相关性，即检索提问由专家基于来源文献的题名准备，而相关性判断则由项目组成员中的查询者完成，他们并不阅读检索出的文献，而仅仅将检索提问与文献号进行比对。Cranfield Ⅱ 主要对 Cranfield Ⅰ 中较小的测试集、非真实用户的查询提问以及受控的实验环境下的相关性评估进行了改进。Cranfield Ⅱ 具体的做法是：专家将实际的检索提问提交给系统，提问者通过阅读检索出文献的文摘进行相关性判断。

Cranfield 测试的意义至少有以下几个方面：①找到了影响相关性判断的多种因素，并为后继的研究提供了测试数据。②为信息检索性能评估的实验设计制订了判据，第一个采用基于相关性的判据，即查全率与查准率进行检索系统评估，同时还发现了二者的类反比关系（inverse relationship）：即当查全率高时，相应的查准率降低；而查准率提高时，则查全率降低。③Cranfield 测试激起了相关性研究的论争，这种论争现在依然存在于学术界，从表面上看，该项研究的每个方面都受到了批评以及反驳，这些导致了在相关性的研究设计方面将重点从实验室环境转移到自然的、真实的用户需求环境中。

2）Cuadra 和 Katter 的研究

1967 年由 Cuadra 和 Katter 以及 Rees 和 Schultz 两个小组分别完成的相关性实证研究在相关性研究历史上具有重要的地位并产生了重大影响，到目前为止这两项研究仍然在相关性研究中被频繁引用。

Cuadra 与 Katter（1967b）的研究主要与相关判断有关，他们将相关性分为两类：其一是用户的兴趣领域与主题以及文献之间的关系，另一是系统输出和用户信息需求之间的关系。在研究设计阶段，研究者列出了 38 种可能影响相关判断的因素，并将这些因素归纳为五类：①文献类型，包含主题以及难易程度等；②信息需求的陈述；③判断者的经验、背景及态度；④判断条件，例如时间压力、输出顺序以及文献量等；⑤表达方式。

Cuadra 和 Katter（1967b）选取了 38 个因素中的一半进行了实验验证，研究分 15 次进行，每次都要求实验对象对预先选取的文献集进行相关性评估，根据研究结果研究者完成了相关性评估模型（model of relevance accessment）的设计。研究结论认为，下列 6 个方面因素在相关性判断中起到了主要的作用。①焦点变量（focusing variables）：指用户判断相关性的框架或判据。②界限变量（delimiting variables）：对实验对象施以不同的指导会导致不同的相关判断结果。③情境变量（situational variables）：不确定的环境、时间压力、反馈及其他社会动机都会影响相关性的判断。④刺激材料变量（stimulus materials variables）：指文献特征，如文体风格、专业性等。⑤个体差异变量（individual differences variables）：指用户在做相关性判断时所表现出来的知识水平和技能。⑥量化尺度模式（available mode of quantitative expression）：相关性判断在量化尺度方面如果过于粗略，则不足以表达相关判断的敏感性。

Cuadra 与 Katter 的结论认为相关性判断应随着刺激材料特征的不同而有所变化，也应随着用户状态（包括需求、态度、偏见与知识储备等）的不同而异。但是他们认为用户真实的需求既不可视又不可及，据此他们认为用户的信息需求与文献之间无法建立起直接的方法学上的联系，因此如何将用户的信息需求翻译成特定的可操作的表达式则是非常紧迫的任务。

3）Rees 和 Schultz 的研究

Rees 和 Schultz（1967b）的研究目的是构建、测试相关性判断研究的方法，构建能够预测不同判断结果和用户内在认知与刺激资料之间的复杂关系模型。在设计实验的过程中，研究者将主要精力集中于在生物医学研究不同阶段的实验对象所表现出来的相关性判断的差异。Rees 和 Schultz 的研究测试了 40 个影响相关性判断的变量，其中包含主要变量（primary variables）（如研究阶段、判断组、文献集与文献描述等）和次要因素（secondary variables）（如教育、专业经验与研究经验等），而其他因素（dependent variables）包括判断者在特定时间对相关性及有用性的估计值。

Rees 和 Schultz 的研究结果显示个体差异对相关性判断的影响很大，尤其是当判断者以及文献/文献表示发生变化的情况下。特别需要指出的是，他们发现越是对主题的科学内涵熟悉的实验对象（例如医学家对医学生而言）被判断为相关的文献越少；当所有的实验对象在熟悉了更多的信息之后，则对文献的相关性评价就越低。这两项发现似乎说明相关性判断依赖于实验对象个体知识储备的内在差别和/或动态变化。受这些发现的鼓舞，Rees 和 Schultz 建议在以后的相关性研究中要引入认知方法。

Cuadra 和 Katter（1967a，b）以及 Rees 和 Schultz（1967a，b）的相关性实证研究的意义非常深远，其原因至少包括以下三点：①他们提出了一组广泛的影响人类相关性判断的因素，而且这些因素在今天的相关性研究中仍然非常重要。尽管他们只就其中的一部分进行了测试，但是他们所得出的许多结论在今天仍然是正确的，尤其是他们提出的用户特征中的认知特征对相关性研究的深远意义。②尽管他们的研究不是基于实际的用户以及真实的信息需求展开的，但他们就相关性的影响因素以及这些因素的关系提出了一系列重要的问题。③他们阐述了评估偏见的特定问题，这些对于相关性的理解以及基于相关性的研究设计都具有显著的影响。

4）Nilan 的研究

由 Nilan 等（1988）等开展的研究涉及用户对信息源评估的用户判据，主要实验对象来自健康受到严重损害以及存在健康问题的人群，他们的信息源主要来自自己或者是人际交往。实验对象在评价这些信息源所使用的判据包括：权威性或者专业性、友好性或者可获得性、诚信度或者值得尊敬的程度、自身的（经验、知识或者逻辑）、信息源与用户的关系程度、能力或者控制、社会压力、不确定性、外观、机密性、达成共识的程度、经济方面的考虑、时间方面的考虑、唯一可行的信息源或者方法、最容易获得的信息源或者方法、获得容易程度、使用容易程度、信息源的获取在技术或者设备方面的容易程度。

5）Eisenberg 的研究

Eisenberg 与 Barry（1988）就文献排列顺序对相关判断的影响进行了深入的探讨，结果发现将文献依其相关程度由高到低排列或由低到高排列时，信息用户会产生不同的判断结果。当文献根据相关程度由高到低排列时，判断者通常会低估高相关文献的相关性，而相关文献由低到高排列时，判断者则会高估低相关文献的相关性，这种效果一般通称为"赌注效应"（hedging effect）。事实上，判断者对第一篇文章，通常不会给予极高或极低的相关值，这也是赌注效应的另外一种表现，因此在进行相关判断的实证研究时，不宜将检索结果依其相关程度排列，最好将检索结果随机呈现，或是根据其他非主题特征进行排序（例如年代、作者姓名等），从而将文献排序对相关判断的影响减至最低。此外，还可以从经济学上的"边际效益递减原则"（diminishing returns principle）探讨文献排列顺序对相关判断的影响。通常，如果前面几篇文章的相关程度都相当高，后面同等相关的文章，其相关程度往往会被低估，这种"边际效益递减原则"结合"赌注效应"充分显示出相关判断的复杂性与多变性。换句话说，相同的文章，相同的实验对象，仅因为文献排列顺序的差异，就可能产生完全不同的相关判断结果，因此，相关应被视为动态的概念，以反映其随人类认知、知识、甚至感觉不断变化的特性。

第一阶段的其他研究由于未能获得原始文献，暂时只能割舍。

2.2.2　第二阶段的研究

相关性判据第二阶段的研究，成果丰硕，下面按照时间的先后顺序分别阐述相关的研究。

1）Schamber（1991）的研究

Schamber（1991）的研究探讨了在面对信息源以及信息表现形式都呈多样性的环境中，用户在进行其真实的信息查询以及信息利用活动时所采用的相关性判据。Schamber 认为气象信息恰好能满足该实验要求。实验对象包括 30 名气象信息的用户，分别来自建筑业、供电行业和航空业，每个行业 10 名。他们的工作涉及与气象信息密切相关的计划与决策。工作中实验对象经常使用的信息源包括 7 种类型：自己、其他人员、气象信息系统（包括公共系统，比如电话记录，与专用系统，如计算机化的航空系统）、电视、广播、报纸以及气象设施（包括机场的方向袋以及高级的采用雷达技术的系统等）。

研究中，要求每名实验对象对需要气象信息以辅助决策的事件加以描述。实验者采用了时间序列（time-line）记录法，即将相关事件分别记录在索引卡片上，然后将这些卡片依据时间序列加以排列以形成参考点。其后的访谈集中于信息查询过程中的三个重要事件，包括涉及气象的问题、信息源与表现形式，实验中要求实验对象对每一种使用过的信息源与信息表现形式进行评价。在实验对象所描述的事件情境中，当信息源或者其表现形式在实验对象的描述中有不同时则解析出相关性判据。

实验中的访谈方法是结构化的时间序列访谈方法。该方法源于 Dervin（1983），其在实验对象处于自己的情境之中并回忆其自己的思考时是有效的。调查表很灵活，允许实验对象对情境的描述可以包括范围广泛的事件、问题以及信息源类型。调查表中可以自由回答、无偏向的访谈条目形成了用于内容分析的、丰富的、详尽的数据。

实验中，对每名实验对象的访谈进行了录音，然后通过转录以使之便于内容分析。内容分析发现相关性判据可以分为 22 个小类，主要涉及信息、信息源与表现形式的质量，这些具体的判据可以归并为 10 个大类：准确性、实时性、特异性、地理接近性、可靠性、可获取性、可验证性、简明性、动态性、表现形式的质量。详细内容见表 2-1。

表 2-1 Schamber 研究中所获得的相关性判据

大类	小类	解释
准确性		信息是准确的
实时性		信息是最新的或者适时的
	时间范围	信息覆盖了特定的时间范围
特异性		信息恰好能满足用户的信息需求，具备足够的详细程度
	摘要/解释	能够获得摘要或者解释
	种类/容量	特定信息的种类或者容量充足
地理接近性		信息覆盖了特定的地理范围
可靠性		实验对象对信息源有足够的信心
	专家	信息源是专家、专业人员或者有经验的人
	直接观察	实验对象直接观察到的气象条件
	信息源可信任	实验对象对所拥有的信息有足够的自信
	一致性	信息源的信息一直具有相同的质量，且通常是准确的
可获取性		信息源可获取且易用
	可获得性	需要的时候，信息源总是唾手可得
	可用性	信息源是易于使用的
	可承受性	信息源是免费的或者价格是可以接受的

大类	小类	解释
可验证性		同样的信息可以从其他信息源中获得
	信息源的一致性	与从其他信息源获得的信息是相同的
简明性		信息源的表述清楚，易于阅读、理解
	语言简明性	书面语或者口语表述清楚且有条理
	视觉简明性	视觉展示清楚、易理解、有条理
动态性		信息的展示是动态的、生动的
	交互性	用户可以与信息源进行双向交互
	跟踪性	用户可以跟踪气象信息的实时以及一段时间内的变化
	可缩放的	用户可以通过多种角度进行观察
表现形式的质量		信息源通过一定的格式或者样式加以展示
	用户信息源质量	指的是用户信息源的特征
	非气象信息	信息源陈述的不是气象信息
	性能	信息以持久的或者稳定的形式加以展现
	表现形式的偏好	用户偏爱某种信息源主要是因为它的表现形式
	娱乐价值	表现形式给用户以享受
	可选择的格式	信息源的表现形式以及输出格式是可选择的

2）Park 的研究

Park（1992）在其博士论文中，将至 1990 年为止的所有涉及相关性判据的研究进行归纳分类，结果显示相关性判据可以归结为 5 类，分别为文献、判断情境、检索问题表述、判断者与文献表现形式，结果见表2-2。Park 虽然归纳出了表2-2，但在其博士论文以及后来所发表的论文 Park（1993）中，都没有使用表 2-2 中 5 组相关性判据。

表2-2 Park（1992）整理的相关性判据

文献	判断情境	检索问题表述	判断者	文献表现形式
主题	时间压力	主题	知识/经验	标度类型
内容差异	文献排列顺序	内容重点	智力	类目序号
难易程度	文献量	难易程度	认知状态	要求的反应类型
学科软硬程度	文献宽度	专指性或者信息量	偏见	可获得的帮助
信息量	控制组的存在	含混性	判断经验	操作的简便性
信息浓缩程度	判断一致的压力	文字属性	判断态度	
文字属性	专指性		相关概念	
其他属性	相关性定义		使用者导向	
			预期值	
			错误倾向	

Park（1993）以大学教师及研究生共 10 人为实验对象，以其真实的信息问题为基础，通过分析实验对象对检索结果（书目记录）的相关性判断发现了用户的相关性判据。她将这些影响相关性判断的因素分为两个层面，其一是基于引文的相关特征，包括题名、可获得性、作者、出版物的质量与文献类型等；另一是基于用户的相关特征，包括 3 个类别，分别是用户的内部情境、外部情境与问题情境。其中内部情境反映了基于用户先前的经验或对问题域理解基础上的对引文的解释，主要因素包括对期刊引文中各元素的认识、经验、研究领域的知识、对以往文献的熟悉程度、教育、训练与其他因素等，这些意味着相关性判断将随着判断者的个人特征情况而变化；外部情境指的是与用户的手头检索和研究有关的因素，主要因素包括对检索质量的认识、检索目的、信息可获得性的考虑、信息需求的优先级、研究阶段与研究成果的形式等；而问题情境则是面向内容的情境，主要涉及隐藏在用户动机背后的引文特定用途的思考，包括获得定义、背景信息、方法、问题的框架与其他类似的判据。这三类判据之间不是孤立的，而是彼此之间互相联系、互相影响的，详细的结果见表 2-3。

表 2-3　影响用户的因素

基于引文的特征	内在情境	外在情境	问题情境
题名	用户过去的经验与预期	用户对检索质量的认识	从相同的问题域中寻找定义
题名的风格	用户对主题的熟悉程度	检索目的	从相同的问题域中寻找背景
著者	用户过去的研究经验	用户对信息可获得性的认识	从相同的问题域中寻找方法
期刊名称以及文献类型	用户的教育背景	信息需求的优先级	从相同的问题域，但是目标不同
文摘		研究阶段	从不同问题域中寻找研究方法
引文各元素之间的相互联系		研究成果的形式	从不同问题域中寻找主题框架
			从不同问题域中寻找比喻
			从不同问题域中寻找背景资料

在 Park 的研究中，值得指出的是她所采用的自然主义调查法，Mellon（1990）揭示了该方法的基本理念"自然主义的研究者有兴趣知道社会现象的每一个特征、元素以及这些元素是如何协作以形成研究中的情境"。自然主义调查法适合于理解最终用户在是否选择某一篇由检索系统提供的文献时的决策行为，这些现象是实际生活中研究者无法控制的复杂现象。

相关性评估会受到当前信息问题状态的影响，问题情境为引文评估过程中相关性是动态的以及可变的观点提供了支持。这些发现同时也支持了相关性理论研究中的两个主要的观点，即心理相关性与情境相关性。用户的相关性判断会随着引文对用户信息问题的影响而发生变化，具体包括引文可能导致用户涉及信息问题的认知变化，通过提供新的方法和概念方面的认识，所以，单篇引文的相关性是时间、顺序以及情境依赖的。

3）Janes 的研究

Janes 和 Mckinney（1992）的合作研究与 Janes（1991）单独完成的两项研究集中探讨了不同类型实验对象对相关性判断的影响。Janes 和 Mckinney 的研究比较了真实的信息用户、检索者（图书馆学与情报学研究生）、图书馆与情报学研究生（非检索者）与心理系本科生的相关判断结果。在此研究中，除了真实的信息用户之外，其余都是非信息用户（secondary judgers），其中检索者和图书馆学与情报学研究生具备检索知识，检索者的主题知识可能较图书馆与情报学研究生略为丰富，而心理系本科生则是以主题知识见长。研究结果显示：所有非信息用户都比信息用户容易将不相关信息判断为相关信息，而这种情况又以图书馆学与情报学研究生为甚。对此现象的解释是：图书馆学与情报学研究生由于缺乏学科背景，或是害怕信息用户遗漏重要的相关信息，因此对于没有把握的文章，倾向于作相关文献处理。同时，Janes 和 Mckinney 的研究还指出，判断不相关文献的一致性普遍高于判断相关文献之的一致性，除显示出相关判断的差异多发生于相关文章外，更加证实了相关判断是一种高度情境相关的行为。

Janes（1994）的研究重点和前面相同，也是对其他判断者和真实信息用户间的相关判断差异进行比较研究，不过由于真实信息用户是最有资格进行相关判断的人，因此研究方向放在对提供信息服务的图书馆员和真实信息用户之间的相关判断结果异同进行比较。该研究中，Janes 将非信息用户群分为图书馆员、有一定经验的图书馆学情报学学生和图书馆学情报学新生。研究发现非信息用户都倾向赋予文献较高的相关判断结果，尤其是新生。至于在相关判断的一致性上，馆员的表现比有一定经验的学生要好，而后者又比新生要好。该结论与 Janes（1992）的结论相似。不过，从馆员表现最好而新生表现最差的情况看来，可以肯定专业训练和工作经验有助于提高相关判断的质量。

4）Cool 的研究

Cool 等（1993）的研究主要集中于探讨信息需求与文献中信息之间的关系、影响相关性判断的非主题判据、将主题判据进一步细分的方法与这些判据在交互式信息检索中的应用等。研究对象包括两组，一组是约 300 名大学新生，另一组是 11 名人文学者，其身份为教师。对二者采用的研究方法不同，第一组采用的方法是给学生布置一篇有关对计算机科学总体兴趣的课程论文，伴随这次作业的是一份调查表，就学生完成课程论文过程中的文献调研情况展开调查，通过对调查问卷结果的内容分析，结论为：存在约 60 个左右影响用户相关性判断的因素，这些因素被归并为 6 个方面，分别是主题、内容/信息、格式、表述、价值取向和用户自身。对教师则采用访谈进行，访谈的内容主要涉及教师的研究领域、支持研究的信息源、学者主要的信息活动和学术研究中所涉及的特定的信息交互行为，研究目的是期望发现教师与文本交互的过程中有哪些基本规律，研究结果在与学生组进行对照的基础上显示：教师在进行相关性判断时，通常依赖于文献多方面的特征，并且将其与多个任务相关联。部分学者还提到了内容特征在相关性判断中的作用，但是在讨论内容特征时总是与某个特定的任务相联系。学者对于主题特征的认识与学生组存在一定的差异，比如认为主题仅仅是进行相关性判断的第一步，并且是非常复杂的。与学生组差异比较明显的是，学者们没有将文献的表现形式和格式作为相关性判断的判据。

综合两组的研究，结论主要有 3 点：①除了主题特征之外，其他特征在相关性判断中有重要的作用，且两组的影响因素在很大程度上是重叠的。②两组在相关性判断方面存在很大差异，这说明用户的情境在相关性判断中起着重要的作用。③对人文学者的研究表明，用户自身在相关性判断中也有重要的作用，并且该特征与用户的个人目标以及用户期望阐述的问题之间存在着密切的联系。Cool 等的研究结果具体见表 2-4。

表 2-4　文献有效性判断的各个方面

方面	影响因素
主题（文献与用户的信息需求相关联的核心方面）	定义了主题本身、关于主题与否、直接讨论主题与否、主题的部分内容、深入/粗略地探讨了主题、重要性（+/-）
内容/信息（文献本身存在哪些与内容相关的特征）	基本概念、事实、解释、实例、定义、联系、描述、推理、观念、注意事项、指南、技术知识、访谈、关于人物、种类、观点、综述、历史、详细程度
格式（文献的格式特征）	列表、图表、统计表、图片、分类文本、书评、题名、引言、主题的划分
表述（文献是如何表述的）	组织、事务性的、精度、写作风格、可理解性、技术性、科学性、简单性/复杂性
价值（判断的维度，是其他方面得以修正的原因）	兴趣（+/-）、数量（多/寡）、专业性（强/弱）、好（+/-）、有用性（+/-）、文献的老化性（+/-）、娱乐价值（+/-）、精度（精确/粗糙）、偏见（+/-）、权威性（+/-）
自身（用户的情境与其他影响因素的关系）	需求、效用、期望、喜好、指导、通知、支持理解、将如何使用文献（例如作为参考文献、注解）
（+/-）	表示该因素正面或者负面的影响

5）Barry（1994）的研究

Barry 的研究采用了自然主义的方法，即有真实信息需求的用户自己完成信息检索并进行相关性判断。实验对象包括 18 名教师和学生，其中每名实验对象都向联机检索系统提交一项查询请求，完成信息检索，然后随机提取一组文献提交给实验对象进行判断。提交给实验对象的文献形式包括多种文献替代品（书目引文、文摘与标引主题词）和文献全文。实验对象在有指导的情况下对这些资料进行判定，并对其中的任意部分加以标记以决定是否需要进一步检索。该项研究中，相关性的可操作的概念是文献中的信息与用户信息需求情境之间的关系。相关性判断在可操作方面的表示是实验对象是否需要进一步查询信息。

在自由回答访谈的情境中，每名实验对象就选择出的资料中已经标记的条目分别讨论。自由回答访谈技术的主要优点是实验对象能够对所提交信息以及他们自己情境的任何层面展开讨论，没有预先定义的框框和问题限制实验对象的思路。另外，访谈的情境有利于研究者从深度和广度进行深入的探索，并且能够立即发现二义性或者费解的内容。

访谈信息通过录音加以记录，实验者采用内容分析法（content analytic schemes）找出了 23 种影响相关判断的因素，这些因素分别隶属于 7 个类目。第一类是文件内容，其中包括文章深度及探讨重点、信息的正确性、可应用程度、效率高低、清楚程度与出版年代等六个判据。第二类是和信息用户过去经验、背景有关的判据，其中包括作者的经验、背景、理解能力、内容的新颖性和来源的新颖性等。第三类是信息用户的信仰与偏好，包括信息用户主观认知的正确性和个人偏好等。第四类是和信息环境中其他信息资源的关系，比如论点的一致性、其他学者对研究结果的认同、信息的可获取性与个人拥有此类信息的程度。第五类是与文献的来源品质有关，其中包含期刊的品质和期刊的信誉等。第六类和文献的实体部分有关,例如取得文件的可能性和花费等。第七类和信息用户的情境有关,其中包含时间的限制、信息用户和文章作者间的关系等。表2-5 详细列举各因素类目与具体判据出现的次数和比例,结果显示每位实验对象都会使用主题以外的信息进行相关判断,由此更可断定在相关判断的过程中,很多情境判据事实上起着相当重要的作用,这些情境因素包含经验、背景、知识程度、信仰、和个人喜好等。

表2-5 相关判断因素出现次数表

因素类别及判据		次数	百分比%
文献内容	文章深度及探讨的重点	64	14.4
	文献的正确性	13	2.9
	可应用程度	29	6.5
	效率高低	16	3.6
	清楚程度	9	2.0
	出版年	25	5.6
	小计	156	35.1
信息用户过去的背景经验	背景经验	19	4.3
	理解能力	9	2.0
	内容的新颖性	53	11.9
	来源的新颖性	10	2.3
	文献的新颖性	5	1.1
	小计	96	21.6
信息用户信仰与偏好	信息用户主观认知的正确性	45	10.1
	个人偏好	25	5.6
	小计	70	15.8
和其他信息资源的关系	论点的一致性	20	4.5
	其他学者对研究结果的认同	19	4.3
	信息的可获取性	21	4.7
	个人拥有信息的程度	5	1.1
	小计	65	14.6
文献来源品质	期刊的信誉	18	4.1
	期刊的品质	14	3.2
	小计	32	7.2
文献的实体部分	取得文件的可能性	10	2.3
	花费	2	0.4
	小计	14	2.7
信息用户的情境	时间的限制	6	1.4
	信息用户和作者之间的关系	7	1.6
	小计	13	2.9

6）Schamber 等（1996）的研究

Schamber 在面向用户的相关性研究中是一位成果丰硕的学者，除了 Schamber（1991）之外，她还致力于建立一套基于用户相关性判据的相对简单的测量量表，该量表能够适用于任何信息查询与利用环境的用户评估研究。为此，她设计并开展了一项长期的研究，研究目的包括两方面，其一是识别出能够清晰并一致地描述用户相关性概念的术语和术语组，另一是在前者的基础上，考察用户在相关性评估中是如何应用这些判据的。

该项研究分为两个阶段（Schamber 和 Bateman，1996），第一阶段主要完成第一项目标。研究问题有：一是在解释判据所用词汇意义时用户的一致性如何；另一是在对相关性判据进行归并时用户的一致性情况。实验对象是来自图书馆学与情报学专业的 31 名研究生。实验者首先从 Schamber（1991）、Su（1993）与 Barry（1994）的研究中选择了 119个相关性判据，要求实验对象依据自己对信息检索的总体认识解释这些判据的意义。具体的研究过程包括要求实验对象归并、命名相同概念的判据，然后进行访谈要求实验对象解释是如何进行判据归并的、其原因和表达的概念等，访谈通过书面以及录音予以记录。第二阶段研究的实验对象包括 28 名图书馆学与情报学专业的研究生，研究的问题是这些判据在相关性评估中所表现出的模式。要求实验对象根据自己实际的信息检索问题的情境解释并应用这些相关性判据。具体的实验过程包括相关性判断、解释、评估、归并与排序等。实验结果的数据包括实验对象在前面五个过程实验中的自由回答的解释和已经排序的相关性判据。

通过对之前书面与录音记录的内容分析和实验对象对相关性判据排序结果的分析，成功地将 119 个判据减少为 83 个，并将这 83 个相关性判据划分为 5 个类别，分别是关于性（aboutness）、实时性、可获取性、简明性与可靠性。表 2-6 列举了相关性的 5 个组概念以及主要的判据。

表 2-6　主要的用户相关性判据

组概念	组中的判据	组中所有的概念	组中的部分概念
关于性	关于主题	3	20
	适当的		
	有关的		
	相关的		
	可用的		
实时性	当前的	16	18
	最近的		
	最新的		
可获取性	可获取性	4	5
	可获得性		
	便利的		
	易于获得的		

续表

组概念	组中的判据	组中所有的概念	组中的部分概念
简明性	清楚的	3	7
	可读性		
	可理解性		
可靠性	可靠的	2	5
	专家		
	我了解该出版物		
	我了解该信息源		
	显著的		
	可信赖的		
	有声誉的		
	行文流畅的		

词汇数量=83
28 名实验对象
数据表示将词汇置于每组中的实验对象人数

7）Spink 等（1998）的研究

Spink 等的研究主要集中于探询部分相关性的判断因素与其价值，他们的研究采用四组独立的调查，其中三组的实验对象是研究生，另外一组实验对象是教师，实验在完全开放的环境下进行，实验对象依据自己真实的信息问题进行检索并作出判断。三组面向学生的实验证实：①对于最初的用户而言，部分相关的文献提供了新的信息，从而常常能够修改用户对最初问题的理解与用于相关性判断的判据，中介检索不能独立地证实这些变化；②部分相关的信息同时也提供了用户问题定义的信息；③用户对手头的问题了解的越少，他们越倾向于将更多的信息判定为部分相关，如果用户对手头问题知道得越多的话，他们则会将更多的信息判断为不相关的；④手头问题与检索出的信息越内聚的话，更多的信息越将被判断为相关；⑤部分相关的信息与变化是相联系的，然而，这些判断在本质上是模糊的，因此这些变化也是模糊的。他们对四组用户的数据分析的结果见表2-7。

表 2-7　最终用户判断相关、部分相关以及不相关的判据

相关判断的判据	部分相关的判断判据	不相关的判断判据
令我激动	免费的	无用
包括用户的检索词	没有足够的信息	检索词的错误意义
与用户的查询专业匹配	仅仅涉及了部分主题信息	语言无法理解
回答了用户的问题	包含了多个概念	背景无法理解
包括了用户检索的所有的概念	与目标是相关的，但是技术性太强	重复

续表

相关判断的判据	部分相关的判断判据	不相关的判断判据
权威的信息源	列举了一些比较好的信息源	
用户的直觉理解应该是相关的	列举了一些合适的参考文献	
	谈到了一个不同的但是又是相关的概念	
	包含的信息过于概括	
	对将来的潜在意义	
	与主题是相关的，但是过窄	
	可能有一些帮助	
	可能存在其他的一些机会	
	重复的信息	

综合表 2-7 中用于部分相关的判断判据，可以归结为以下几点：①可能回答信息问题，但是最终用户不能确定由检索系统提供的这些信息是否确实能够回答信息问题；②对于信息问题的高相关性所对应的信息判据而言又是不充分的；③不是太专指，或者提供了一些检索判断之外的概念；④提供了一些有趣的或者是新的资料，但是没有直接回答用户的问题。

综合所开展的研究，Spink 等认为有必要进一步对相关与不相关的中间区域，即部分相关展开研究，主要原因在于：部分相关信息可能包括一些与最终用户的原始概念相联系的新的概念，从而是有帮助的、有联系的或者提供了探索信息问题的新的层面的机会；而且，部分相关信息提供了好的参考文献或者信息源，但是又不能直接回答信息问题。在信息检索过程中用户信息问题的变化与部分相关的信息之间可能存在着密切的联系。研究结果还显示部分相关的信息可能在用户信息检索的早些阶段发挥着重要的作用。

8）Tang 等（1998）的研究

Tang 采用个案调查方法完成了以下三方面的研究：①采用智力模型探究最终用户在相关性判断中的认知本质；②记录用户相关性判断过程中所使用的判据以识别出相关性判断的情境因素；③测试该研究所采用的自然主义个案调查方法的可行性。研究主要采用 Kuhlthau（1993）、Schamber（1991）的方法进行，具体的调查包括两个阶段。第一阶段要求实验对象就自己实际的信息问题使用联机数据库检索出相应的书目记录，并对这些书目记录实施相关性判断。第二阶段根据前面被实验对象判断为相关的记录取出其对应的全文文献，然后要求实验对象对全文文献进行相关性判断。一个月之后，在实验对象完成相关文献的使用之后，再次对前面的全文文献进行相关性判断。在整个判断过程中，记录用户的检索结果、相关性判断的口头描述与实验者对实验对象在进行检索和相关性判断中所观察到的其他数据与现象。结果分析表明，在实验对象的相关性判断中使用了以下一些类别的相关性判据，其使用频次等相关信息见表 2-8。

表 2-8　判据频次

判据	频次
主题相关	54
文章的类型	11
相似的主题	3
复本	3
实时性	2
长度	2
深度/广度	2
语言	1
地理集中	1
文章的版本	1

除了识别出表 2-8 中的相关性判断类别之外，第一次观察的结论主要有 3 点：①实验对象的智力模型的构建存在变化，智力模型由相关文献组成；②实验对象采用了 3 个方面的因素：自身情境判断判据、自我意识到的相关主题的构建、与其相关的文献；③实验对象在判断以及完成该项任务方面都显示了自信的增加。

第二阶段的结果分析显示：①在文献评估过程中，实验对象的再次明确陈述与不断求精的行为显示了实验对象智力模型的进一步变化；②在不同轮次的相关性评估中，存在着相关性洞察力的变化。

9）Wang（1994，1998，1999）的研究

Wang 是华裔学者，在其 1994 年完成的博士论文中构建了文献选择的认知模型，包括 6 个组件：文献信息元素（DIEs，包括题名、作者、文摘、期刊等）、用户判据（包括主题性、质量、新颖性、可获得性、权威性等）、文献价值（认识的、功能的、情境的、社会的与情感的）、个人知识（包括主题的、组织的、期刊的、个人的与文献类型的等）、决策判据（排除、多判据、优势、缺乏、感到满意等）与决策自身（接受或者拒绝），模型见图 2-7。

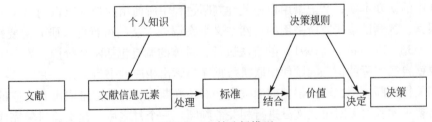

图 2-7　文献选择模型

基于文献选择模型，Wang 与合作者对文献的选择、阅读、引用和文献在研究不同阶段的利用进行了研究。研究分为两个阶段，第一阶段在 1992 年进行，实验对象包括来自农业与资源经济系的 25 名师生（其中有 11 名教授，14 名研究生），都有其真实的信息需求，具体包括准备期刊论文、基金申请报告、博士论文、硕士论文和博士论文开题报告

等，研究的目的是文献选择的行为，不过其成果中也包括了对相关性判据的研究。第二阶段的研究于 1995 年进行，实验对象包括第一阶段 25 人中的 15 名（8 名教授、6 名博士与 1 名硕士），研究主题与 1992 年相同，其中 13 人已经以书面材料的形式完成了项目，另外两个即将以书面材料的形式完成项目，其他的研究者由于研究主题已经变化，因而被排除出了第二阶段的研究。

1992 年的研究步骤为：在参考服务访谈之后，研究者使用 Dialog 系统就实验对象的信息需求进行检索，打印检索结果。然后实验对象从打印输出的结果中选择文献，在选择的过程中采用出声思维法，即要求实验对象大声地读出来，并且将其所想的内容也通过口头表达。实验者记录了这些口头报告，并从效用理论的视角进行内容分析，结果显示包括 11 项相关性判据：主题性、倾向性、学科、新颖性、期望的质量、实时性、阅读时间、可获得性、特别的需要、权威性与关系/起源。接下来选择过程中的决策判断模型开始起作用：采用 11 项判据根据文献记录中的文献信息元素提供的信息进行文献相关性的判断；判据判断结合 5 个方面的文献价值评估形成最终的决策。该模型阐述了利用个人知识与决策策略在文献选择中的应用。1995 年的研究步骤与 1992 年的基本相同，主要的不同是访谈内容主要就 1992 年调查中的相关文献与后来项目书面报告中引用了但不在 1992 年调查的文献的使用情况。两阶段的研究结果发现：第一阶段的结果中包括 11 项相关性判据；在第二阶段的研究中，除了前面的 11 项判据之外，又增加了 14 项判据：认知需要、真实的质量、深度、经典的/奠基性的、公开性、声誉、多产的作者、期刊的发文范围、同行评论、判断者、规范、目标期刊与可信度等。

10）Tang 等（2001）的研究

考虑到研究的延续性，Tang 的研究也放在第二阶段介绍。Tang 分别采用实验室与自然主义相结合的方法，每种方法的应用都分为两个阶段：第一阶段对文献记录进行相关性评价，第二阶段对全文进行相关性评估。研究的目的在于探讨单个相关性判据的应用与相关性类别判据的使用，作者分别称之为微观判据与宏观判据。在实验室研究中，实验对象来自于 90 名本科生，要求实验对象就"2000 年问题及其社会影响"准备课程论文的提纲，并接受指导选择能够完成该提纲的文献。实验分两阶段进行，第一阶段要求学生从预先准备好的涉及"2000 年问题"的 20 篇文献书目记录中进行选择，第二阶段要求学生对前面选择的书目记录所对应的全文展开阅读。根据阅读的结果，学生准备好了所要求的提纲。学生在选择书目记录与全文时，实验者要求其填写一份调查问卷，学生需要根据所列的 15 项判据的重要性做出回答。这 15 项相关性判据作者称其为微观判据，在宏观上则又划分为 3 类，分别是主题、信息质量与认知状态。15 项微观判据的重要性排序值在第一阶段和第二阶段以表格表示，并对两个阶段的结果进行分析比较（包括 t 检验和因素分析等）。

在自然主义的两个阶段研究中，实验对象包括 9 名博士生，要求就自己的信息问题进行信息检索，也分为两阶段进行，第一阶段是对书目记录进行评估，第二阶段对文献全文进行评估，对实验对象选择书目记录以及全文的原因等进行开放式的访谈。结果表明存在 89 个影响相关性的判据，这些判据被划分为 8 个类别，分别是研究结构、信息源价值、情感特征、有用性、本人的研究以及实验室研究中已经形成的三个类别。在实验室以及自然主义的研究中单个判据使用的比较见表2-9。

表2-9 用户单个相关性判据使用的变化规律：自然主义对实验室

判据	自然主义	实验室
背景信息	没有变化（d＝0%）	增加（d＝0.33%）
清晰	没有变化（d＝0%）	增加（d＝0.05%）
数据	增加（d＝5%）	增加（d＝0.24%）
重要性	增加（d＝2%）	增加（d＝0.39%）
有趣	减少（d＝－2%）	增加（d＝0.13%）
新颖性	增加（d＝5%）	增加（d＝0.13%）
适时性	减少（d＝－3%）	减少（d＝－0.14%）
主题切适性	增加（d＝6%）	增加（d＝0.33%）
主题相关性	减少（d＝－11%）	增加（d＝0.06%）
可理解性	没有变化（d＝0%）	减少（d＝－0.13%）
有用性	增加（d＝22%）	没有提及

注：d是阶段2与阶段1的度量值之差。

实验室与自然主义的研究中有关相关性类别判据使用的比较见表2-10，其中d的含义同上。

表2-10 相关性类别判据使用的变化规律：自然主义对实验室

判据	自然主义	实验室
主题	减少（d＝－14%）	增加（d＝0.22%）
认知状态	增加（d＝5%）	增加（d＝0.11%）
信息质量	增加（d＝7%）	增加（d＝0.08%）
研究结构	增加（d＝35%）	没有提及
信息源的价值	减少（d＝－8%）	没有提及
有用性	增加（d＝18%）	没有提及
本人的研究	增加（d＝17%）	没有提及
情感特征	没有变化（d＝0%）	没有提及

注：d是阶段2与阶段1的度量值之差。

11）Bateman（1998）的研究

Bateman依据Kuhlthau的信息检索过程（information search process，ISP）模型，研究了在ISP的6个阶段信息用户相关性判断判据的变化情况。整个研究分两阶段完成：第一阶段，通过电子邮件调查了北德克萨斯州大学的210名研究生，要求学生依据自己最近的论文或者项目对40个相关性判据（判据源于Schamber等的研究）的相对重要度进行排序，同时要求学生对论文或者项目在ISP的阶段进行报告。第二阶段的研究通过7个研究生层次的班级进行，研究对象就其研究论文在信息检索过程中对相关性判据的相对重要度进行排序，同时也被要求对所处的ISP阶段进行报告。研究结果显示主题、实时性、文笔流畅、可信度、准确性、可理解性、一致性、重点突出、全面性、共性与个性和详细程度等 11 项相关性判据在用户的相关性判据中占据重要的地位。Bateman 的研究中依据这 11 项判据提炼出了三个潜变量（信息质量、信息可信度与信息完整性），进而构建了相关性模型。通过结构方程模型分析，这三个潜变量可以解释 48% 的高相关性。另外的三个构念：信息可获取性、信息主题与信息实时性也是研究相关性评估的重要构念，不过这些构念需要其他的判据术语。

12）其他实证研究

相关性判据的实证研究还有许多，下面简单介绍一下部分研究的结论。

Howard（1994）的研究原本不是要解释用户的相关性判据，而是期望能够发现隐藏在相关性或者针对性判断之后的认知结构或者抽象结构。该研究采用的方法是通过满足用户特定的信息需求过程中，用户对所选择文献的相似性或者差别的解释实现的，这些解释包括详细的、范围性的和列举性的，其中列举性的这一点与用户相关性判据相似。她认为所有这些建构大体上可以分为两大类，主题的（主题相关与文献特征）和信息性的（与用户的信息需求相关，例如有用性）。

前面介绍的都是国外学者或中国学者（Wang，1994）在国外开展的研究，我国相关性的理论与实证研究开展得较少，不过中国台湾学者黄雪玲（1993）对该领域进行了实证研究，主要目的是比较信息用户与非信息用户的相关性判断结果，其中信息用户是台湾大学公共卫生研究所的 18 名研究生（以下简称 A 组），非信息用户分别是和信息用户具备相同主题知识的公共卫生研究所的另外 18 名研究生（以下简称 B 组）与具备书目检索知识的图书馆学研究所的 18 名研究生（以下简称 C 组）。结果显示：三组判断者中，B 组判断为不相关的文献最多，也就是说，B 组的相关判断最为严谨，其次为 A 组，而 C 组的判断结果中不相关文献最少。黄雪玲对 B 组的严谨判断原因并没有恰当的解释，但是对 C 组结果的解释则很好，她认为主要的原因可能是因为 C 组缺乏主题知识，因而容易给文献以模棱两可的判断结果，再加上其尽可能提供信息用户较多相关信息的心理，因此很难作出不相关的判断，而倾向将文献判断为"部分相关"，该结论和 Janes（1992，1994）的研究结论吻合。

2.2.3 第三阶段的研究

第一阶段和第二阶段相关性判据研究的研究语境主要是学术信息环境，学者们围绕学术信息资源的相关性判据展开了深入的研究，采用了不同的实验手段与环境对用户的相关性判据与行为进行了研究。进入 21 世纪之后，学界在第一阶段与第二阶段研究的基础上，将视野转向了网络环境以及多媒体信息资源，目前也已经取得了比较丰硕的研究成果。下面按照研究的语境对相关研究进行回顾。

1）Maglqughlin 等（2002）的研究

Maglqughlin 等以用户在相关和不相关判断中所使用的相关性判据为基础对用户在部分

相关中的判据进行了研究。

实验对象的招募通过口头、海报与发送 E-mail 到 Listservs 上等方式进行，共有 12 名社会科学研究生成为该实验的对象，他们都有自己真实的信息需求，包括准备博士论文、硕士论文和准备发表的论文等。在参考服务阶段实验对象按照要求填写了调查表，随后进行了第一次访谈，期望了解的信息包括：实验对象的研究主题、在该主题方面的知识状况、就该主题已经进行的检索、对检索质量/数量的期望与研究项目的截止期限等。

在文献评估阶段，Maglaughlin 基于参考服务阶段所搜集的信息开展了信息检索，期望收集至少 20 篇与实验对象信息需求相关的文献，检索结果表明，每个主题的文献量有 32～105，根据 9 名实验对象对文献的实时性的要求较高与其他三位则对时间没有什么特别要求的情况，各个主题都选择了 20 篇最近的书目记录作为下一步相关性判断的内容。

文献评估阶段被限定在 2 小时之内，要求实验对象对提交的 20 篇文献的书目记录进行评估：具体包括当实验对象阅读书目记录时，要突出有助于其相关性判断的段落，并对书目记录做总体上的相关、部分相关与不相关的判断，在 244 篇书目记录中，有 8 篇实验对象未做判断。在评价完书目记录之后，对实验对象进行访谈，主要问题包括：①突出或者强调某一段落的原因；②将书目记录判断为相关、部分相关与不相关的原因；③如何描述相关、部分相关与不相关的文献。访谈通过录音加以记录。

对访谈的内容分析，结果显示：有 29 个判据影响着实验对象对书目记录的相关、部分相关与不相关的判断，根据单个相关性判据的焦点和目标，这些判据被归并为 6 类：文摘、作者、内容、文献、期刊或者出版者与实验对象。具体结果见表 2-11，表中分别对段落选择阶段和文献评估阶段各判据所起的作用进行了比较，对相关性判断有积极影响的前面加"＋"，起负面作用的前面加"－"。大多数判据都既有积极的意义也有负面的影响，只有少数几个例外，例如作者附属的机构、作者已经获得的地位等。段落表示对访谈第一个问题的分析结果，文献则对应于访谈第二个提问的分析。

表 2-11　相关性的类别以及单个判据的利用：在段落评估与文献评估阶段

类别	段落（%）	文献（%）	判据	段落（%）	文献（%）	价值	段落（%）	文献（%）
文摘	0.9	5.5	可引用性	0.2	1.7	+	0.2	1.7
			增进知识	0.7	3.8	+	0.2	0.2
						－	0.5	3.5
作者	10.0	3.5	作者知名度	4.3	0.8	+	2.4	0.4
						－	1.9	0.4
			学科	4.7	0.8	+	4.3	0.6
						－	0.4	0.2
			附属的机构	0.2	0.2	+	0.2	0.2
			已经获得的地位	0.8	1.7	+	0.8	1.7

类别	段落 (%)	文献 (%)	判据	段落 (%)	文献 (%)	价值	段落 (%)	文献 (%)
内容	76.7	69.4	准确性/可靠性	2.9	1.2	+	1.7	0.6
						−	1.2	0.6
			背景	1.0	2.5	+	0.9	2.5
						−	0.1	0.0
			内容新颖性	2.0	2.9	+	1.2	1.0
						−	0.8	1.9
			对比	1.3	1.5	+	1.2	1.5
						−	0.1	0.0
			深度/范围	7.0	14.2	+	3.2	6.7
						−	3.8	7.5
			领域	2.0	2.3	+	0.2	0.8
						−	1.8	1.5
			以前遇到的情况	0.5	0.2	+	0.5	0.2
			与其他信息的关系	4.0	0.6	+	4.0	0.6
			与其他兴趣的关系	0.3	0.8	+	0.3	0.8
			稀有程度	1.3	0.8	+	1.3	0.8
			题材	52.8	40.1	+	38.7	26.9
						−	14.1	13.2
			思想分析	1.6	2.3	+	1.6	2.3
全文	8.0	17.4	信息用户	0.5	0.2	+	0.5	0.2
			文献新颖性	1.3	1.5	+	0.8	1.0
						−	0.5	0.4
			阅读价值（文献类型）	1.1	0.6	+	0.7	0.6
						−	0.4	0.0
			可能的内容	2.2	5.5	+	1.2	4.0
						−	1.0	1.5
			文献可用性	1.5	9.0	+	1.5	6.9
						−	0.0	2.1
			实时性	1.4	0.6	+	1.0	0.6
						−	0.4	0.0
期刊/出版者	3.3	2.5	期刊的新颖性	0.4	0.2	+	0.1	0.0
						−	0.3	0.2
			主要着眼点	1.4	0.6	+	0.9	0.4
						−	0.5	0.2
			已经得到认可的质量	1.5	1.7	+	1.3	1.7
						−	0.2	0.0
个人	1.1	1.7	竞争力	0.7	0.4	+	0.7	0.4
			所需要的时间	0.4	1.3	+	0.3	0.0
						−	0.1	1.3

对实验结果的简单分析可以发现：总的来说，实验对象提及的相关性评估判据、判据分类与段落选择和文献的相关性判断是相似的，在段落选择与文献相关性判断中相关性类别判据使用的比例基本相同，但是在具体的评估判据方面也存在一定的差异，例如作者知名度、学科、与其他信息的关系和题材等四个判据在段落选择中的应用要明显高于文献评估阶段，使用频率的差异徘徊于 3% ~ 12.5% 。值得指出的是，内容这一类别判据的频率远比其他所有判据的总和还要高，这可能显示尽管在相关性的决策中有其他因素发挥作用，但是与信息需求相关联的内容依然在相关性判断中起着核心作用。

2）Savolainen 等（2006）的研究

Savolainen 等对用户在 Web 查询中的相关性判据进行了研究，主要着眼点是用户在选择超链接和网页时的相关性判据。其研究对象是 9 名自选题目进行 Web 查询的信息用户，数据搜集采用出声思维法，数据分析采用内容分析法进行。编码的初始类别源于 Barry（1994）和 Schamber（1994）的 10 个主要类别，由于研究语境的差异，对于不能涵盖的部分则基于内容采用归纳法产生。Savolainen 在研究中分析了相关性判据的总频次、链接相关频次、链接拒绝频次、网页相关频次与网页拒绝频次等相关指标。研究结果显示：理解能力、可存取性、情感、简明性、经济开销、求知欲、实时性、语言、新颖性、可靠性、安全性、专指性、熟悉程度、时间限制、主题、可用性、有效性与全面性等因素会影响用户的链接和网页的选择。Savolainen 的研究还显示这些类别在用户接受超链接的决策中存在很大差异（表2-12），其中专指度、主题、熟悉程度与全面性几个类别占据了主要的位置，已经达到用户使用总频次的 86.6% 。

表 2-12　用户接收超链的相关性判据频次

类别	频率	百分比（%）
专指性	197	45.5
主题	100	23.1
熟悉程度	58	13.4
全面性	20	4.6
求知欲	10	2.3
存取性	9	2.1
情感	9	2.1
可靠性	8	1.8
可用性	8	1.8
语言	4	0.9
新颖性	4	0.9
简明性	3	0.7
安全性	1	0.2
有效性	1	0.2
其他	1	0.2
合计	433	100

3）Sedghi 等（2008）的研究

Sedghi 等对医务人员在选择医学影像信息时所依据的相关性判据进行了研究。研究对象为 26 名医务工作者，数据搜集方法为出声思维法结合面对面访谈，数据分析依据扎根理论采用 Straussian 版本的扎根理论分析软件。依据该理论，研究的数据分析过程分为开放编码、转轴编码与选择编码三个阶段。在开放编码阶段识别出了影响相关性判断的相关因素与变量，在转轴编码阶段，对相关因素与变量进行归类，形成了相关性的类别判据，选择编码则形成了该研究的一些基本假设。通过对数据的扎根分析，Sedghi 等发现视觉相关性、影像质量、背景信息、年龄与性别、影像的尺寸、模式、影像的成分、诊断、定向、适合程度、简明性、可信度、影像理解、技术信息、启发价值、目标用户、解剖区域、放大倍数、简单程度、色彩、信息量、版权、可获得性、实时性、建议价值与原创性等相关性类别会影响医务人员的影像信息相关性的判断。与其他研究相似的是，不同的相关性判据在用户的决策中的频率也存在较大差异（表 2-13），与 Savolainen 等（2006）的研究相比，该项研究的相关性判据没有出现过于集中的现象，虽然视觉相关性、影像质量、背景信息、年龄与性别和影像的尺寸等判据类别用户使用频率比较大，但是总计也才达到 36.43%，该数据提醒在医学影像信息的检索系统开发中，要充分考虑不同用户的相关性判据。

表 2-13　医学影像资料的相关性判据

类别	频率	百分比（%）
视觉相关性	26	8.93
影像质量	22	7.56
背景信息	21	7.22
年龄与性别	19	6.53
影像的尺寸	18	6.19
模式	17	5.84
影像的成分	15	5.15
诊断	15	5.15
定向	14	4.81
适合程度	13	4.47
简明性	13	4.47
可信度	12	4.12
影像理解	11	3.78
技术信息	11	3.78
启发价值	8	2.75
目标用户	8	2.75

类别	频率	百分比（%）
解剖区域	7	2.41
放大倍数	7	2.41
简单程度	7	2.41
色彩	6	2.06
信息量	6	2.06
版权	4	1.37
可获得性	3	1.03
实时性	3	1.03
建议价值	3	1.03
原创性	2	0.69
合计	291	100

4）Meng（2005）的研究

Meng 探究了信息用户在选择视频资料时的相关性判据，他的研究分两个阶段。第一阶段进行了视频相关性判据的探索性研究，研究对象包括两名教授、一名视频图书馆员和一名视频编辑。数据的搜集采用时间序列访谈方法（time-line interviewing method），数据分析采用归纳式的内容分析法，研究结果显示视频相关性的判据可以分为 3 类：①涉及视频的文本介绍的相关性判据，包括主题、国籍、权威性、类别、持续时间、评价与价格等；②涉及视频的相关性判据，包括摄影、内容/事件、动作、风格、色彩、音效与情感等；③隐含的相关性判据，包括兴趣、熟悉程度、可访问性、合适程度与推荐等。

第二阶段的研究在第一阶段的基础上进行，采用了半结构化的访谈进行数据的收集，整个实验包括三组（演示、采访与生产）共 26 名实验对象，演示组访谈了需要在课堂上使用视频的 10 名教授，采访组访谈了 8 名图书馆的视频采访人员，生产组访谈了 8 名视频编辑。所有的访谈资料都被录音/录像，并被转换为文字。数据分析使用了第一阶段的类别，然后采用扎根方法完成整个分析。结果显示，相关性判据的类别与第一阶段相同，但是由于访谈人数的增加，在每个类别中都增加了新的相关性判据，共有 36 个具体的判据（表 2-14）。

与早先的文本相关性判据相似，在这 36 个相关性判据中，主题依然是视频相关性判断最重要的判据，但是其重要程度已经显著下降。所有的访谈对象在选择视频资料时都应用了多种不同的判据，比如场景层次的信息、作者、类别、价格与评论等。研究结果还显示，任务在组间的相关性判据选择方面有明显差异，组内的访谈对象在相关性判据的选择与应用方面也存在差异，比如用户经验、用户的领域与视频类别等。这些研究结论都提示相关性判断是一个认知过程，有着显著的个体差异，这些差异对于文本与音视频检索系统的设计与实现有着非常重要的意义。

表 2-14 视频资料的相关性判据

判据类别	判据	百分比（%）
文本判据（76.8%）	主题	12.1
	日期/时效性	11.1
	可访问性	7.2
	作者	6.5
	类别	5.1
	述评	5
	格式	4.7
	长度	3.8
	价格	3.8
	语种/副标题	3.2
	目标受众	2
	国籍	1.6
	版本	1.3
	奖励	1.3
	发行商	1
	版权	0.7
	文献	0.7
	最近发行	0.5
	位置	0.1
音视频判据（13%）	场景层次信息（人物、活动、事件、动作、设置、故事情节等）	4.9
	摄影（摄影机运动、灯光、剪辑、特效等）	3.0
	表演	2.2
	音效	1.2
	技术质量	1.0
	真实性	0.4
	情感	0.3
隐式判据（15.2%）	兴趣	8.2
	需求	1.8
	采访策略	1.1
	内容质量	1.0
	准确性	0.6
	隐含的音视频判据（电影操作技能、独特色彩的应用等）	0.7
	公正性	0.6
	可获得性	0.6
	有用性	0.4
	合适程度	0.2
	总体质量	0.1

5) Kim 等（2007）的研究

Kim 等对互动问答平台中如何选择最优答案的相关性判据进行了研究，其研究基于雅虎问答平台（Yahoo! Answers）进行。研究的数据采集自雅虎问答平台中针对用户自身问题最佳答案的评论，总共搜集了 1200 份评论样本，其中 465 份样本提及了选择最佳答案的特定原因。数据分析采用内容分析法，编码采用探索性与迭代方式的归纳法完成，研究形成了相关性判据的框架与具体的相关性判据（表 2-15）。

表 2-15　最佳答案选择判据

判据类别	判据	频次	百分比（%）
内容价值	准确性	18	3.7
	范围/专指性	12	2.4
	简明性	14	2.8
	行文风格	9	1.8
	完整性	13	2.6
	特定的细节	16	3.2
	特征	6	1.2
认知价值	内容新颖性	14	2.8
	视角新颖性	11	2.2
	可理解性	3	0.6
	提问者的背景/经验	2	0.4
社会情感价值	情感支持	17	3.4
	回答者的态度	10	2.0
	回答者的努力	7	1.4
	回答者的经验	2	0.4
	同意程度	74	15.0
	证实	21	4.3
	被感动	33	6.7
外部价值	外部验证	4	0.8
	有可选项	7	1.4
	回答快速	6	1.2
信息源价值	外部信息源的参考	9	1.8
	信息源质量	8	1.6
有用性	有效地	30	6.1
	方案可行	43	8.7
一般的描述		104	21.1
合计		493	100.0

6）Vakkari 等（2000）的研究

Bateman（1998）的研究被 Vakkeri 等证实，他与 Bateman 的研究都是基于 Kulhthau（1993）的框架开展的，主要对学生信息查询行为进行纵向研究。Vakkari 等针对在一个任务的不同阶段用户的相关性判据的变化情况进行剖析。Vakkari 的研究对象是参加了一门课程的 11 名研究生，该课程结束后这些学生将完成硕士论文开题报告。数据收集方式是在完成任务的三个不同阶段分别采用出声思维法进行，同时搜集了事务日志与检索日记。数据的分析方法也采用了内容分析法，编码的类别源于 Schamber（1994）。研究结果显示信息用户在完成任务的不同阶段其相关性判断的判据存在一定差异，信息用户对其任务的认识差异与引文/全文的相关性存在直接联系，任务完成过程中的结构化程度将显著影响相关与否的判断，整个过程中全文的相关性判据的变化程度要高于引文。

Vakkari 的研究结果显示"……在研究报告撰写的不同阶段需要搜集不同类型的信息，同时这些信息在不同阶段所起的作用也不同"。Bateman（1998）与 Vakkari（2000）的研究工作强调了共性的问题，即相关性判据可能随着信息需求的发展和成熟而发生变化，同时信息需求可能由多个子需求整合而成，相应的，这些子需求也需要通过不同的相关性判据予以体现。子需求存在的可能性与子需求的不同优先级可用于评估信息行为，其中信息对象或者被评估为部分相关，或者仅仅是与子需求高度相关。

7）Hirsh（1999）的研究

Hirsh 探讨了儿童在检索电子信息资源时的检索策略与所依据的相关性判据。该研究为期一个月完成，调查对象是随机选取的 10 名 5 年级小学生，研究者给学生布置课程作业，学生检索学校图书馆的资源，然后采用出声思维法记录学生的相关性判据与检索策略，该项工作在研究的第一周和第三周分别进行了两次。数据分析的方法与大多数同类研究相同，也是内容分析法，分析结果见表 2-16。

表 2-16　儿童文本与图片相关性判据

文本相关性判据		图片相关性判据	
相关性判据	频次（比例%）	相关性判据	频次（比例%）
权威性	3（2）	权威性	1（2）
便利性/可访问性	10（5）		
		简明性/完整性	10（17）
兴趣	20（10）	兴趣	35（61）
语言	2（1）		
新颖性	30（15）		
有感染力	14（7）	有感染力	6（10）
		适宜性	6（10）
质量	16（8）		

文本相关性判据		图片相关性判据	
时效性/暂时的	6（3）		
主题	96（49）		
总计	197（100）	总计	57（100）

该研究的结论显示对于儿童来说，对文本的相关性判断主要依靠主题判据，其他依次是新颖性、兴趣等判据，在学术文献中非常重要的权威性判据基本上不起什么作用，而对于图片型资料的相关性判据则主要是兴趣，也就是说，孩子们主要依靠兴趣来选择相关的图片。研究还显示，儿童在研究的不同阶段相关性判据的使用也有所不同。在研究的初始阶段，儿童尽可能搜集可以得到的相关资料，使用主题作为主要的相关性判据。在研究的后期，儿童对于主题判据的依赖在降低，更多地采用兴趣判据选择文本与图片资料。与Vakkari 的研究相似的是，这些结论提示相关性判据的认知特性，即信息用户通过学习，改变了其自身的知识结构，从而改变了对信息的相关性判断。研究还显示，在研究的后期，儿童在评判图片资料时的相关性判据数量在增加，第二次的内容分析结果显示，相关性判据是第一次访谈时判据数量的两倍。

8）Inskip 等（2010）的研究

Inskip 等研究了用户检索音乐时的相关性判据，其研究目的是要证实文本检索系统与音乐检索系统的相关性判据存在联系。研究对象是 7 名音乐检索专家，研究中要求专家就从搜索引擎返回的结果与查询请求之间的相关性进行评判，数据分析采用内容分析法完成，编码采用探索性与迭代性的方式完成，最后相关性的判据根据 Saracevic 的分类，分为信息内容判据与个体的语境判据两类，主要包括使用、实体、认知、信念与感受等（表2-17）。

表 2-17　音乐相关性判据

内容相关性判据		语境相关性判据		
相关性判据	频次（比例%）		相关性判据	频次（比例%）
心境	327（26.08）		视觉主题	33（2.63）
体裁	97（7.74）		音乐外因素	24（1.91）
歌词	81（6.46）		目标听众	14（1.12）
日期	76（6.06）	使用/情境	视觉特效	13（1.04）
出品人	64（5.10）		品牌	9（0.72）
乐器	60（4.78）		时间利用率	4（0.32）
节拍	47（3.75）		预算	16（1.28）
音乐结构	45（3.59）		无污点的	14（1.12）
音乐功能	40（3.19）		同步	9（0.72）
声乐部分	39（3.11）	音乐实体	区域	4（0.32）
艺术家	24（1.91）		格式	3（0.24）
音乐风格	22（1.75）		拥有者	1（0.08）

续表

内容相关性判据		语境相关性判据			
演奏版	18（1.44）	内容		相似性	7（0.56）
内部版本号	12（0.96）	认知		新颖性	84（6.70）
版本	11（0.88）			消息	8（0.64）
音乐题名	3（0.24）	信念		难懂	13（1.04）
感受	3（0.24）			易懂	2（0.16）
音量	1（0.08）	情感		主观的	25（1.99）
音乐主题	1（0.08）				

其中内容判据共计有 971 次被专家提起，而语境判据则只有 283 次，这就说明用户在进行音乐的相关性判断时，主要采用基于内容的判据。研究显示音乐的相关性判据与先前的文本相关性判据存在着非常紧密的联系。但是相比于文本，音乐具有高度主观的特征，比如心境需要根据众多的情境去加以体会，这些特征在设计音乐检索系统的时候需要充分考虑。

9）Taylor 等（2009）的研究

Taylor 等也研究了信息检索过程的不同阶段信息用户相关性判据的选择问题。研究对象是 39 名本科生，研究依据信息检索过程的不同阶段在实验室完成，学生根据布置的检索任务进行信息检索后回答研究者拟定的问卷，数据分析采用描述性统计与卡方检验等方法完成。研究发现在信息检索过程中，用户的相关性判据主要有描述的简明性、信息用户的理解能力等（表 2-18）。

表 2-18　相关性判据类别与比例

相关性判据	比例（%）
简明性	10.04
理解能力	10.02
深度/范围	9.64
查准率	9.64
专指度	9.48
信息量	9.25
主题的兴趣	9.21
指导价值	8.93
时效性	8.32
作者的权威性	8.04
作者的偏见	7.42
合计	99.99

分析显示，研究对象在不同的信息检索阶段将文档判断为相关的主要依据是：理解能力、简明性、深度/范围、查准率与专指度。研究还发现简明性、信息量、时效性、指导价值、权威性、深度/范围与查准率随着信息检索过程的演进其重要性不断增强。

围绕着相同的研究主题，Taylor 等（2007）还进行了另外一项研究，该研究对象选自于 Cool 等（1993）。Taylor 从 1993 年的研究对象中选择了 40 名再次进行了访谈，数据分析中使用的相关性编码判据源自于 Cool（1993）与 Barry（1994），分析的结果见表 2-19。结果显示专指性、主题、深度/广度、信息量与兴趣的总频次占总相关性频次的 80.3%，仅专指性一个判据已经占到了 30.1%，这些数据都提示在检索系统的设计时应该充分考虑这些相关性判据，将其应用到检索系统的检索入口与检索结果展示的设计之中。

表 2-19　相关性判据以及频次

相关性类别	频次	百分比（%）
专指性	142	30.1
主题	88	18.6
深度/广度	82	17.4
信息量	44	9.3
兴趣	23	4.9
理解能力	15	3.2
概要性	11	2.3
时效性	11	2.3
新颖性	9	1.9
偏见	9	1.9
指导性	8	1.7
简明性	7	1.5
数量	7	1.5
娱乐价值	2	0.4
权威性	1	0.2
使用	1	0.2
有用性	1	0.2
支持	1	0.2
合计	462	100

研究中 Taylor 将整个信息检索过程（ISP）分为选择、学习、形成框架与写作等 4 个阶段。研究发现，在这些阶段中，用户的相关性判据存在明显的不同，其中专指性在学习阶段的重要性显著高于其他判据，而在其他 3 个阶段该判据的重要性则显著下降，在形成框架与写作阶段信息的深度、广度和新颖性就显得更为重要。统计分析显示，ISP 的各个阶段能够解释 8% 的相关性判据的变异水平，从而提示相关性判据的选择是一个依赖多变量的复杂现象，而信息检索过程的阶段是其中之一。

10）Westbrook（2001）的研究

Westbrook 以教师为研究对象，基于教师的内在信息需求，探讨了教师在选择文献时的相关性判据。研究对象为 5 名从事女性研究的教师，数据搜集方法为无结构访谈，数据分析方法采用内容分析法。内容分析的结果显示，教师在选择相关文献时所依据的相关性判据可以分为 5 类，第一类相关性判据经常在标引模式中使用，包括主题、副主题、时效性、地理参数、临时参数、语言与篇幅等。第二类相关性判据较少出现在标引模式中，比如所需材料的数量、可获得性、引文格式、材料的一次/二次文献特征与总体质量等。第三类主要表现为个体特征包括好奇心、个人兴趣、冗余度与个人知识等相关性判据。第四类是面向教学需要的一些相关性判据，包括可读性、产生共鸣与启发性。第五类判据涵盖了信息特征，包括分析/评判性本质、覆盖的深度、信息格式、视角或者观点与流行/学术本质。Westbrook 的研究由于样本量比较少，所以没能给出每个相关性判据的频次与百分比等指标，该研究与 Schamber 等的研究相比，挖掘出了一些有个性的相关性判据，扩展了主题、时效性等相关性判据，拓展了一些跨学科的和一些理论视角的相关性判据。

11）Burton 等（2000）的研究

Burton 等基于图书馆资源和因特网资源，研究了学生在面对不同信息源时相关性判据使用方面的差异，同时还对学生所接受的信息源使用的指导类型与相关性判据使用之间的关系进行了探讨。研究对象包括本科生与研究生等共计 543 名，研究者采用雪球式抽样技术在一所大学里联系到了这些研究对象，数据获取采用问卷的方式进行。数据分析采用描述性统计方式进行，研究显示用户在评判不同类型的信息资源时所依据的相关性判据相似，但是不同判据的重要性存在差异（表2-20）。

表 2-20　学生相关性判据的类别与排序

相关性判据	评价图书馆资源	评价因特网资源
可获得性	1	3
易理解性	2	1
资料新颖	3	6
第一手资料	4	11
易于发现	5	2
提供了外部支持	6	10
出版日期	7	8
书写格式符合行业风格	8	12
使用了图表	9	7
出版物的声誉	10	5
避免使用二手资料	11	15
作者的资质	12	17
使用原始论据	13	9

相关性判据	评价图书馆资源	评价因特网资源
被引用	14	23
自引	15	21
题名	16	18
索引中相关信息的数量	17	14
它引	18	4
与自己的观点相同	19	16
观点相异	20	20
同行评议	21	13
出版商的声誉	22	22
点击数量	23	19

研究发现对于学生而言,容易理解、容易找到与可以获得是学生评价因特网资源的主要判据,这 3 个指标也占据了学生评价图书馆资源的前五,因此可以得出结论,可访问性是学生评价信息资源的最主要判据。学生在进行课程论文撰写时主要关注资料的新颖性与出版日期等判据。出版物、出版商和作者的声誉等判据并没有位居前列,而这些判据某种意义上更能够体现信息源的质量,因此提醒信息素质类课程需要增加信息质量方面的熏陶。

12) Barnes 等(2003)的研究

Barnes 等对于因特网医药卫生信息资源用户的相关性判据展开了研究,研究基于美国卫生与公共服务部提出的 12 项用户评价因特网卫生信息资源的相关性判据进行。该研究通过 578 名研究对象实现了对 12 项相关性判据重要度的排序,结果显示这些指标的相对重要度按照可靠性、信息源的权威性、易用性、作者/赞助者/开发者标识清晰、可访问性、可获得性链接、用户支持、信息的实时性、内容、目标用户、联系地址和设计与美感的顺序依次递减。该研究还依据 12 项相关性判据对预先选取的三个网站之一进行了评判,通过二元逻辑回归分析发现,内容、设计与美感、信息的实时性、目标用户、联系地址与用户支持在用户选择高质量网站时具有更重要的价值。通过比较这些判据在选择相关卫生信息与高质量的网站时重要性差异可以发现,二者存在明确的不一致性。

13) Goodrum 等(2010)的研究

Goodrum 等对用户在评价新闻博客时的相关性判据进行了研究,研究对象共有 379 人,数据收集采用在线问卷的方式进行,问卷中的相关性判据源于 Park(1993)、Cool 等(1993)与 Barry(1994),主要包括实时性、可靠性、专指性、地理接近性、简明性、风格、内容新颖性、美感与可访问性等,问卷要求研究对象对这些判据的重要程度进行排序。结果显示实时性的重要性要显著高于新闻深度等特征,除此之外,简明性、原创性与美感等也占据了相关性判据的重要位置。研究证实,Schamber 的相关性判据具有较强的通用性,用户在评价新闻博客时所依据的相关性判据与 Schamber 的研究结果相似。作者在问卷中增加的有关 Web2.0 特征的一些判据,比如交互性/社会网络等特征没有引起研究对象的共鸣，其重要性都排在了比较靠后的位置。博主的身份和影响对于大部分研究对象来说都显得没那么重要，权威性判据在文本类型的相关性判据总是占据比较重要的位置，但是博客的权威性却被放在了比较次要的位置。

14）Crystal 等（2006）的研究

Crystal 等结合因特网上的医药卫生信息研究了其相关性判断的判据，研究对象共 12 人（其中有学生和其他行业的员工），根据其自身的信息需求基于因特网进行信息检索，然后通过对检索结果的替代物与全文的相关部分用鼠标突出显示进行标记作为其相关性判断的依据，用户的检索行为通过视频捕捉软件记录，将这些信息作为后继内容分析的数据源。用户标记的区域在文档摘要部分有：题名、主题、日期、统一资源定位符（URL）与文档格式。在文档中，研究对象主要标记了题名、段落标题、段落文本、强调文本、图片、超链接、导航、列表项与引文或者参考文献。通过对突出显示的部分进行内容分析之后发现，相关性判据的主要类别有：从属关系、权威/个人、数据、影响、方法、范围、主题与 Web 特征。其中从属关系类别涉及文献与一个组织、事件和一项活动相关程度的判据，主要有事件或者回忆、机构与程序/功能；权威性主要描述一篇文献与权威、个人或者某项工作相关的程度，主要有作者/编者、调查者、参考文献/引文；数据描述的是文献涉及的原始数据，主要有数据和事实；影响主要描述与大的研究项目或者活动相关的判据，主要有重要性或者影响因子、实际建议或者可能的影响、目的与目标；方法主要牵涉与研究方法或者研究设计相关的判据，主要有通用方法、具体方法与设计、理论或者模型以及变量与因子；范围牵涉与文献特定语境相关的判据，主要有地理覆盖范围、难度或者目标信息用户、研究阶段；主题主要描述文献与特定主题切题与否的判据，主要有不相关文档的过滤判据与主题；Web 特征主要描述网页的结构或者格式方面的判据，主要有文档类型与超链接等内容。

研究结论显示用户在判断 Web 文档的相关性时依据的是多个相关性判据，该发现证实了先前的假设，即用户的相关性判断不是简单地依赖单纯的主题；同时也证实了 Barry（1998）的观点，即用户的相关性判据与用户的情境和信息需求紧密相关；该研究虽然没有明确地分析出文档长度对相关性判断的影响，但是通过语境的分析，可以得出基本的结论，即用户的相关性判断受到文档的广度和深度的影响。

15）Lawley 等（2005）的研究

Lawley 等对教师这一特定类型的信息用户在口述史资料选择时的相关性判据进行了研究。对象为 8 位教师，研究这些老师在为课堂准备口述史资料时的相关性判据，访谈的内容通过录音、录像的方式记录下来，数据分析采用内容分析法进行。结果显示教学内容与方法、适合性、长度—产出比、产品的技术质量等相关性判据影响着教师对于口述史资料的选择。其中涉及教学内容与方法的相关性判据最为丰富，主要有主题、适合更为广泛的教学体系（与其他学业相关、增加课堂教学的广度、词汇）、故事的特征（对于学生正性的信息、大屠杀事件讲述者的角色）、故事与学生的关系（学生与段落的联系、学生的看法与讲述者一致、与学生的现实环境存在显著的差异）、表示不同的人群（讲述者的年龄、种族)、口述史访谈者的特征（表达能力、语言/口头表达、非语言交流、措辞、采访的流畅程度）；涉及合适性的判据适合于学生的成长与学生家长和学校主管部门的接受程度；长度—产出比，由于课堂教学时间有限，教师要尽可能选择长度合适又内容丰富的口述资料；产品的技术质量，即可以被学生清晰地感知与理解的质量水平。

　　研究结果显示教师使用一种合作过程进行课程的规划并收集合适的口述史资料，他们使用的相关性判据主要与教学这一特定的目的相关。其相关性判断的目的与其课程规划中的教学目的直接相关。该研究也证实了 Barry（1994）的观点，即用户的相关性判据与用户的情境和信息需求紧密相关，由于口述史资料本身的特点，在文本资料中的权威性等比较重要的相关性判据在该研究中没有得到具体体现；该研究也证实了长度对于相关性判据的影响，由于课堂的时间有限，因而在文本资料中有非常重要地位的长度优先的判据在该研究中被规范为长度适中，但信息量要丰富的原则，从而显示同样的相关性判据在不同的语境之下有不同的表现形式。

16）Papaconomou 等（2008）的研究

　　Papaeconomou 等研究了面向学习风格的用户相关性判断及其判据。该研究的对象共 15 人，通过学习风格指数分析，其中的 10 人属于总体统揽型学习风格，另外 5 人属于循序渐进型学习风格。数据的采集过程分为两个阶段，第一阶段使用眼球跟踪技术采集用户的相关性热点，第二阶段则采用出声思维法结合录音等方法收集数据转换为文本。数据分析采用了内容分析法，编码的初始类别源于 Barry（1994）与 Tombros 等（2003）。内容分析的结果见表 2-21。

表 2-21　总体统揽型与循序渐进型相关性判据

判据	总体统揽型	百分比（%）	循序渐进型	百分比（%）	综合百分比（%）
深度/专指度	75	27.08	29	22.83	26
目录/网站地图（网页内容）	1	0.36	0	0	0.25
题名、提要、标题（网页内容）	3	1.08	0	0	0.74
关键词（网页内容）	1	0.36	0	0	0.25
链接文本（网页内容）	29	10.47	20	15.75	12.13
多媒体（网页内容）	19	6.86	9	7.09	6.93
推荐（网页内容）	6	2.17	1	0.79	1.73
广告（网页内容）	4	1.44	1	0.79	1.24
其他内容特征（网页内容）	8	2.89	2	1.57	2.48
网页的主题	67	24.19	43	33.86	27.23
准确性/有效性	10	3.61	0	0	2.48
简明性	6	2.17	0	0	1.49
实时性	4	1.44	5	3.94	2.23
可访问性	4	1.44	2	1.57	1.49

续表

判据	总体统揽型	百分比（%）	循序渐进型	百分比（%）	综合百分比（%）
情感	6	2.17	3	2.36	2.23
网页布局	24	8.66	7	5.51	7.67
个人背景/知识	1	0.36	0	0	0.25
目标用户/网页目的	9	3.25	5	3.94	3.47
内容新颖性	0	0	0	0	0
总计	277	100	127	100	100

研究结果显示关键词、目录/网站地图、个人背景/知识与内容新颖性在不同的学习类型方面的表现没有差异，几乎没有研究对象提到这些判据，其他的相关性判据虽然在两类学习风格的表现有差别，但是统计分析显示学习风格对于相关性判据的选取没有显著性。第二阶段的访谈结果分析显示网页的内容特征取代了主题性成为相关性判断的主要判据。

17）Tombros 等（2003）的研究

Tombros 等对 Web 网页的相关性判据进行了研究，研究对象共 24 名，研究方法采用给每名研究对象分配三个检索任务，通过搜索引擎等工具检索之后，采用出声思维法，要求研究对象阐明哪些因素能够帮助其评估网页的相关性，然后通过录音记录并整理，数据分析采用内容分析法，编码没有采用预先定义的方式而是采用了探索性与迭代方式产生，分析结果见表 2-22。

表 2-22　网页相关性判据

文本	内容、数据、题名/标题、包含的检索词、文本数量
结构	页面布局、链接、链接质量、表格布局
质量	范围/深度、权威性、时效性、总体质量、内容新颖性
非文本特征	图片
物理特征	页面没有找到、已经浏览过该页面、页面位置、其他

研究结果显示，网页与严格规范的学术文献的相关性判据相比，二者存在较大的重叠。不过，网页的相关性判据也体现了其自身明显的特点，其中主要是有关网页的物理特征，比如文件类型、文件大小、连接速度与是否需要注册等内容。研究结果还显示，在任务的初始阶段，研究对象对任务只有模糊的认知模型。随着研究对象对任务需求的逐渐熟悉，其认知模型趋向于集中，在检索任务后面阶段，检索结果则更加专指和聚焦于一些特定的信息，这些发现证实了 Vakkari 等（2000）的研究结论。

18）Savolainen（2010）的研究

Savolainen 对用户在日常生活中的相关性行为进行了研究，研究的目的是探讨用户依据哪些相关性判据去选择诸如有关房屋买卖等日常生活中的信息源；信息用户是如何利用这些相关性判据去识别多个房地产信息源的优势与缺陷。在四周时间里，研究者招募了 15 名房地产购买者，数据的搜集方式采用访谈的方式进行，数据的分析采用内容分析法。研究结果显示，房地产购买用户的相关性判据的偏好可以归结为以下几组：信息源的可获得性与可访问性、信息内容、信息源的可用性、用户特征和信息查询的情境因素。获得信息源的类型主要有：人际信息源、印刷型的媒体、网络信息源与其他信息源。研究结论显示在不同类型的信息源中，网络信息源是主要的日常生活中的信息源，其他 3 种类型的信息源是网络信息源的重要补充。研究还显示日常生活中的相关性判据与 Barry 等的研究相似，有一个有限的相关性判据集。

2.2.4 相关性判据的比较研究

除了前面三阶段的相关性判据实证研究之外，Saracevic 等还对相关实证研究进行了比较分析。

1) Saracevic（1975）

Saracevic 对 Cuadra 和 Katter（1967）与 Rees 和 Schultz（1967）两项研究的数据进行分析后认为，影响相关性判断的判据可以归结为五类：文献和文献表示、检索表达式、判断情境、标度与实验对象。

涉及文献和文献表示的结论有：①文献是所有类别中最重要的；②文献与查询表达式的主题是该类中最重要的；③主题的专指度对相关性的影响是正面的；④文献的题名、全文、文摘在相关性判断中存在差异；⑤文献体裁的影响。

涉及检索表达式的结论有：①实验对象对检索表达式与检索过程的思考程度与相关判断的一致性正相关；②检索表达式和文本的相似度与相关性正相关；③文献与检索表达式的词汇共现概率与相关性正相关；④实验对象对检索本身的了解程度与相关的文献量呈负相关。

涉及判断情境的结论有：①情境影响相关性判断；②不同的相关性定义对相关性判断没有必然的影响，实验对象更倾向于从直觉的角度使用相关性；③情境的压力与相关性呈正相关关系。

涉及标度的结论有：①不同的标度对实验结果有细微的影响；②标度等级在 3~10 较合适，但不存在通用的最优标度；③实验对象对标度两端的使用远超过中间部分；④不同实验对象相关性判断的相对值是非常一致的，即相对值优于绝对值。

涉及实验对象的结论有：①实验对象的主题知识量是相关性判断最重要的判据，二者之间负相关；②检索中介倾向于提高文献的相关性；③文献的潜在用途影响相关性判断；④不相关的一致性比相关的一致性更容易获得。

2) Schamber（1994）

Schamber 也对包括 Cuadra 和 Katter（1967a，b）、Rees 和 Schultz（1967a，b）、Cooper（1971，1973）与 Taylor（1986）4 项研究结果进行了分析，总结出了 80 项影响相关性判断的因素，并将其分为 6 类：信息用户、查询请求、文档、信息系统、判断情境与标度选择（表2-23）。Schamber 认为"相关性的多维性仅仅是总体上的结论。实际上，存在更多影响相关性判断的判据，完整地将其列出是不可能的，这里列出的 80 项仅仅是一个比较合理的抽样而已"。

表 2-23　80 项影响相关性判断的因素

相关性类别	相关性判据	相关性类别	相关性判据	相关性类别	相关性判据
信息用户	偏见	文档	关于性	信息系统	存取（项识别）
	认知类型		准确性（真实性）		存取（主题描述）
	相关性概念		美感		存取（主题摘要）
	错误偏好		作者		准确性（数据传递）
	分布期望		可信度		浏览性
	正规教育		难度		可理解性（覆盖度）
	智力		广度		空间便利性
	判断经验		重要性		时间便利性
	判断态度		信息量		节约费用
	知识/经验		趣味性		实时性（更新）
	职业关联		简洁性		易于判断相关性
	研究阶段		逻辑性		易用性
	使用方向		新颖性		灵活性（动态交互）
查询请求	内容的多样性		有关性		结果格式化
	难度		出版信息		界面（帮助，导航）
	功能二义性		近期		外部链接
	专指度/丰富度		科学性		排序（题材）
	题材		专指度/丰富度		物理存取
	文本属性		文体		查准率
	组成的权重		题材		可靠性（一致性）
判断情境	文档集的广度		文本属性		响应时间
	相关性定义		有用性		选择性（输入选择）
	排序	标度选择	锚的存在		简洁性
	文档集大小		易用性		时间节约
	社会压力		所需的反应类型		
	任务清晰度		评级类别		
	时间压力		标度类型		
	控制变量				

3）Barry 与 Schamber（1998）

Barry 和 Schamber（1998）对 Schamber（1991）与 Barry（1994）两项研究进行了比

较研究，其研究目的是期望找出相关性判据的核心集合，即该集合能够适用于不同的人群、信息系统与情境，从而可以作为相关性的独立维度而存在。Barry 和 Schamber 认为两项研究可以比较的原因在于二者的研究方法类似，研究目的相同，仅仅在实验对象、信息源与信息的利用环境方面存在差异。比较研究发现，二者的判据在很大程度上是重叠的，重叠的部分被划分为 10 个类别（表 2-24）；仅在 Barry（1994）中出现的判据共 6 项，包括效果、领域中的认同、时间压力、与作者的关系、背景/经验/理解力与新颖性；仅在 Schamber（1991）的研究中出现的判据共 3 项，包括地理接近性、动态性及其所有子类与表现形式的质量等，这些没有重叠的判据主要由于情境与研究任务的不同而导致的。

表 2-24　Barry（1994）与 Schamber（1991）两项研究共有的相关性判据

共有的类别	Barry 的用法	Schamber 的用法	解释
深度/范围/专指性	深度/范围	专指性；摘要/解释；种类/容量	表示信息内容在反映用户的信息需求方面是深入的、聚焦的、特定的；信息具有足够的细节或者深度；提供了摘要、解释与说明；提供了充分的信息种类或者容量
准确性/有效性	准确性/有效性	准确性	表示信息是准确的、正确的或者有效的
简明性	简明性	简明性；语言简明性；视觉的简明性	表示信息的表现形式清晰、有条理
实时性	新近的	实时性	表示信息是实时的、最近的、及时的、最新的
可证实性	可证实性	专指性	表示信息是与实际的、确切的文献相联系的，明确的，可证实的；实际数据是可提供的
信息源的质量	信息源质量；信息源的声誉/知名度；专业性；直接观察；信息源的信度	一致性	评价信息源的常用判据；信息员是有声誉的、可信的与专业性的
可访问性	可获得性；花费	可访问性；有效性；可用性；能支付得起的	表示获得信息所需的努力；获取信息的花费
信息/信息源的有效性	在环境中的有效性；个人有效性	可证实性	表示信息或者信息源的有效性
可证实性	外部可证实性；主观准确性/正确性；	信息源的一致性	表示信息能够通过该领域的其他信息证实或者支持；用户同意信息的陈述或者信息陈述能够支持用户的观点
情感性	情感性	娱乐价值	表示用户对信息或者信息源表现了一种情感的或者情绪的反应；信息或者信息源为用户带来了愉悦、欢乐与享受

4) Wang（1998）

Wang（1998）对 Barry（1993，1994）、Cool 等（1993）、Schamber（1991）与 Wang（1994）进行了比较研究（表2-25）。分析发现 Wang（1994）与 Schamber（1991）的研究存在跨情境与用户的相关性判据集，由于 Schamber（1991）的信息源不是文本，因此缺少了面向文本的相关性研究中的几项判据。Barry（1994）与 Wang（1994）的研究中相关性判据重叠的比较多，主要原因在于二者的用户群与所采用的方法是相似的。Barry（1994）主要集中于对主题性之外的相关性判据的分类，而 Wang（1994）则着眼于构建描述文献决策过程的认知模型，因此 Wang（1994）的研究结果中，相关性判据的分类就要比 Barry（1994）的结果更为宽泛，个人知识和文献价值成为模型中两个独立的维度而不仅仅是判据的一部分。分析还发现，尽管研究者之间在命名相关性判据时存在一定差异，但这并不影响在主题性之外存在着一个跨用户与任务的核心的相关性判据集的存在，主要涉及的判据有基于用户的认知状态（知识与经验）、任务情境与个人偏好等。

表 2-25　四项用户相关性研究的比较结果

Wang（1994）	Barry（1993，1994）	Cool et al.（1993）	Schamber（1991）
主题性	信息内容	主题	专业性/地理接近性
倾向性/水平	深度/范围	内容/信息	—
学科	信息内容	—	—
新近	新近	文献的老化年龄	实时性
新颖性	内容新颖性 信息源新颖性 文献新颖性	—	—
质量	准确性/有效性 信息源质量 确切性	精华，有用性，处理，重要性	准确性，一致性，简明性，动态性
阅读时间	时间压力	—	—
可获得性	可获取性 个人可获得性 环境中的可获得性	—	可访问性
特殊的需要	有效性	—	有用性
权威性	信息源声誉/知名度	权威性（著名的）	可靠性，专家
关系/起源	与作者的关系	自己	—
—	简明性	表现形式 格式	表现形式质量
—	外部可证实性		可证实性

5）Maglqughlin 等（2002）

Maglqughlin 等对几个影响比较大的用户相关性判据研究与自己的研究作了比较。在相关性判据的研究中需要面对的众多挑战之一就是研究者间研究语境的显著差异，导致许多相关性判据与特定语境联系紧密，例如，在 Schamber（1991）的研究中，实验对象在讨论与其工作密切相关的气象信息时，将地理接近性作为非常重要的判断判据。另外相关性判据还受到研究设计的影响，例如，在 Maglqughlin（2002）的研究中，由于实验对象在评价文献的书目记录之前，已经承诺其可以提供文献全文，因此文献的可获得性没有成为该研究的判据。除了不同的研究设计之外，研究者还使用了不同的术语以描述同一个判据，例如，信息源的时效性在 Schamber（1991）中用实时性（currency）表达，在（Wang，1994）中用新近性（recency）描述。再比如在描述文献出版者或者期刊来源的质量时也有诸多用法：可靠性（Schamber，1991）、声誉（Barry，1994）、权威性（Wang，1994）、可信度（Schamber & Bateman，1998），而在 Maglqughlin（2002）中则用质量描述。尽管所有这些术语都能够描述所对应的判据，但是这些变化使得不同研究之间的比较显得有些困难。尽管如此，表2-26 列举了 11 个主要的相关性判据研究的结果，并进行了分析与归纳。

对表2-26 的分析可以得出，如果一个判据被列举的频率越高，则该判据在跨文献领域与情境的适用性就越大。例如，广度、主题、实时性和作者 4 个判据在至少 10 项（共 11 项）研究中都存在。正确度、用户经验与情感性 3 个判据在 8 项以上的研究中出现。判据在不同研究中重现的平均值是 6.8，证实了 Schamber（1994）的设想，即存在跨用户类型与信息情境的用户相关性判据核心集。

2.2.5 小结

综合上述相关性判据研究，至少在以下几方面是值得注意的。

第一，不同学者对相同研究得出的结论存在明显的差异，比如 Saracevic 与 Schamber 都是根据 Cuadra 和 Katter（1967）与 Rees 和 Schultz（1967）的研究并结合自己的分析得出了相应的相关性判据，不过 4 位学者的结论差异明显。该差异有些类似于软件工程实践中采用面向过程的软件开发模式所导致的情况，由于这种模式过分注重功能，不过功能却是软件系统中最容易变化的部分，从而导致软件的生命周期很短暂，而目前软件工程中主流的开发模式已经转变为面向对象模型，而对象是软件系统中最稳定的部分，因而该模型显著提高了系统的生命周期、健壮性和可移植性。

上述众学者的研究在描述相关性判据时都是围绕着一个个具体的判据完成的，而不同情境中的判据是最容易变化的，因而也就导致了各位学者得到的相关性判据差异明显，这种状况意味着在相关性判据的研究中缺乏一个良好的描述框架。为了避免各位学者在相关性判据研究中所采用的简单枚举方式，本研究认为可以采用现在软件工程中广泛采用的面向对象模型完成相关性判据的描述，即围绕信息检索交互模型中的对象来实施相关性判据的研究，从而避免相关性判据罗列比较混乱。

表 2-26　Maglqughlin (2002) 的研究结论

分类	判据概念	Schamber (1991)	Park (1993)	Cool (1993)	Barry (1994)	Wang (1994)	Schamber (1996)	Tang (1998)	Bateman (1998)	Spink (1999)	Tang (1999)	Maglqughlin (2001)	总次数	每类的平均值
作者	影响力/地位	N/A	√	√	√	√	√		√	√	√	√	7	7.0
内容/主题/关于性	主题	√	√	√	√	√	√	√	√	√	√	√	11	6.8
	广度/完整性/深度/水平	√	√	√	√	√	√	√	√	√		√	10	
	准确性/可靠性/质量/有效性	√	√	√	√	√	√		√	√		√	9	
	清楚/表述质量/可读性/可理解	√	√	√	√	√	√				√		7	
	新颖性/新信息		√	√	√	√				√		√	7	
	联系/列表/与其他信息的联系		√	√	√					√	√	√	6	
	背景信息		√	√	√		√		√		√	√	6	
	方法论信息		√	√	√				√		√		6	
	刺激材料/思想催化剂		√		√				√			√	4	
	地理层面/接近性	√						√			√		3	
全文	实时性	√	√	√	√	√	√	√	√	√		√	10	6.4
	文献/文章类型	√	√	√				√	√		√	√	7	
	可获取性	√	√		√	√	√	√				N/A	6	
	新颖性				√		√	√			√	√	5	
	有用性					√	√		√		√		4	
期刊/出版者/来源	权威性/质量/可靠性/声誉/价值/影响力	√	√	√	√	√	√		√	√	√	√	10	7.5
	新颖性		√	√	√		√					√	5	
个人实验对象/用户	情感性/吸引力	√	√	√	√	√			√	√	√	√	9	7.0
	信念/经验/理解力		√	√	√	√		√	√		√	√	8	
	时间压力/要求		√		√	√						√	4	

第二，在相关性判据的研究中，尽管学者们使用了一组相异的术语，不过大都认为用户是相关性判断的核心力量，同时认为用户的评估行为是一种认知现象。比如 Rees 和 Schultz 的研究表明：①个体差异对相关性判断的影响很大，尤其是当实验对象和文献、文献表示发生变化的情况下。②实验对象对主题科学内涵的熟悉程度与被判断为相关的文献量成反比。③当实验对象熟悉了更多领域的知识后，对文献的相关性评价呈下降趋势。后两项结论说明相关性判断依赖个体知识储备的内在差别或动态变化，据此，Rees 和 Schultz 建议在以后的相关性研究中应引入认知层面的考察。再比如 Janes（1992，1994）的研究中所体现出来的，对相同的文献，相同的实验对象，仅仅因为文献排列顺序的差异，就可能产生差异明显的相关判断结果，这充分反映了相关性是随人类认知、知识与感觉不断变化的基本属性，也是相关性动态性的有力证据。

第三，除了相关性的认知本质和动态性，众研究还证实了相关性的下列属性：①主观的，即依赖于人（包括用户与非用户）的判断，并且它不是文献或信息的内在特征。②情境的，即与个体用户的信息需求紧密相连。③多维的，即受到多项判据的影响。④可测度的，即在某个特定的时刻是可评估的（Schamber，1994）。

第四，20 世纪 60 年代的实证研究中检索提问由专家准备，而相关性判断是由项目组成员完成的。这种基于实验室的研究方法缺陷明显，不能反映用户相关性判断的真实情况。因此，80 年代中后期的研究者们似乎都意识到自然主义研究方法的重要，而纷纷摒弃了基于实验室的研究方法，即面向开放的环境，针对用户真实的信息需求完成相关性的研究，以客观地反映包括主题在内的多种判据。

第五，尽管研究者的实验对象不同、研究环境也差异明显，不过通过对研究结论的简单分析就可以发现，不同研究中的相关性判据存在一定的重叠。例如，Saracevic（1998）只是在证实自己以前结论的基础上，又发现了一些新的判据；Schamber 等（1996）与 Schamber（1991）之间也存在很多相同与相似的判据，Cool 等（1993）的两阶段研究也证明了相同的结论。这些简单的分析可以得出一个基本的结论：存在一个核心的、可以跨不同用户类型、问题情境与信息源环境的相关性判据集是完全可能的。

第三阶段的相关性判据研究从第一与第二阶段的主要围绕学术信息的相关性判据研究进入多背景的研究。第三阶段主要围绕因特网环境、多媒体信息资源类型与特定人群进行相关性判据研究，比如围绕因特网环境研究了链接与超链接的相关性判据问题、研究了网络百科环境下的相关性判据问题和新闻博客的相关性判据问题等。至于多媒体信息资源方面，学者们开展了音乐与视频资料的相关性判据研究。特定人群的研究包括儿童、教师与医务人员等在特定背景下的相关性判据问题。第三阶段的多元化研究，充分体现了对传统相关性判据研究的继承与发展，上述大部分研究都基于 Barry（1994）与 Schamber（1991）等的研究进行，在这些研究的基础上，拓展与丰富在各自语境下的特色的相关性判据研究。据此，第三阶段的研究在证实、扩展了第一和第二阶段研究的基础上，也具有自己的特点。

第一，已经形成了一套行之有效的相关性判据研究范式。研究数据主要通过访谈结合出声思维法进行采集，少部分研究采用了调查问卷、屏幕记录软件与眼球跟踪技术。学者们在访谈阶段普遍通过录音或者录像的方式记录访谈内容，然后再将记录的内容转换为文本，以利用做后续分析。数据分析方法主要采用内容分析法，研究者采用了不同的内容分析编码方案，部分研究者以 Schamber（1991，1994）、Barry（1994）与 Cool 等（1993）作为初始的编码，不能涵盖的部分再通过归纳的方式完成，大部分研究者直接根据文本采用开放的、探索性的、迭代式的归纳方式完成。除了上述研究方法之外，新近的研究还见到结构方程模型与扎根理论等新方法的应用。

第二，研究基于真实的信息需求。除了 Taylor 等（2009）等为数不多的几项研究之外，几乎所有的研究都基于研究对象真实的信息需求完成研究。与 20 世纪 60 年代基于实验室的研究相比，基于信息用户真实信息需求的研究结果更为可信，对于信息检索系统的分析与设计的意义会更为直接。

第三，研究主题多元化。与研究的第一和第二阶段主要围绕学术信息的相关性判据研究相比，第三阶段的研究主题表现为多元化的格局。学者们分别进行了因特网网页、超链接、医疗资源、日常生活的相关性判断、新闻博客与在线问答平台等相关性判据的研究；还研究了音乐、视频与图片等多媒体信息资源的相关性判据；部分学者还对不同 ISP 阶段、不同信息资源类型的相关性判据进行了比较研究。

第四，相关性判据的跨语境性。大部分研究在内容分析的编码阶段都基于 Schamber（1991）与 Barry（1994）等早先的学术信息相关性判据进行，然后，对于不能涵盖的编码然后再结合归纳式的方式进行，该研究策略表明相关性判据具有跨语境性。即使是基于开放的、归纳式的、探索性编码的研究，最后的相关性判据也与 Schamber（1991）和 Barry（1994）的研究存在较大的重叠，比如 Barnes（2003）和 Savolainen（2010）的研究等。

第五，相关性判据的动态性。Bateman（1998）、Vakkari 等（2000）与 Taylor 等（2007，2009）主要围绕相关性判据的动态性展开研究，研究结果证实相关性判据的选择在 ISP 的不同阶段会有明显变化。相关性的动态性还体现在语境方面，不同的语境尽管相关性判据类别集是相似的，但是对于具体相关性判据的选择与使用则存在明显的差异，如在学术性检索系统中，权威性是非常重要的指标，但是在选择新闻博客、口述史资料的选择时，权威性则体现不出其影响。另外，在学术性文献中，通常文献长度是文献信息量的评估指标，但是在口述史资料的选择中，则演变为长度适宜。再例如主题/内容一直在相关性的判据中占据着主要的位置，但是在互动问答平台的相关性判据中社会情感价值跃升到第一位。

第3章　相关性判据研究

3.1　研究问题

本研究围绕相关性判据主要探讨4个问题。第一，探讨信息用户在检索、分析与利用学术信息时的相关性判据。第二，探讨影响相关性判断的文献特征，即信息用户在进行相关性判断时，文献中的哪些特征提供了其进行相关性判断的依据。第三，探讨不同性别的信息用户，其相关性判据是否存在显著性差异。第四，探讨信息用户面对不同复杂度的任务特征时，其相关性判据是否存在显著性差异。

3.2　数据搜集

3.2.1　研究对象的选择

与Schamber（1991）、Barry（1993）等研究不同的是，本研究中对象的选择没有采用招募的方式，而是将4个班级的所有同学作为研究对象，这样做的优点是样本量有保证（共计有194名研究对象），样本量显著大于Schamber与Barry等研究中的样本量（分别只有30与18人）。本研究给学生布置课程论文之后，让学生提交课程论文以及检索过程的描述。在学生提交的检索过程的描述中，研究对象分别描述了检索策略、是否进行二次检索与进行二次检索的原因、相关文献相关性判断的判据。通过对数据的分析可以发现学生的相关性行为和相关性判据。

3.2.2　数据搜集的基本要求

本研究需要信息用户具备真实的信息检索与信息利用语境，该语境可以激发信息用户就自己真实的信息需求情境评估文献中所蕴含的信息。构建这样的语境，需要具备条件如下（Barry 1993）：首先，研究对象需要有真实的信息需求；其次，需要识别出部分相关的文献并提交给研究对象；再次，必须具备能够将用户判断相关与否的文档或者文档替代物加以识别的技术；最后，研究对象必须能够不受约束地讨论任意一个影响相关性判断的判据。

本研究的所有研究对象都分别被布置了不同的课程论文，学生为了完成作业需要通过搜索引擎与学术检索系统等检索相关文献，研究对象的检索环境是在学校图书馆、实验室或者学生宿舍等检索学校的全文数据库和通过搜索引擎检索因特网的信息，也有部分同学直接到图书馆查找印刷型的文献。这样做保证了 Barry 的前两个要求：①研究对象需要完成自己课程论文；②检索过程由研究对象自己完成。目前的搜索引擎与学术信息检索系统能够将相关的、部分相关的和不太相关的文献都呈现在信息用户面前，因此学生在相关性判断的时候能够获得整个文献集的全貌。与 Barry 等的研究方法不同的是，本研究没有采用让研究对象在文档或者文档替代物做标记的方式标注出研究对象判断相关性的文献特征，而是让学生记录其依据哪些特征进行的判断。可以认为方法虽有不同，但殊途同归，因此可以认为 Barry 要求的第三点也已经达到。本研究采用让学生完全根据自己的判断写出其相关性判据，没有采用预先设定判据集让学生选择的方式进行处理，因此学生在描述相关性判据时没有受到条条框框的任何限制，基于完全开放的语境，研究对象能够直抒胸臆地表达出其真实的相关性判据，从而也满足了 Barry 提出的第四个要求。

3.2.3 数据搜集方法

本研究的主要任务是探索学术信息用户判断印刷型、数字型学术信息资源时的相关性判据集，因此需要搜集学术用户进行相关性判断的原始数据。国外大部分相关性判据研究，比如 Schamber（1991）、Barry（1993）、Wang（1994）、Tang（1998）等均采用了基于开放访谈、出声思维（think aloud）的数据搜集方法。本研究没有采用该方式，而是通过给研究对象布置课程论文，然后要求研究对象详细地描述其检索过程、通过屏幕拷贝等方式记录检索结果，并针对其最终选择的相关文献详细说明其相关性判断的判据。研究对象包括南京大学信息管理系和教育科学系 4 个年级的本科生。

人的思维活动通常是内隐的，是借助于不出声的内部语言进行的，人类在问题解决时的内隐的思考过程无法通过外部直接观察，相对思维的结果而言，人类解决问题过程中的思维过程是一个"黑箱"，如果仅仅依据结果去推测"黑箱"的内容很难准确与可信，而事后交流所得的答案则通常表现为不完整与不准确。克服这种困难的一个有效方法是让他利用出声的言语进行思考，即出声思维，使人的思维过程外显化，这样就可以直接观察其思维过程。根据上述思路，心理学家邓克（郭秀艳，2001）首先提出了出声思维法，但是在该方法被提出的早期没有得到学术界的足够关注。直至 1972 年，纽厄尔（Newell）和西蒙（Simon）将该方法应用于问题解决领域，获得了可喜的成功，从此出声思维法才获得学术界的广泛关注。本研究的数据搜集方法与出声思维法相比，可以认为是"不出声"的出声思维法。二者的区别在于在访谈的出声思维过程中，研究者采用录音或者录像等技术手段记录研究对象借助于出声描述的思维过程，事后再将录音/录像资料转录为文本。本研究中直接由研究对象用笔记录其相关性判断的思维过程，结果已经是可以用于分析的文本。所以相对于出声思维法而言，本研究中的数据搜集方法避免了录音/录像、出声思维资料的转录与提交研究对象复核等过程，因此可以认为本研究采用的数据搜集方法基本达到了出声思维的效果，同时也减少了部分非常繁冗的工作。不过，本研究中数据搜集方法的不足在于，缺少了研究者与研究对象的交互过程，所有的数据只能依赖研究对象书写的相关内容，或者研究对象最后形成的总结性描述，不能记录研究对象在制定查询策略、开展检索与检索结果利用方面的细节。

本研究中相关性的操作化定义是研究对象是否采纳文献中描述的信息，研究对象判断的材料包括文档替代物（包括文摘、关键词、主题词等简单或者详细记录格式）与全文。研究对象记录的结果通过内容分析法归纳出相关性的判据以及类别。

3.2.4 数据搜集方法的优势与不足

本研究中的数据搜集方法主要的优点是能够让信息用户基于真实的信息需求、查询与利用环境进行相关性的判断与描述。本研究假定相关性判断并不仅仅依据主题特征，还包括信息检索与使用的情境以及信息用户的个体知识和感知。由于本研究的信息用户的信息需求是真实的，并且在完全开放的环境中进行信息检索与相关性判断，因此可以认为该研究方法能够捕捉信息用户的相关性判断中的情境因素层面与用户感知层面的相关性判据。

与 Curdra 等研究要求实验对象仅仅判断文献的相关性或者文献与查询的匹配程度的不同之处在于，学生被要求就自己选择的参考文献描述其相关性判断的依据，从而形成一个真实的判断环境。在实际的信息检索语境中，相关性判断是基于信息用户是否使用相关文献的信息进行的，因此，研究对象能够对文献中蕴含的信息进行真实的判断。

本研究主要的研究方向是识别出所有的相关性判据，为了达到该目的，有必要让研究对象对所有可能的相关性判据进行讨论。在完全开放的环境下，不受任何约束，这样有利于学生能够讨论所有的其认为影响相关性决策的因素。本研究中学生采用文本的方式记录其相关性判断的判据与行为，语言比较规范，也有利于其后的内容分析。

3.3 数据分析方法

3.3.1 内容分析法

内容分析法首先在传播学的各个领域得到了广泛的应用，该方法能够有效地描述媒体的内容特征、检验传播的研究假设等。Wailger 与 Wienir 把内容分析定义为用来检查资料内容的系统程序。Krippendorf 将内容分析定义为用数据有效摹写其涉及内容的一种研究方法。在本研究中，将内容分析作为一种以归纳的方式识别并且分类相关性判据的隐性方法。

内容分析的各步骤中，最重要的环节之一是编码模式的制定，本研究根据 Barry（1993）的编码模式形成过程制定编码模式。

（1）编码类别由学生完成的包含相关性判据的课程论文中通过归纳的方式产生。本研究的类目体系在编码的实践中证明具备互斥性、完备性和信度等特征。所谓互斥性，即一个分析单位可以且只可编码在一个类别中；所谓完备性，即每一个分析单位都有合适的类别，当发现一个或几个不合适的例子时，则采用"其他"类来解决问题，若在归纳过程发现有更多的内容属于"其他"类时，则重新检查先前的类目；所谓的信度，就是类别编码体系具有可信度，即不同的编码者对分析单位所属类目意见的一致性。在建立类目的过程中，对于类目数量的考虑，本研究避免了两个极端的做法，即类目过少或者过多。如果类目过少，容易忽略一些基本的差异，而类目过多，则每一个类中的内容会非常少，从而严重制约研究的合理性。本研究采取了最一般的解决策略，即尽可能多地选择类目，如果出现类目过多的情况，则可以把几个小类目合并成一个大类目，而如果采用相反的方案，则相对困难得多。

（2）每种编码模式都进行了信度检验。在编码过程中采用"编码者间信度"表示，即随机选取样本中数据，由研究者与一位独立的编码员分别进行编码以完成信度的检验。本研究采用了简单易行的 Holsti 公式计算，即以一致性百分比公式来计算信度：

$$信度 = \frac{2M}{N_1 + N_2}$$

其中，M 代表两个编码者间一致的编码数，N_1 和 N_2 分别代表两个编码员的编码总数。例如，如果有 200 个单位的内容需要编码，两个编码员有 150 个相同的单位内容，其计算结果是：

$$信度 = \frac{2 \times 150}{200 + 200} = 75\%$$

（3）当信度检验达不到可接受的水平时，则修订编码模式，并且重新随机选择数据进行信度检验，该过程迭代进行，直到达到可接受的信度水平。

（4）编码模式用于编码整个数据集。将该编码模式的形成步骤用于归纳本研究中的 9 种类型的判据，分别是传播特征、文献内容、情境、文献使用、系统特征、愉悦感知、文献质量、文献总体与文献特征。所有这些类别特征都由原始数据归纳产生，归纳过程中借鉴了 Schamber（1991）、Barry（1993）等研究成果，这样做有利于将分析结果与先前研究的分析比较。

考虑到本研究中的样本都是三年级本科生，因而 Schamber（1991）等研究中分别编码的年龄、高等教育水平在本研究中没有区分度，所以这两个特征不再进行编码。性别等编码模式由于字面意义已经非常清楚，不需要过多的阐释，并且这些编码差错的概率非常低，无需考虑不同编码员之间的一致性问题，所以由研究者自行完成编码。最终版本的编码模式由研究者与另外一位独立编码员通过随机选择 100 个样本点进行信度检验。

编码过程中涉及两个概念，即明示内容与潜在内容。所谓的明示内容是通过关键词等描述的内容，对于一个给定的编码类别，识别出关键词或者短语之后，可以简单地根据其出现与否进行编码。所谓的潜在内容，则更多地基于词汇或短语出现的语境进行判断。虽然也需要首先识别出关键词或短语，但是具体如何编码则需要根据这些术语出现的语境进行判断。潜在内容的编码困难非常大，主要原因在于形成该类型的编码模式本身就非常困难，同时编码者间信度达到可接受程度的难度则更大。

3.3.2　方法的优势与不足

本研究的目的是尽可能勾勒出影响用户相关性判断的完整的相关性判据集，因此需要模拟出信息用户使用信息的真实语境。本研究前面讨论的搜集原始数据的方法能够保证真实语境的要求，基于真实的数据采用归纳式的内容分析技术有助于获取完备的相关性判据集。

由于内容分析完全是开放的，因此，设计出能够解读研究对象所提到的所有文献特征或者情境的相关性判据集是可能的。该方法的一个明显的优点是相关性判据是由研究对象的描述中归纳出来的。在数据的搜集方法能够保证真实的用户搜寻与使用环境的前提下，使用归纳式的内容分析技术分析原始数据，可以认为采用该方法分析出的相关性判据是用户相关性判据的真实描述。同时，由于研究对象的相关性判据的描述与开发类别编码过程是严格分离的，基于该方法，研究对象完全不受先前的一些约定俗成的判据类别的影响，可以根据其自身对文献的思考与当时的情境因素做出是否使用文献中相关内容的判定。

与优点相比，该方法也存在一个明显的缺点：费时、费力，编制编码模式与编制一个可用的编码手册都是非常耗时费力的工作。

首先，编码模式的编制是一个智力开销非常大的工作。该过程需要解读语义复杂性、研究对象所使用的自然语言，并且需要设计出能够表达这种语义复杂性的完备的分类系统。同时由于该方法完全是归纳式的，研究者使用研究对象的原始数据以设计出一个全新的模式，从而捕捉研究对象提及的所有相关性判据与隐含于这些判据之间的关系。显然，并没有一个现成的能够完全准确的满足这些数据要求的编码结构，因此，编码模式的设计过程需要通过对编码类别的不断重复修订以开发出一个能够描述学生相关性判据的最终编码模式集。

其次，开发编码手册表面上看与编码模式的制定是相关的，但实际上是一个完全独立的过程。与开发一个描摹学生原始数据相关性判据的编码模式的难度相比，编制一个用于包含指导、例子以及编码规则的编码手册，该手册要有利于编码员之间能够很好地完成编码工作，并且能够容易地达成一致性，其难度是有过之而无不及。最终版本的编码手册非常复杂，包括大量的是否应该编码为某个类的详细说明。复杂性主要体现在需要将每个类的隐含涵义完整地描述清楚，但是将这些内容都体现在编码手册中，则会显得过分地臃肿且难以使用。

与所有方法具有共性的是，有必要在优势与不足之间进行适当的平衡，数据搜集方法的目的是获得一个丰富的数据集合，而开发编码模式与编制编码手册则是在努力提高数据丰富性的基础上，使之能够达到获取完整的相关性判据集的效果。

3.4 相关性分析结果

下面的内容将阐述相关性判据与相关性行为的分析结果，分别阐述数据集的总体特征和针对 4 个研究问题的分析结果。

3.4.1 数据特征

本研究的对象是南京大学信息管理系 2002 级、2003 级、2004 级与 2008 级本科生、教育科学系 2008 级本科生。所有学生均在读，样本比较单一，没有 Schamber（1991）和 Barry（1993）研究中的学历层次的多样性。研究对象中男女的比例男性多于女性。年龄相对比较单一，在研究数据搜集的时候，大部分学生的年龄在 18 ~ 21 岁，数据的搜集时间分别是 2005 年 12 月、2006 年 11 月、2007 年 10 月与 2010 年 12 月，分别在秋季学期的中后期进行，所有的学生都被要求完成一次"计算机网络"课程的论文，学生的人口统计学特征见表3-1。

表3-1 学生的人口学特征

特征	细目	人数
性别	男	123
	女	71
系科	信息管理	188
	教育学	6
教育程度	本科 3 年级	194
年龄	18 ~ 21 岁	194
检索的目的	课程论文	187
	课程作业	7

3.4.2 数据集

数据的搜集方式通过完全开放的方式进行，对于每一年级的学生，布置不同难度的课程论文与课程作业，在论文和作业的要求中，需要学生写出详细的检索策略、检索过程、检索结果与检索过程中的思考，并且就作为参考文献的相关文献进行详细的阐述，Schamber（1991）和 Barry（1993）将研究对象的所有描述数据全部放在了附录中，由于本研究对象数量较大，不做类似安排。

3.4.3 数据分析过程

本研究的数据分析工作分为两个轮次进行。

1. 第一轮数据降维

与先前的研究相比，本研究中的样本量比较大，直接地邀请编码员进行编码，工作量非常巨大，因此本轮编码工作的主要作用是进行数据的简化，从学生的描述中提炼出能够真正表达相关性判据描述的相关部分。

本轮的内容分析涉及分析单位的选择问题。分析单位是"指实际计算的对象，为内容分析中最重要、同时也是最小的元素。在文字内容中，分析单位可以是独立的字、词、符号、主题对某个客观事物独立的观点、整篇文章或新闻报道。"（李本乾，2000）在本研究中，分析单位的选择并不拘泥于某一个特定的形式特征，而是根据学生的描述从中提炼出能够表征其相关性判据的单位，因此分析的单位既可以是一个词、也可以是一个句子、一个段落或者整个篇章。

第一轮数据分析工作采用质性分析软件 Nvivo8.0 完成初步的工作，首先按照年级将数据导入信息源（resource）中，然后依次浏览、编码每一位同学的原始数据，根据学生的文字描述，发掘所蕴含的相关性判据的描述，编码员对编码的依据采用 Nvivo 中的工具进行突出显示（图3-1）。第一轮的编码过程中，首先探索性地将相关性判据编码为自由节点（free node），自由节点的选择采用能够贴近学生描述的相关性判据进行，将学生的描述简化为能够表达其意义的简短术语，该阶段采用归纳式的、探索性的方式进行，不追求一次性达到最终的相关性判据的编码，因此可能存在几个意义相近但是描述不同的准相关性判据的存在。第一轮编码工作由作者独立完成。在本轮的编码过程中，发现相关性判据描绘可以分为以下几种类型。

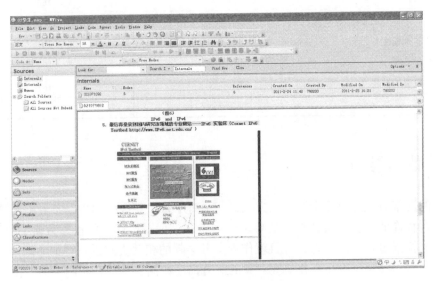

图 3-1　Nvivo 数据展示页面

第一种类型，学生首先在各个数据库中完成检索，然后把相关的文献按照主题进行归类，再针对这一类文献阐述其相关的原因。比如，吴同学的结果为"中文文献：检索的40 篇文章进行筛选，过滤了其中一些概述太过简单或与本专题相关性不大的文献，最后留下20 篇。并将这20 篇文献分为了3 类：①概述性文章：即既写了IPv4 的不足，又写了IPv4 和 IPv6 报头的格式，还写了从 IPv4 过渡到 IPv6 的几种技术；②对 IPv4 和 IPv6 报头进行详细分析和对比，以说明 IPv6 的先进性；③较详细地介绍从 IPv4 到 IPv6 的过渡技术。"从该同学的阐述中，可以提炼出的相关性判据包括"分析和对比"、"概述"、"价值"、"简单"、"笼统"、"先进性"、"详细"、"主题"与"足够——数量"等。

第二种类型，根据学生自己制定的检索策略，完成检索后，先列出所有要参考的相关文献，然后，从总体上阐述其判断相关的判据。比如沈同学的工作，"选择一篇文章的首要依据当然是其主题和内容，上述列举的这几篇文章在内容上都是谈 IPv4 和 IPv6 以及它们之间的过渡问题，与我所写综述的文章在内容上是紧密联系的。这些文章首先从 IPv4 的当前状况说起，引出了两种协议转换的必要性，吸引读者顺着他的思路走下去探索解决问题的办法，然后对这两种协议的相关方面做了一一对比，内容深入详细但却讲述的简单明了。而且，如果这类性质的文章只用文字表达会让读者感到枯燥乏味，上述的资料中都附有大量的图文解释，把难于表述的意思寓于图形之中。当然除了内容之外还有一个原因就是：文章的作者和相关机构在此方面都比较有权威性，例如第 5 篇，而且文章能被 CNKI 所收录也足以说明文章在此研究领域有一定的进步性和代表性。"，从该同学的描述中，可以抽取出的相关性判据包括"关键词"、"机构"、"简单明了"、"进步性"、"枯燥乏味"、"内容"、"全文"、"权威性"、"深入——内容"、"图文"、"详细"、"主题"、"作者"以及"CNKI 收录"等。

第三种类型，也是最常见的类型，就是学生针对每一篇文献阐明其相关性的原因，比如孟同学的例子。

"《从 IPv4 到 IPv6 的演进技术》（《现代电信科技》1999 年 11 月第 11 期）技术含量较高，作为一个专题讲座讲述的很详尽，同课题有极大的相关性。

《IPv4 向 IPv6 迁移的过渡策略》（《北京师范大学学报（自然科学版）》2001 年 8 月第 37 卷第 4 期）对 IPV4 与 IPV6 做了详尽的比较，对策略的分析也很透彻，通俗易懂，引用的大量数据及实例，分析全面。

《IPv4 向 IPv6 过渡的关键技术解析》（百度网页搜索）此处文章介绍的内容与所写的课题内容中的很多关键字都有很大联系。

《新一代互联网协议 IPv6 研究》《湖北工学院学报》2000 年 9 月第 15 卷第 3 期，此处对 IPV6 的技术解释非常详尽，从网络方面分析了他的可行性，有一定说服力。

《基于 SOCKS 的 IPv4 向 IPv6 过渡技术》（modern science&technology of telecommunications）同上。

《IPv4 到 IPv6 的过渡策略及其测试》（《贵州工业大学学报（自然科学版）》2001 年 4 月第 30 卷）有针对性地对过度策略进行了深入的描述，并且进行了测试，对其策略有一定的了解，同所写的课题向关性很强。

《IPv4 向 IPv6 过渡策略谈》（《广东通信技术》2001 年 10 月第 21 卷第 10 期）对 IPv6 的过渡进行了总体上的概述，从大的方面给人以启发性的引导，对课题的写作有很大帮助。

Title：《IPv6：coming to an internet near you》，Database：Academic Search Premier 对 IPv6 的前景进行了系统性分析，对 IPv6 的过度策略描述也有独到的见解。

《实现 IPv4 网络向下一代 IPv6 网络迁移的通用隧道方法》（244 计算机应用研究 2000 年）对通用隧道法进行了全面详尽的描述，对课题的关键字相关性很大。

《IPv4 向 IPv6 过渡技术综述》（《北京邮电大学学报》2002 年 12 月第 25 卷第 4 期）参考了综述的写法，对课题的内容确定和完成有很大的帮助。"

从该同学的文字中，可以提炼的相关性判据包括"概述——总体"、"关键词"、"技术含量高"、"见解独到"、"可行性"、"课题写作"、"启发性"、"全面"、"确定课题内容"、"深入——内容"、"实例"、"数据"、"说服力"、"通俗易懂"、"透彻"、"系统性"、"详尽"、"写法"、"针对性"以及"专题讲座"。这些判据在 Nvivo 中成为自由节点（free node）（图 3-2）。

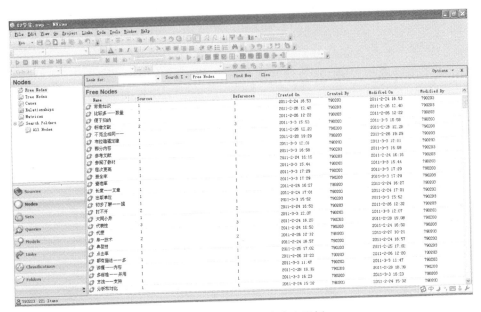

图 3-2　Nvivo 中的自由节点示例

第四种类型，学生仅仅列举了通过检索后选择的相关的参考文献，每一条记录的内容包括基本的著录信息，包括作者、题名、来源与文摘等信息。比如 M 同学的例子。

"1. 何小燕、吴介一，《IPv6/IPv4 网络地址转换》，《计算机工程与应用》，2000 年 7 月，本文详细地介绍了网络地址转换的机制，并讨论了其中出现的问题。

2. 虞益诚，《Internet 下 IPv6 演进技术的研究》，《上海理工大学学报》，2002 年 2 月，本文介绍了 IPv4 的不足、IPv6 的发展和特征，阐述了 IPv6 的演进机制、双协议栈技术、隧道技术、转换技术，详述了几种演进实用工具。

3. 熊英，《IPv4/IPv6 代沟协议转换器》，《中国数据通讯》，2003 年 8 月，本文通过介绍 IPv4/IPv6 代沟协议转换器的实现原理及转换模块的设计问题，提出网络中设置代沟协议转换器是最简单、便捷的 IPv4/IPv6 过渡方法。"

从第四种类型中就难以分析出有个性的相关性判据，不过可以通过其前面部分的检索过程的描述 "……由于我们是用来写综述的，就必须看到原文，因此就必须选择全文数据库。……检索过程及结果：CNKI 数据库：高级检索，摘要＝ipv4 并且摘要＝ipv6 并且摘要＝转换。检索结果排序方式和检索年范围：相关度，1994～2004……" 可以分析出该同学的相关性判据涉及 "全文"、"摘要"、"出版时间" 与 "系统相关度" 等评判的依据，从这些判据可以分析提炼出，该同学是依据 "主题"、"新颖性" 与 "实时性" 等相关性判据。

本研究中，针对学生检索过程的描述进行了统一的分析，因此作者更希望学生能够像先前的研究中一样，结合其选择作为参考文献的每一个条目给出其相关性判断的判据。不过好在第四种类型在本研究的样本中所占比例比较小。

第一轮分析的结果见表 3-2，类别数，即某位同学的相关性判据中分析出的类别的数量；引用数，即类别在该同学的阐述中引用的次数，某些相关性判据可能被该同学引用多次，所以表中引用数大于等于类别数。表3-3分别列举了频次比较高与比较低的21项影响相关性判断的因素，从这个比较粗糙的结果可以看出文献的基本特征将影响用户的相关性判断，其中包括文摘、题名、关键词与全文等，其他还包括主题性、新颖性、权威性、详细性、实时性等主观指标，另外还包括综述、技术文档等文献类型方面的因素。

表3-2　第一轮相关性因素按照年级分析结果

年级	类别数最大值	引用数最大值	类别数最小值	引用数最小值	类别数均值	引用数均值
02	26	39	1	1	6.88	8.61
03	32	52	1	1	5.33	6.24
04	20	28	1	1	4.71	3.56
08	18	26	1	1	6.54	7.46

表3-3　第一轮相关性因素分析结果

判据名称	学生数	引用数	判据名称	学生数	引用数
主题	74	94	技术分析_文献类型	1	1
文摘	43	64	技术含量高	1	1
题名	34	48	技术评价	1	1
详细——内容	30	46	技术实现文档	1	1
权威性	26	35	技术细节	1	1
新颖	18	21	技术性强	1	1
综述	18	21	技术性太强——图书	1	1
关键词	16	18	技术之外的意义	1	1
教材——著名教材	16	19	检索结果数量——调整策略	1	1
全文	16	27	检索能力——有限	1	1
详细	16	22	简单	1	1
易于理解	16	18	简单明了	1	1
核心期刊	15	25	结构——确定	1	1
教材	15	15	结构相似	1	1
时间	14	14	结果粗糙——数据库	1	1
全面——内容	13	15	紧密结合实际	1	1
图书——专业	13	23	进步性	1	1
机构	12	17	经验	1	1
详细——图书——内容	12	18	精确度	1	1
全面	11	13	镜像站点	1	1
切题	10	10	局部—详细——期刊论文	1	1

第一轮分析的结果主要起到了这样几个作用，第一是数据降维，近200名同学文字

描述的检索过程、检索策略与相关性描述篇幅非常庞大，直接的邀请编码员进行编码难度较大，而且达到内容分析所要求的一致性的难度也很大，同时由于本研究采用开放的、归纳式的、探索性的内容分析方法，让编码员直接地在比较庞大的数据集上进行编码难以保证数据的一致性，因此这项工作由作者完成比较合适。通过第一轮的工作，原先的大数据集被削减到 471 项影响相关性的因素，通过 Nvivo 从学生的描述中突出显示了 1212 项涉及相关性因素的具体描述，这些结果将成为第二轮相关性判据内容分析的依据与基础。第二是作者通过第一轮的预编码工作，对总体的相关性判据的情况有了大概的、宏观的了解，这样在确定编码的时候就有很强的针对性。第三、数据集缩小之后，第二轮的工作量也变小，一方面编码员容易配合，另一方面也比较容易达到合乎要求的一致性。

2. 第二轮相关性判据分析

第二轮的编码工作由作者与邀请的一位研究生作为编码员的方式进行。在第一轮工作的基础上，本研究将相关性判据从宏观上分为 9 大类，分别是传播特征、文献内容、情境、文献使用、系统特征、愉悦感知、文献质量、文献总体与文献特征。文献总体与文献使用判据在 Schamber 等人的研究中没有出现，主要原因可能在于研究方法的差异，Schamber 等的研究采用的是访谈法，当时他们的研究语境还没有现在那么容易获得大量的全文数据。本研究中是要求学生就课程论文的问题进行多途径的信息检索，因此容易在检索结果层面获得大的数据集，从而牵涉到对于数据集整体的相关性判据。本研究由于学生要完成课程论文或者作业，描述相关性判据的时候也阐述了相关性文献在其论文中的具体使用，因而和先前的研究相比就多出了文献使用类别的相关性判据。由于技术进步的原因，本研究中出现的传播特征也是先前的研究中未曾见过的，该类别的相关性判据主要由于因特网繁荣之后，使得转载、点击与引用变得更加容易而产生的。

3.5　相关性判据

3.5.1　文献特征相关性判据

Barry（1993）将文献特征分为文档特征、信息源特征、参考文献特征与信息内容 4 个方面，本研究中文献特征主要涉及文献内容之外的客观特征，包括物理格式、文献的出版信息，比如出版日期、页数、文献长度和文档类型（比如期刊论文、教材、博士论文）等；其他还包括文献的作者、编者、机构或者单位（比如大学、研究所或者学术团体等）与参考文献等相关信息。文献特征由于主要涉及文献的一些著录信息，在文献中表现为非常客观，从而编码员之间的信度水平很快达到。学生能够非常清晰地表达这些明确的特征，基本上不需要向编码员做更多的解释。该类别相关性判据的编码主要依据原始数据的明示内容，所以只要出现关键词或者短语，则足以完成编码过程。

1. 文献特征的相关性判据内容

通过探索性的、归纳式的内容分析显示共有 15 个文献特征方面的相关性判据，分别是参考文献、出版单位、出版时间、关键词、基金、篇幅、全文、题名、文献格式、文摘、语种、机构、来源期刊、文献类型与作者，其中机构、来源期刊、文献类型与作者又区分出不同的子类别。由于文献特征都非常清晰，因此其概念无需定义，下面给出每个判据的关键词、短语与实例。

1）参考文献

关键词/短语：参考文献、引用文献、参考了英文著作等。

举例："这篇文章介绍了 spin-2 的相关知识。这篇文章是我从中文论文的参考资料中找到，并从网上下载参阅的"、"通过对这些文章的阅读，查找其参考文献"、"维基百科. http：//en. wikipedia. org/wiki/Wireless_ network. ［2010/12/5］. 取自英文维基百科的定义，此定义参照了两本英文著作，Overview of Wireless Communications……"。

2）出版单位

关键词/短语：出版机构、出版单位、出版社等。

举例："从书名来看与所需的资料关系密切，同时出版社权威性也较高"、"再次通过出版机构与刊名的权威性定夺"。

3）出版时间

关键词/短语：年代比较远、时间、比较新、成书较早等。

举例："或者是因为年代比较远"、"文章的发表日期"、"我选择它是因为这本书是英文翻译的中文版的书，相对比较新，当然也是由于是翻译，所以有些用法可能不太一样"。

4）关键词

关键词/短语：关键词等。

举例："再次检索后，看所列出的条目，是否是你所想要的文献，主要是看标题的相关性，看标题是否与你所要找的主题相关，若标题无法确定，则点进去看，看他是否有文摘，主题词之类的，再根据这些来确定是否文相关文献。"

5）基金

关键词/短语：863、973、基金支持、自然科学基金等。

举例："国家 863 高技术研究发展计划资助"、"研究受中科院知识创新项目基金支持"、"国家自然科学基金项目"。

6）篇幅

关键词/短语：篇幅、短小精悍、比较厚、篇幅比较长等。

举例："该文章虽然篇幅较短，但是它对目前主要的过渡技术作了一个简洁而较全面的概述。"、"这是一篇短小精悍的评述性的小文章"、"也就是页数比较多的文献来看看它们的文摘"。

7）全文

关键词/短语：全文。

举例："然后再浏览全文，根据文章内容与所选主题是否相关来取舍"、"检索主题为'IPv4 向 IPv6 转换'，而且是要为综述作材料搜集，因此最好能够取得全文"、"通过阅读检索得到文章的摘要，初步选取一些相关的文献资料下载全文。然后再快速地大概阅读一下全文，从中选择 15 篇需要精读的参考文献（其中包括两篇英文文章），选择时优先考虑比较新的文章"。

8）题名

关键词/短语：标题、题名、篇名、title。

举例："从以上检索结果中可以看出，通过该检索式得到的检准率比较高，从论文标题可以判断很多都和该主题相关"、"从题名和摘要可以看出该论文论述的主题和重点"、"我主要根据文章的标题和关键字来判断是否相关"。

9）文献格式

关键词/短语：格式、纸质文献。

举例："而且只选取文档格式为 PDF 的文献"、"除了电子资料，我还在图书馆中搜寻相关的纸质文献，由于移动 IP 技术是前沿技术，大多书籍不是在计算机系的图书馆就是在鼓楼图书馆，由于客观原因，只在浦口借阅到一本较好的参考资料——《移动 IP 技术》（孙利民等著，电子工业出版社"。

10）文摘

关键词/短语：文摘、摘要、简介。

举例："命中 54 篇文章，根据篇名和文章摘要，选择了其中的 10 篇文章"、"我首先做的就是阅读一下简介，看和主题是否相关"、"从以上文章的内容简介中不难看出我选这些文章做相关文献的原因"。

11）语种

关键词/短语：英文水平、英文、中外文献不同、文献翻译、中文版、中文、英语描述。

举例："因为每篇标准都长达千页，而且为全英文描述，感觉有点生涩难懂，只是从中攫取了一些想要的部分进行了引用"、"9 篇为中文"、"这也是一篇来自 Elsevier 上的英文文献，主要介绍的是 802.16 的 OFDM 技术，由于书上并没有详细的介绍这个技术，所以这篇文献是一个很好的补充，文字也不是很困难"。

12）机构

关键词/短语：发文机构、作者单位、北京师范大学、清华大学、北京大学、中国科学院等。

机构的相关性判据，学生又分别衍生出了几个次一级判据，包括客观、声誉与多产等。有部分学生只是不带主观性地提到了相关的机构，这一类本文归类为客观判据，第二类学生主要提到了相关机构的声誉，因此归为声誉指标，第三类考虑机构是否多产或者高产从而影响其相关性判断，这一类归为多产判据。

（1）机构——客观。举例："相关机构"、"与它的发文机构"、"CNKI 中的文章可以非常方便地看到作者、刊名、机构、摘要，选择文章也比较方便"。

（2）机构——声誉。举例："只搜索清华大学，北京大学，中国科学院三家机构"、"我对于一些国家著名研究所或名牌高校知名专家、教授所发表的文章优先选用"、"主要选择著名研究单位"。

（3）机构——多产。举例："多产机构一般以此主题为主要研究方向"。

13）来源期刊

关键词/短语：期刊等级、重要期刊、期刊收录情况、来源期刊、核心期刊、期刊排名、专业期刊等。

来源期刊的相关性判据，虽然学生使用的术语有差异，其中最基本的相关性判据就是期刊的声誉和期刊排序。

举例："本文被载于核心期刊"、"这是一篇发表在国外计算机方面核心期刊"Computer World"上的文章"、"主要选计算机领域核心期刊上的文章"。

14）文献类型

关键词/短语：标准、博士论文、访谈、官方网站、会议文献、技术白皮书、讲座、教材、硕士论文、网络百科、文献类型、新闻与综述。

因为每种文献都有其自身的特点，因此学生在选择的时候不同的文献类型能够左右其相关性的选择。

（1）标准。举例："从中知道关于移动 IP 协议标准的文献"；"选择直接参考 RFC 2960，是考虑到它的权威性和具体性"；"我觉得回答这个问题，最好找到这个协议的英文原版，就想去校 Ftp 上查找这方面的书，在 rfc2960（sctp）的目录上有 fragmentation 的内容"。

（2）学位论文。举例："《802.15.4 协议栈的研究与实现》是一篇硕士生毕业论文，其中对于物理层和 MAC 子层的帧结构描述很详尽，该文的亮点在于对物理层中的 PAN 基本操作流程进行了很详尽的阐述，同时阐明了 802.15.4 中使用的栈结构"；"本文是一篇博士论文，详细的描述了 802.11 与 802.16Mac 子层的设计，分析了影响 Mac 子层设计的因素，并将两者的 Mac 子层做出比较，值得借鉴"。

（3）访谈。举例："专家访谈"。

（4）官方网站。举例："最后再登录到国内研究该领域的专业网站——IPv6 实验床"；"选择参考文献的原因是 www. sctp. org 为官方站点，可靠性较强，而且文中内容参考价值确实很高"；"William Stallings 在其网站 http：//WilliamStallings. com 上还提供了很多很多地资料，非常有用"。

（5）会议文献。举例："会议记录"；"这是第四次电气工程师座谈会上的论文"；"并被选入 2000 年 Cernet 第七届学术会议论文集"。

（6）技术白皮书。举例："IPv6 技术白皮书"；"3COM 技术白皮书 3COM 网站（Baidu）"；"WiFi 中国站，网站内容覆盖面比较广，内容涵盖了 WiFi 的技术、设备、应用等方面，同时网站有最新的世界 WLAN 的发展动态，论文完成过程中参考了网站上的无线局域网技术白皮书"。

（7）讲座。举例："专题讲座"。

（8）教材。举例："虽然无线局域网近几年发展很快，图书由于其出版周期相对较长而容易信息滞后"；"首先是阅读了人民邮电出版社的《IPv6 原理与实践》和《IPv6：Theory，Protocol and Practice》，目的是对 IPv6 协议做一定的了解，了解了 IPv6 和 IPv4 的区别和联系，在此基础上去了解 IPv4 向 IPv6 转换的策略会更加容易"；"教材，让我对 IPv4 和 IPv6 有了初步了解"。

（9）网络百科。举例："百度百科（理由：方便快捷，可以很容易地找到关于各个标准的最基本的信息，让我对它们有一个初步了解。）"；"各种网络百科其实大同小异，技术含量并不是很高"；"百度百科：能够查阅到关于三种协议的定义与简介"。

（10）新闻。举例："在百度，Google 上检索 IPv4，IPv6 大多为新闻类文章，没找到合适的。"；"但是内容多以新闻事实"；"但同时也有许多是新闻信息"。

（11）综述。举例："尤其是有几篇关于转换技术的综述文章，列举了一系列的技术，很值得参考"；"首先要选取一篇综述性质的文章，了解大致情况和相关内容"；"可以是一篇综述，和无线局域网有关。读这样的文章既了解无线局域网的有关知识，又对自己这篇综述的整体构架形成提供指导"。

15）作者

关键词/短语：作者、多人合作、领域专家、学者、知名度、著名专家、著名计算机专家、职业、教授、博导、高工等。

作者相关性判据，根据学生探讨的不同角度，又分别衍生出了几个子判据，包括客观、声誉、高产、群体、研究领域与职称等。有部分学生只是不带主观性地提到了作者，这一类本文归类为客观判据，第二类学生主要提到了作者的声誉，因此归为声誉指标，第三类考虑作者是否高产从而影响其相关性判断，这一类归为高产判据，第四类学生考察了是个体作者还是群体作者，从而可以归类为群体判据，在考虑相关性时，学生还考虑了文献与作者的研究领域的相关性，从而归结为研究领域判据，最后一类就是作者的职称，也被作为重要的评判文献相关性的判据，从而归并为职称判据。

（1）客观。举例："作者、作者单位，所载的刊物、刊载时间、文摘等"；"从作者，文献的发表期刊"。

（2）声誉。举例："已经提过文章作者权威对该论文的重要性"；"我认为他们可以算是在这个领域内研究的专家了"；"该文的作者虽然在计算机网络方面不是很有名"。

（3）作者——高产。举例："高产作者一般是该领域的权威"。

（4）群体。举例："作者有三个人，团队作战一般会比单枪匹马更有"杀伤力"；"群体作者"。

（5）研究领域。举例："主要考虑的是作者本身从事的职业角度"、"作者单位是哈尔滨工业大学，且自己是从事网络和数据库研发的工程师，有实践经验"。

（6）职称。举例："两作者为博士与博士生导师"、"作者乃教授"、"另外，作者系北京邮电大学教授，其文章具有较高的可参考性"。

2. 文献特征相关性判据的频次分析

在文献特征的相关性判据类别中，可以发现文献类型、文摘、题名、作者、来源期刊与机构等文献主要的特征成为学生在判断文献相关的主要依据，相对而言，篇幅、参考文献、出版单位、基金与文献格式则占据着不是非常重要的位置（表3-4）。

表 3-4　文献特征相关性判据频次分析

相关性判据	学生数	百分比（%）	频次
文献类型	103	29.51	132
文摘	43	12.32	44
题名	35	10.03	36
作者	28	8.02	34
来源期刊	26	7.45	31
机构	23	6.59	33
全文	20	5.73	21
关键词	16	4.58	16
语种	15	4.31	17
出版时间	13	3.72	14
篇幅	11	3.15	11
参考文献	7	2.01	7
出版单位	4	1.15	4
基金	3	0.86	4
文献格式	2	0.57	2
合计	349	100.00	406

从表3-4可以发现文献类型在文献特征的相关性判据中占据着突出的位置，该相关性判据在信息检索系统设计和学生信息素质的培养与教育中都具有非常重要的价值。首先对于信息检索系统的设计来说，需要充分考虑不同文献类型的价值，针对不同类型的信息用户，宜提供不同类型的文献优先让对应的用户选择；其次对于信息素质的培养与教育来

说，应该让学生充分了解不同文献类型的特点，从而指导学生根据自己信息需求的特点，选择更加合适的文献类型，减少不必要的时间浪费。

3. 文献类型相关性判据

表 3-5 体现出期刊论文的位置，这是因为编码员在编码的时候首先列出了学生阐述中的文献类型，而期刊论文在学生的描述中，没有体现出来，但是通过学生的参考文献可以发现，几乎每名同学都引用了期刊论文，因此作为"大众"的期刊论文需要挖掘隐含的非明示信息，而学生在语言中主要列出了作为"小众"的会议文献、学位论文、新闻等文献类型。通过进一步的分析发现，除了 2008 级有 9 名同学没有引用期刊论文之外，其他所有同学都至少引用了一篇期刊论文，每位同学不重复累计，只记一次，这样表 3-5 和表 3-6 分别增加一行。

表 3-5　文献类型相关性判据频次分析

相关性判据	学生数	百分比（%）	频次
访谈	1	0.34	1
讲座	1	0.35	1
文献类型	2	0.69	2
学位论文	3	1.04	3
官方网站	4	1.38	5
会议文献	5	1.73	5
技术白皮书	5	1.73	5
新闻	8	2.77	10
网络百科	5	1.73	12
综述	20	6.92	20
标准	16	5.54	23
教材	33	11.42	45
期刊论文	186	64.36	186
合计	289	100.00	318

表 3-6　文献类型相关性判据的年级分布

相关性判据 \ 年级	2002	百分比（%）	2003	百分比（%）	2004	百分比（%）	2008	百分比（%）
标准	2	1.92	2	1.98	2	14.29	10	14.29
访谈	1	0.96	1	0.99		0.00		0.00
官方网站	1	0.96	1	0.99	1	7.14	1	1.43
会议文献	3	2.88	4	3.96		0.00	1	1.43
技术白皮书	1	0.96		0.00		0.00		0.00
讲座	1	0.96		0.00		0.00		0.00
教材	4	3.85	7	6.93	3	21.43	19	27.14

相关性判据 \ 年级	2002	百分比（%）	2003	百分比（%）	2004	百分比（%）	2008	百分比（%）
网络百科		0.00		0.00		0.00	5	7.14
文献类型	2	1.92		0.00		0.00		0.00
学位论文		0.00		0.00		0.00	3	4.29
新闻	7	6.73		0.00	1	7.14		0.00
综述	6	5.77	11	10.89		0.00	3	4.28
期刊论文	76	73.09	75	74.26	7	50.00	28	40.00
标准	104	100.00	101	100.00	14	100.00	70	100.00

从表 3-5 和表 3-6 可以发现，学生在使用相关文献解决问题时，主要还是采用期刊论文作为信息源，但是不同的年级之间存在很大差异。比如，2002 与 2003 级学生除了期刊论文之外，其他类型的文献基本上没有什么价值，虽然学生也提到了新闻这一形式，但是该形式主要是作为排除的对象纳入考虑的，因此，核心的文献类型都是期刊论文。2003 级学生期刊论文的使用比例与 2002 级相似，但是作为期刊论文之一的综述的比例在上升。2004 级学生解析出的相关性判据非常少，大多数学生采用了教材、标准、官方网站等解决其手头的相关问题。而 2008 级学生，在期刊论文的使用方面使用的比例显著下降，主要使用教材、标准、网络百科、官方网站等作为重要的信息源，根据文献学的知识可知，这些文献类型具有系统性、入门型、成熟性等特征。

是什么原因导致不同年级的学生在文献类型的使用方面产生如此大的差异呢？这 4 届学生都是在三年级的时候参与了该项研究，因此人口学方面的特征几乎没有差异，因此单纯从年龄等角度考虑不能给出答案，那么只有从不同的任务角度去解析、寻找问题的答案。通过任务的分析，可以发现 2002、2003 与 2008 都是要求学生完成一篇综述性的论文，而 2004 级则完成一道作业题，因此学生通过自己的思考，再参考一下教材、标准等信息源就可以找到答案，这也是在 2004 级分析出的判据比较少的原因。其他三个年级的任务虽然相似，但是任务难度存在差异，2002 级的问题在当时还是学界研究热点，综述、教材等比较综合性的文献类型基本没有这些内容，因此学生更多地寻找原始期刊论文作为参考文献进行文献综述，2003 级的题目有多个可选择，部分题目相对比较成熟，因此可以发现教材与综述的比例在上升，但是依然主要依靠期刊论文作为主要的信息源。而 2008 级的综述题目已经退出了研究热点的行列，大量教材中已经出现了相关问题比较系统的阐述，并且已经制定了相关的标准，所以教材、标准等非常成熟的文献成为学生的主要信息源，表 3-5 中期刊论文的比例偏高，主要是因为只要出现该类型即计算一次所致，如果计算绝对数，则教材的比例将上升更为明显。

从上述分析可以发现，不同的任务类型对相关性判断的影响非常深远，简单问题（2004 级问题），学生大多可以不需要借助于相关的信息源，主要根据自己现有的知识，加上相关思考即可以解决问题，很多学生写出相关性判据主要是因为作业中有该要求，从而列出了教材、标准等参考文献。复杂的任务，比如 2008 级的问题，相对比较成熟，学生可以从标准、教材等成熟的文献中找到完成课程论文的信息源；2002 与 2003 级的任务则是研究热点，从而学生需要大量运用原始期刊论文作为信息源才能完成课程论文。所有这些都隐示一个非常重要的理论在背后指导着学生的信息源选择与相关性判断，即语境效应与认知努力。

从表3-5还可以发现，文献类型也体现了时代特性，比如网络百科这一新型信息源，在2005～2007年刚出现，学生在引用文献类型的时候，没有涉及该文献类型，但是时间推移到2010年，网络百科的发展已经形成了一定的规模，诸如百度百科、维基百科等面向大众的普及型的百科网站已经能够作为一种重要的文献类型影响学生的相关性判断与使用。

4. 机构相关性判据

表3-7可见，机构相关性判据中，影响最大的还是声誉，客观作为影响其相关性判断的因素，但是没有强烈的倾向，也有一位同学提到机构的高产作为影响其相关性判断的依据。有关机构的相关性判据在信息检索系统的分析与设计中可以作为非常重要的依据，在目前大部分的信息检索系统中，已经将机构作为信息需求输入的依据而纳入查询，但是在检索结果输出的设计中机构作为一个非常重要的因素出现的还不是很多，比如CNKI中出现了有关机构的分组信息，但是依然是一般的按照字顺的方式进行列举，没有体现机构的声誉与高产等方面的判断，表3-7显示检索系统在该方面应该可以走得更远。但是如何去实现在检索系统的检索结果输出中体现机构的声誉则是需要进一步研究的问题。

表3-7 机构类型相关性判据频次分布

机构判据	学生数	百分比（%）	频次
高产	1	4.35	1
客观	4	17.39	4
声誉	18	78.26	28
合计	23	100.00	33

5. 作者相关性判据

表3-8可见，在作者相关性类别中，影响最大的也依然是声誉，但是相比于机构而言，其重要性就没有那么显著，位居第二的客观作为影响相关性判断的因素，没有明显的倾向性，后面依次是职称、研究领域、群体与高产，一般而言作者的职称根据职称评定的标准，职称高的研究人员的成果质量应该高于低职称的，但是该因素和机构的声誉之间存在很大的交叉关系。现实中存在着这样的现象，就是声誉高的机构的低职称作者的研究成果可能比声誉一般或者比较差的机构的高职称作者的研究成果要好。作者的研究领域与作者的成果是否吻合也成为了一个重要的相关性评价指标，如果作者在某个研究领域持续了长时间的研究，其研究成果应该有保证，如果文献与作者的主要研究成果不吻合，则成果质量很高的概率则会相对低一些。学生提到群体作者比单一作者的成果质量要高一些，从总体而言也许如此，但是在实际的成果中可以发现，这个论断往往显著性不是太强，不过该结论是否成立有待进一步研究。至于高产作者的相关性，如果作者能够在某一领域成为

高产作者，根据洛特卡定律，则该作者会成为特定领域的核心作者，从而显现出高相关性。

表 3-8　作者类别相关性判据频次分布

作者判据	学生数	百分比（%）	频次
高产	1	3.57	2
群体	2	7.14	2
研究领域	3	10.71	4
职称	5	17.86	6
客观	7	25.01	7
声誉	10	35.71	13
合计	28	100.00	34

3.5.2　内容特征相关性判据

编码过程中最难的部分是有关信息内容的编码，学生在谈到文献的信息内容时，主要提到的内容包括文献的主题、讨论个体还是群组、时间段、真实的观点、论据、命题与结论、文献的研究、理论与应用本质、文献中的模型、文献中特定的方法、阐述的视角与观点、研究中的方法论、所用的技术与程序、是否有图表、例子和表格等。为了能够将前面所列的所有信息内容特征全部包容起来，本研究进行了持续的尝试。

1. 内容特征的相关性判据内容

经过探索性、归纳式的分析，信息内容的相关性判据在本研究中被编码为：比较分析方法、技术实现、类别、实践、实验、数据、图解、专题性与综合性。这些相关性判据从文献内容的两个不同的维度对信息内容进行编码，一个维度是文献中涉及的部分内容，另一个是文献中的总体内容。第一个维度从学生的阐释中获得的类别有：比较分析、方法、技术实现、类别、实践、实验、数据、图解等。第二个维度从一位同学的描述中获得了借鉴，即将文献内容从总体上划分为专题性与综合性两个类别判据，所谓的专题性就是文献仅阐述某一项主要的技术、协议或者标准等，内容的内聚性比较强。综合性则是阐述的内容不局限于某一项技术、协议或者标准，通常包括不同技术的比较与分析等内容。通过这种比较简明的相关性判据的编码，编码员之间的一致性很快提高到95%。下面给出每个判据的定义、关键词、短语与实例。

1）比较分析

定义：文献内容的主体或者部分通过比较分析的方法展开阐述。

关键词/短语：趋势分析、比较分析、技术评价、对比分析、分析和对比等。

举例："这篇综述性的文章对路由协议的分类很详细，基本上包括了大多数的协议，而且还对它们进行了对比分析，并指出了优缺点，这篇文章对我们整体把握无线局域网路由协议有很大的帮助"；"比较全面，而且有相互的比较"；"有比较才有鉴别，此文即从比较的角度，对 IPv6 和 IPv4 进行了比较，总结了各自的特点的同时，明确了 IPv4 多方面的不足和 IPv6 的优越性"。

2）方法

定义：文献内容所采用的方法。

关键词/短语：方法、新方法等。

举例："从方法上讨论了其过渡"；"新的方法和途径"等。

3）技术实现

定义：文献内容所采用的实现的技术。

关键词/短语：技术性强、技术实现文档、技术实现等。

举例："可以是一篇技术实现文档，用以提高这篇综述的技术含量，让文章不仅仅是描述和思想，更是方法和手段"；"其他的 802.16x 协议解读也非常的清楚详细完善，还有一些相关参考论文介绍的都能让人从不同的方面很好的了解这三类无线网路协议的技术特点和原理背景。这些论文有的是总体概述，比如 无线局域网综述，有的从一个技术层面来讲解技术特点，如 IEEE 802.16 MAC 层关键技术研究［J］"等。

4）类别

定义：文献所阐述的内容所采属的类别。

关键词/短语：类别、专辑、期刊类别等。

举例："从来源上来看，不找那些什么医学，自然科学等与我们要写的论文主题无关的文献"；"要查找为无线通信技术等内容，所以选中 CNKI 中的电子技术及信息科学辑，其他的目录不选"、"外考虑期刊论文类型，主要是计算机类"等。

5）实践

定义：文献所阐述的内容具有工程性特征。

关键词/短语：实践性强、应用、紧密结合实际、经验、实例、理论与实践的结合和实践经验等。

举例："本篇综述性文章，区别于之前的综述类文章，它还根据各种协议的特点，联系到实际应用，分别从军事，医疗和商业等方面介绍它们的应用，更深入一步"；"作者将自己的经历融入整篇文章"；"同时还有在各不同领域学校、企业等单位架设 VLAN 的实例"等。

6）实验

定义：文献所阐述的内容具有实验的支持。

关键词/短语：实验、实验和数据、并进行了一定的实验、实现细节以及实验结果等。

举例："有实验和数据作为依据，可信度极强"；"并进行了一定的实验"；"但在国外的实验结果前景比国内好多了"等。

7）数据

定义：文献所阐述的内容具有数据的支持。

关键词/短语：实验和数据、数据。

举例："有实验和数据作为依据，可信度极强"；"引用的大量数据及实例"等。

8）图解

定义：文献内容在阐述时通过丰富的图表加以展现。

关键词/短语：实验、实验和数据、并进行了一定的实验、实现细节与实验结果等。

举例："感觉写得很生动，图文并茂"；"从形式上来看，不仅要找全文字的，还要注意图文并茂的"；"简单易懂，而且多以图例来说明，在阅读本篇之后，再去探讨它们内部的算法就比较容易了"等。

9）专题性

定义：文献内容主要阐述某个特定的技术或者问题。

关键词/短语：特定技术、单一技术、专题性文献、重点突出等。

举例："《新一代互联网协议 IPv6 研究》一文，我参考了他关于 IPv6 安全性能的论述"；"属于具体的协议转换机制，因此是相关文献"；"对全面深刻的了解作为过渡机制的一种重要的技术——隧道技术有着重要的意义"等。

10）综合性

定义：文献内容阐述了多项技术或者多个问题。

关键词/短语：完整、范围广、全面、技术之外的意义、全面性、综合技术、追求广度、信息量大、全面了解、范围广与笼统等。

举例："但比较粗略，并不全面"；"本文详细介绍了无线以太网的发展过程以及其物理层链路层结构，但是内容比较宽泛，阐述的不够深入"；"并在概述时对三者进行了相应的比较分析，内容全面，让人一目了然，并且并没采用过多的专业术语，非常贴切和恰到好处的进行了阐述"等。

2. 信息内容特征的相关性判据频次分析

从表3-9 可以发现，学生在文献内容的选择上面，主要倾向于综合性、有图解的专题性文献，文献内容中的方法、数据、所属类别、技术实现与实验等对学生的相关性判断影响相对要小得多。由于课程论文属于综述性质，所以学生主要青睐于综合性的文献，图解多的文献，而对于直接地从原创性的研究文献中进行文献综述则没有显示出足够的兴趣，表3-9 清晰地显示出关联理论的影子，即学生更加倾向于以最小的认知努力完成任务，从而综合性的文献成为首选，原创性较强的富含数据、方法、实验的文献则没有占据主要的位置。

表 3-9　内容类别的相关性判据频次分析

内容判据	学生数	百分比（％）	频次
方法	2	1.87	2
数据	2	1.87	2
类别	3	2.80	3
技术实现	4	3.74	4
实验	4	3.74	5
实践	9	8.41	11
比较分析	10	9.35	10
专题性	15	14.02	17
图解	18	16.82	19
综合性	40	37.38	51
合计	107	100.00	124

本研究认为表 3-9 的频次结果对于检索系统的设计与实现的借鉴价值体现在，检索系统中应该纳入任务特征，检索任务的输入与输出界面都应该体现任务特征，如果是一个综合性的任务，则在检索结果的输出界面上优先显示综合性较强的文献。不过，表中的频次仅仅能够说明在综合性较强的任务前提下，结果如此。对于从事原创性较强的探索性的研究工作，则可能应该优先考虑具有独特方法、实验、数据与类别的文献。由于本研究没有让学生从事具有原创性的科研工作，所以前述内容姑且为假设，该假设是否成立还有待于研究的证实，不过相关研究显示，在任务的不同阶段，研究对象在使用相关性判据方面存在的差异具有统计学上的显著性，本研究后面也会体现出在完成论文的不同阶段，学生在选择文献类型与选择文献内容的时候也具有显著的差异。

图解作为一个主要的子类别出现在文献内容的相关性判据中，具有比较重要的指导意义，该判据更加直接的意义体现在信息生产阶段，"一幅图胜过千言万语"，图表由于其直观、清晰、简洁等特点很受信息用户的青睐，因此可以很大程度上减少信息用户认知努力的付出，从而提高明示信息的相关性。

总而言之，不同的类别有其不同的文献内容特征，比如文史哲等学科，可能没有或者很少实验、数据等内容，因此要将文献内容的相关性判据应用到信息检索系统的分析与设计中，难度显然要高于其他几个相关性判据类别。

3.5.3　质量类别相关性判据

本研究中，将质量定义为学生的主观判断或者影响学生对于文献提供信息的情境因素。文献特征与质量相关性判据的主要区别在于这些文献特征能够被除了实际用户之外的用户评判的程度。正如前面所讨论的，文献特征的定义是文献的内在特征，可以通过其是否出现在文献中的方式进行客观的判断（比如文献是否由南京大学的作者完成，文献是否得到了高层次基金的资助等）。质量类别则不能作为文献的内在特征，主要依赖于学生进行相关性判断时的情境、知识水平与感知。例如文献是否"通俗易懂"完全依赖于学生自己对文字的感知和先前的知识水平，不是文献内在的内容特征。

质量判据的制定采用了前面所述的基本步骤。首先，研究者仔细阅读了学生所完成的相关性表述的所有文字内容，基于原始数据力图定义一个完备的并且互斥的质量类别的相关性判据集合。其次，质量类别判据的初稿由两名编码员试用之后，不仅仅简单地计算编码员间的一致性，更需要检视其不一致的具体案例并相应地修订编码类别。最后，修订的同时还考虑了编码员认为应该有的而编码类别中不存在的类别。通过这些途径，最终的编码类别得以形成。质量类别判据的制定具有非常强的挑战性，不仅仅是形成类别判据，同时也体现在编码员间达到可接受水平的难度。主要原因在于质量类别判据的形成仅仅依赖于学生的潜在内容的认识。虽然一组关键词与短语用于每种质量判据，但是实际的编码工作中还需要考虑这些关键词或者短语使用的具体语境。换句话说，编码过程中涉及大量的编码员的自我阐释，从而也就导致了编码员间的不一致性。

这种不一致性最终通过不断地修订编码手册得以消解。因而对于每个类别而言，编码手册中不仅需要包括类别的定义、关键词或者短语，还存在几个带有语境的学生描述属于该类的实例，和即使关键词/短语出现在学生的回答里面也不能将其编码在特定类别的实例。每一轮的编码员间信度检验，都引发了编码手册与编码规则的修订，以使得质量类别中明显的存在问题的特征得以简明。比如原先参照 Barry 的编码规则，有一个编码为深度/广度，但是通过实际的编码发现，采用这样比较大粒度的编码判据，有大量的实例可以编码为该类，从中文的习惯可知，深度和广度实际上是两类不同的规范，因此将 Barry 的判据分拆为深度与广度两个独立的相关性判据。有些类别编码员之间总是存在分歧，因此部分类别是通过讨论确定编码，最终编码员之间的一致性提高到 92%。

1. 质量类别相关性判据的内容

通过不断迭代式、探索性的、归纳式的内容分析显示共有 19 个信息质量方面的相关性判据，分别是广度、简明性、结构清晰、可靠性、可理解性、美感、权威性、深度、实时性、系统性、先进性、详细、新颖性、学术性、知识水平、直觉、主题、专指性与准确性。每个判据的定义、关键词、短语与实例如下。

1）广度

定义：文献中信息广狭的程度。

关键词/短语：完整、追求广度、宽泛、笼统、全面、全局把握、全面性、综合技术、信息量大、内容丰富、范围广等。

举例："相较上一篇英文文献，这篇文章对无线网络和相关安全问题分析更加全面和透彻得多。"；"这篇技术报告介绍了虚拟局域网所基于的各种技术"；"本文是一篇全面的介绍"。

2）简明性

定义：文献内容的阐述简单明白。

关键词/短语：语言浅显、明晰、清楚、语言生动、简洁、晦涩难懂、不通顺、语言生动、简明易懂、简单明了、枯燥乏味等。

举例："该书文字诙谐，通俗易懂，选用它主要是想对无线通信技术有个大概的了解"；"可以从其中简明易懂的分析中看出三者在技术原理上的一些区别"；"文中运用了图标的形式，比较直观"。

3）结构清晰

定义：组成文献内容的各部分搭配和安排合理、清晰。

关键词/短语：条理清晰、结构清晰、科学缜密、体系结构清楚等。

举例："这篇文章对 WLAN 常规安全技术作了深入和透彻的分析，且条理清晰"；"再加上书里的结构体系比较清楚"；"人认为尤其是后半部分的文章结构较为科学缜密，在我的作业中亦有借鉴"。

4）可靠性

定义：文献内容真实可信。

关键词/短语：可信性、可靠性、有依据、经典等。

举例："有实验和数据作为依据，可信度极强"；"内容涉及比较全面、专业性高、可靠性强。"；"虽说利用图书了解最新的学术动态方面不如期刊，但图书的内容比期刊经典、详尽"。

5）可理解性

定义：文献内容能够被理解、认识的程度。

关键词/短语：易于理解、易懂、读懂、理解能力有限、通俗易懂、简明易懂、抽象、晦涩难懂、浅显易懂、难懂等。

举例："因为每篇标准都长达千页，而且为全英文描述，感觉有点生涩难懂，只是从中攫取了一些想要的部分进行了引用"；"后来，看到 802.11 标准文献后，觉得直接学习原版的文献过于困难"。

6）美感

定义：审美感受，即审美主体对美的一种综合着感知、理解、想象、情感等因素的心理现象，构成审美意识的核心部分。

关键词/短语：字体清晰。

举例："但由于在这篇文献种字体清晰，看起来舒服，所以对这篇文献认真读了一下，当然还是主要阅读了它的前两个方案，作为我的解决方案的参考的"。

7）权威性

定义：在某种范围里最有地位的人和事物，在本研究中指作者、出版者、机构、期刊、图书等在各自领域中的地位、声望。

关键词/短语：权威性、代表性、典型性与著名教材等。

举例："该书的选择我首先参照的是其出版社的知名与权威度，本书是介绍有关无线网络通讯原理与应用的教材，其里面有对 802.11 较为详细的介绍"；"文献出处是一本较权威的期刊"、"很多资料都是讲的相同的，还有很多资料不具备权威性"。

8）深度

定义：文献信息内容触及事物本质的程度。

关键词/短语：论述深刻、深入浅出、研究深入、透彻、简单介绍与简单等。

举例："本文详细介绍了无线以太网的发展过程以及其物理层链路层结构，但是内容比较宽泛，阐述的不够深入"；"选中这篇出于一下考虑：该文从众多转换机制中选择一种深入讨论"；"这是一篇短小精悍的评述性的小文章"。

9）实时性

定义：文献信息包含最新信息的程度。

关键词/短语：最新、实时性、时间较早、出版年份新近等。

举例："并且论文较新，能反映最新动态"；"但同样由于发表的时间早，所以在对基本概念的解释上很详细透彻"；"因为比较新的论文"。

10）系统性

定义：文献信息的组织有条理的程度。

关键词/短语：系统、系统性等。

举例："课本较为系统地介绍了 802.11，802.15，802.16。把课本的内容分离一下，就能得到较多关于这三个协议的比较信息"；"系统的阐述和比较"；"系统性分析"。

11）先进性

定义：文献信息的内容位于领域前沿的程度。

关键词/短语：技术含量高、前沿、进展、过人的特点、主流技术、最新技术内容、先进性、进步性等。

举例："与其他的方式相比，有其过人的特点"；"能够代表前沿研究成果"；"文章内容也是较新的学科进展"。

12）详细

定义：文献信息内容周密完备的程度。

关键词/短语：详细、详尽、粗略等。

举例："这篇文章总结的虚拟局域网的主要功能的内容是比较全的，而且解释得较为详细。因此，我主要参考了这一部分"；"其对 IPv6 的结构进行了详细的分析介绍"；"由于这篇文章对于算法描述较为详尽、易懂，所以将它选为相关文献"。

13）新颖性

定义：文献信息内容新鲜而别致的程度。

关键词/短语：特定角度、思路独特、新颖、见解独到、角度不同、没有新意、新颖性、不常见与创新性等。

举例："其中还介绍了几种不常用的转换技术"；"这是一篇出自电信技术的文献，出发的角度和其他文献不一样，多了移动领域的讨论"；"文章主要阐述了802.11和802.11n 的 MAC 子层基于组策略的 DCF 模式的设计与分析，思想具有创新性，对于 MAC 子层的改进具有积极意义"。

14）学术性

定义：文献信息内容专门、专业化的程度。

关键词/短语：专业性、学术价值、学术水平与质量等。

举例："这些著名作者在一定程度上文章的质量要高于普通文献"；"使得找到的文献具有最大的可靠性、最高的学术性、权威性"；"相比其他文献，这篇文章的学术性可能欠缺，但是，它从更贴近实践的层面上论述了无线局域网的安全问题，因而仍有一定的参考价值"。

15）知识水平

定义：文献信息内容对学生就知识水平而言的可及程度。学生通常阐述其不具备相关的背景等。

关键词/短语：水平有限等。

举例："因为这次课程论文要写成一个综述的形式，所以我理解要对该课题有一个较为全面的论述，同时限于自己的实际知识水平，因此可能追求广度而舍弃深度，只在表层进行一些讨论，对于一些纯算法的文章只能舍弃"。

16）直觉

定义：直接的感觉，即未经思维推理的直观感觉。

关键词/短语：直觉。

举例："相关性鉴定怎么说呢，应该是凭直觉吧，我觉得相关就点开看一下。其实这种直觉无非就是来源于文章的标题、摘要与关键词"。

17）主题

定义：查询主题与文献主题的匹配程度。

关键词/短语：主题、内容好、部分相关、内容紧密相关、内容观点与偏重理论等。

举例："每篇文章或大部分内容都符合论文所要讨论的内容，即 IPv4 向 IPv6 转换的相关内容"；"引用的主要原因是涉及我所想写的相关内容"、"所选文章和本文主题——IPv4 向 IPv6 过渡的相关程度"。

18）专指性

定义：文献信息内容与学生信息需求匹配的程度，有足够的细节。

关键词/短语：针对性、切题、技术细节、恰到好处与针对性等。

举例："本文对于综述这个题目来说具有较好的针对性"；"这与本课题要讨论的内容十分切合，因而选取它作为参考文献之一"；"并在概述时对三者进行了相应的比较分析，内容全面，让人一目了然，并且并没采用过多的专业术语，非常贴切和恰到好处的进行了阐述"。

19）准确性

定义：文献信息内容符合事实、标准或真实情况的程度。

关键词/短语：准确、科学性、让人信服、翻译偏差等。

举例："虽然不是特别准确"；"因为毕竟 SCTP 理论的科学性很强，所以查找资料还是从科学论文、期刊和权威网站进行，这样得到的结果才具有科学性和说服力"；"SCTP 出自国外，因此直接阅读国外资料可以防止因中文翻译而产生的理解上的偏差"。

2. 质量类别的相关性判据的频次分析

表 3-10 描述了相关性质量类别的使用频次等信息，其中频次指该相关性判据出现的频次，相应的百分比也根据该指标测算得到。通过表 3-10 的数据可以发现，学生的相关性质量判据存在很大的差异，其中占据比较重要位置的是主题、详细、可理解性与权威性等判据，而结构清晰、系统性、知识水平、美感与直觉等占据了比较次要的地位。学生在描述相关性判据的时候，有些判据被多次描述，有些判据则可能仅仅被学生描述一次；有的学生是总的描述一下其相关性判断的判据，有些学生是依据每条题录进行描述的，这种做法虽然对相关性判据的重要性有影响，但是由于比先前研究的样本量大，因此从统计结果看，依然能够说明相关性判据的相对重要性。

表 3-10　质量类别频次

相关性判据	学生数	百分比（%）	频次
主题	79	17.40	81
详细	64	14.10	75
权威性	44	9.69	52
可理解性	43	9.47	54
广度	40	8.81	51
新颖性	35	7.71	38
简明性	27	5.95	39
深度	24	5.29	27
学术性	20	4.41	24
专指性	16	3.52	17

相关性判据	学生数	百分比（%）	频次
实时性	13	2.86	17
可靠性	12	2.64	12
先进性	11	2.42	12
准确性	8	1.76	9
系统性	7	1.54	7
结构清晰	7	1.54	7
知识水平	2	0.45	2
直觉	1	0.22	1
美感	1	0.22	1
合计	454	100.00	526

3.5.4　总体类别相关性判据

Schamber 等（1990）的研究更多地关注文献个体的相关性判据特征，本研究的探索性、归纳式的相关性判据分析中解析出了除个体相关性判据之外的总体相关性判据。所谓的总体相关性判据就是在考虑相关性判据时不再是单纯地从每篇文献的个体角度去考虑，而是从检索结果集的整体去宏观地判断是否相关，另一个就是检索者在检索之初就从宏观的角度考虑问题，比如优先查全，然后查准，而这些思考就会带来检索策略的调整与变化。由于该组相关性判据基本上通过明示信息即可编码，从而编码员之间的一致性很快达到93%。

1. 总体类别相关性判据内容

总体类别的相关性判据包括：查全率、查准率、存取、数量、顺序、搜索引擎、同质性、外部证实、文献计量、学术数据库、质量等具体判据。每个判据的定义、关键词、短语与实例如下。

1）查全率

定义：检出的相关文献量与检索系统中相关文献总量的比率，是衡量信息检索系统检出相关文献能力的尺度。

关键词/短语：查全率等。

举例："首次检索，考虑保证检全率"；"这样，检全率和检准率是居于上述两种方略的中间，是一种比较令人满意的策略"；"总的来说，'维普1'保证了检准率，而'维普2'保证了检全率，在实际选取参考资料时，大多从'维普1'中选，但在研究移动可靠组播时，就从'维普2'中有选择的参考"。

2）查准率

定义：检出的相关文献量与检出文献总量的比率，是衡量信息检索系统检出文献准确度的尺度。

关键词/短语：查准率。

举例："这样，检全率和检准率是居于上述两种方略的中间，是一种比较令人满意的策略"；"为了保证较好的检准率，我选择了学校图书馆中'网上资源'中的一些数据库作为检索来源，而舍弃较为普遍性的搜索引擎如百度、Google 等，而在此之前我也通过试检比较，发现在搜索引擎中获得的有价值的结果一般都可在数据库中获得，因而索性直接从数据库来源中寻找资料"。

3）存取

定义：文献数据库可访问的程度。

关键词/短语：镜像站点、数据库故障、代理等。

举例："且国内有镜像网站"；"近期校园网内使用该库也常出故障"；"出国代理问题"。

4）数量

定义：检索结果集中文献量的度量。

关键词/短语：太少、太多、一条记录、比较多、数量庞大、匮乏、数量少等。

举例："英文的文献一方面是检索到的数量不够"；"但发现相关的文章太多"；"在利用搜索引擎寻找的资料数不胜数，而且大同小异"。

5）顺序

定义：检索结果集的排列顺序对相关性判断的影响。

关键词/短语：排列顺序、排序等。

举例："对命中结果加以浏览可以发现，排在检索结果前面的都是相关度较高的，而排在后面的一部分结果与主题相关度都甚低。但这样增加检索条件后，检全率显然是并不理想的"；"在我的检索过程中，所有检索结果都是按相关度排序的，所以一下就可以减少很多在诸多的检索结果选择所需的工作量，虽然会导致有一些不错的文章被忽略掉，但通过我的阅读发现，其实大量的文章所涉及的方面基本差不多，并没有发现有那个观点只在一篇文章中出现，同时我所选择的文章中有综述类文章，也有针对某一方面的文章，可以比较有效地避免忽略较好的文章的可能。在我选择参考文献的过程中，相关度是一个重要的衡量标准"。

6）搜索引擎

定义：指用于检索信息的搜索引擎。

关键词/短语：搜索引擎。

举例："在资料的搜索中我发现通过一般的搜索引擎很难搜索到符合条件的参考资料，大部分都是一些新闻类的资料，价值不大"；"当然在检索相关数据库前，笔者先利用搜索引擎百度和 Google 查找了一些非学术性的文章以便对本课题有一个概括性的认识"。

7）同质性

定义：衡量检索结果集中文献内容的差异程度。

关键词/短语：重复率高、大同小异、新意、可证实、不完全相同、互相补充、重点不尽相同、博采众长、雷同、内容相似、互相补全与查缺补漏等。

举例："各篇文献的重点不尽相同，风格各异，有利于博采众长，完成一篇像样的综述"；"很多资料都是讲的相同的，还有很多资料不具备权威性"；"虽然很简单，但还是有一点参考价值的，可以与其他的文章互补缺陷"。

8）外部证实

定义：文献内容被其他文献证实的程度。

关键词/短语：互相印证、不同领域。

举例："然后通过《计算机年报》上面的'从 IPv4 到 IPv6 的转换策略'中了解现在主要的几种转换方法，再和《咸宁学院学报》上的'实现 IPv4 到 IPv6 的过渡的几种互通技术的探究'中得到印证"；"选中这篇出于一下考虑：该文收录在'中国有线电视'中，技术应用在另一个领域中而非计算机网络"。

9）文献计量

定义：文献的各种计量信息。

关键词/短语：布拉德福定律、文献统计、引文分析与引文等。

举例："根据布拉德福定律可知，一个学科的核心文献大部分都在核心期刊中，因此，可以通过 CNKI 论文的刊名字段找出关于本论题的核心文献"；"文献量统计法"、"利用此数据库主要目的是对外文的有着重要影响力的文献有个基本的了解，因为此数据库是索引数据库"。

10）学术数据库

定义：指用于搜索学术信息的学术数据库。

关键词/短语：全文数据库、CNKI 收录、收录范围、学会数据库等。

举例："因为该数据库所含内容全面"；"由于要看到全文，我选择了比较常用的两个数据库"；"以上三个数据库都是全文数据库"。

11）质量

定义：检索结果集的总体质量的度量。

关键词/短语：结果粗糙、满意等。

举例："检索结果也较为粗糙"；"检索结果其总的论文质量不能令人满意"。

2. 总体类别相关性判据的频次分析

表 3-11 表明，在总体类别的相关性判据中，数量、同质性占据了主要的位置，而顺

序、外部证实与质量则排在了不太重要的位置。检索结果集的数量对相关性的影响排在了总体相关性判据的首位，通过对学生文字描述的分析发现如果文献结果集比较小，则学生倾向于将其列为相关，比如"本文对此书的借鉴意见说实在不是太多，借此书主要是因为我去图书馆时，有关蓝牙书籍均被我们系同学'抢'完了，我就没有挑剔地借鉴了这本书籍。该书对蓝牙技术的知识介绍比较细致和全面，我仅参考了其很小一部分知识"，由于结果集比较小，没有选择往往就是最好的选择。而当结果集比较大时，由于存在着比较大的选择余地，需要继续运用诸如是否存在同质性等判据继续选择。也就是说，当检索结果集比较大时，合理的结果集排序就会显得非常重要，对检索系统的分析与设计来说，就需要根据与用户需求相关的准则对结果集进行排序，从而将最相关的结果排在最前面，则可以很大程度上减少信息用户的认知努力，提高整个系统的相关性。

表3-11　总体类别相关性判据频次分析

相关性判据	学生数	百分比（%）	频次
顺序	2	2.90	2
外部证实	2	2.90	2
质量	2	2.90	2
搜索引擎	3	4.35	3
存取	3	4.35	3
查准率	4	3.50	4
文献计量	3	4.35	4
查全率	5	7.25	5
学术数据库	7	10.14	7
同质性	14	20.29	20
数量	24	37.07	26
合计	69	100.00	78

对于学术数据库和搜索引擎而言，作为两类主要的信息检索系统，学生分别阐述了其基本的特点，搜索引擎检索出来的信息学术性差异非常大，有部分检索结果本身就是正式发表的学术论文，但是也存在大量的简介与新闻等学术性有限的信息，而学术数据库中虽然也存在学术论文良莠不齐的现象，但是总的来说，其学术的严谨性、科学性、可靠性等指标显然远远高于搜索引擎，因此学生在谈到搜索引擎的结果时，基本以拒绝为主，学术数据库的总体以采纳和接受为主。

同质性的相关性判据对于检索系统的分析与设计有着非常重要的启示，可以发现同质性在总体类别的相关性判据中占到了20.29%的比例，根据作者的检索体验，检索结果虽然量比较大，但是很多文献的同质性非常强，文献之间的新意有时候非常有限，因此检索系统如果过滤掉一些十分相似的文献，对于减少信息用户的认知努力则意义非常巨大。这个问题可以从不同的角度加以解决。一是从信息生产的源头控制同质性非常强的文献进入学术文献系统。二是信息检索本身加强基于内容的信息内容鉴别研究与应用，现在的学术不端检索系统所能做的仅仅是字面匹配，因此从字符串的字面匹配的角度可以进行低层次的同质性检测，但是深层次的同质性检测目前从研究层面来说还处于一个有待深入的阶段。鉴于目前自然语言理解的研究成果，达到基于信息内容的同质性检测的商品化成果的面世还有一段很长的路要走。三是提供比较优秀的排序算法，前面提到的期刊的声誉和排序过滤掉相关度比较低的文献，或者将其排在后面，从而减少信息用户的认知努力，提高整个系统的效率。

3.5.5 使用相关性判据

1. 使用相关性判据的内容

本研究的研究对象——学生在描述相关性判据的同时也阐明了相关文献的使用，同时使用也成为学生进行相关性判断的重要的依据。通过探索性的分析，本研究解析出的有关信息使用的相关性判据包括：读者对象、潜在利用、架构借鉴、有效性与提供背景知识等。该组相关性判据也是通过明示信息获得，编码者间的一致性达到91%。真实的使用才能体现用户真正的相关性判据，对于检索系统的分析与设计也能够提供直接的借鉴价值。每个判据的定义、关键词、短语与实例如下。

1）读者对象

定义：文献的读者对象。

关键词/短语：读者对象、不利于初学者等。

举例："因为是针对普通读者，语言比较生动，容易理解"；"书本的介绍比较全面，期刊文献往往只介绍某一协议在一个方面的应用，介绍的非常详细，但是面比较窄，不利于一个初学者掌握。书本的介绍从整体的概念开始，在总的方向上对协议进行介绍容易学习"。

2）潜在利用

定义：文献在可以预见的将来可能会被使用。

关键词/短语：将来使用、潜在使用、某一方会用到这方面的知识、应该要用到这方面的知识等。

举例："将其当作学习无线传感器网络路由的后续内容，所以选为相关文献"；"我选择这篇文章是觉得在对两种协议的转换策略的说明的时候，应该要用到这方面的知识，在我的文章中借鉴了该文章的有关策略技术介绍的部分，并为符合整篇综述的表达而作出了相应的调整"。

3）架构借鉴

定义：在论文的写作过程中，主要借鉴了相关文献的行文方式、架构或者框架等。

关键词/短语：整体思路、行文方式、写法、框架、结构、指导作用、综述的格式、综述的方法等。

举例："通过这篇文章还可以了解综述的结构"；"其次，要对综述的写作格式和方法有一定的了解"；"确定了我所写综述的大概内容与结构"。

4）有效性

定义：相关文献在学生论文写作中的有用性。

关键词/短语：价值、理论依据、启发性、确定课题内容、有用、帮助、重要性、意义、提供样例、思路与深入了解等。

举例："后几篇文章的内容为我的论文提供了各方面的理论依据"；"对于我自己论述主题时为论述其他相关技术提供样例"；"该书文字诙谐，通俗易懂，选用它主要是想对无线通信技术有个大概的了解"。

5）提供背景知识

定义：相关文献在论文写作中提供了背景方面的知识。

关键词/短语：概述、初步了解、整体了解、简要介绍、入门、简要介绍、了解论文背景、对技术基本了解、整体把握与宏观认识等。

举例："这本书是无线网络的基础教材，对联网概念和原理做了一些介绍，不过并不深入，因此也只能用作某些概念常识的参考，本文的后续内容中，几乎没有参考价值"；"这本书对这几种标准都有较详细的介绍，让我在整体上对各个标准有了一个认识"；"至少能提供相关背景知识"。

2. 使用类别相关性判据的频次分析

表 3-12 可以发现，对于学生这样的初学者在使用层面首先需要入门，因此提供背景知识成为首选的使用需要，其次有效性成为重要的使用需求，但是该判据在本研究中被严重低估，因为所有被学生列为参考文献的相关文献都是有用的，而本研究仅仅是从学生的阐述中解析出了该判据，这样虽然该判据没有排的很高，但是也说明该判据非常重要。架构借鉴在使用类别中占到了 21.31%，该判据说明作为初学者的学生还不太了解综述的写法，所以需要从综述性论文中借鉴综述的架构、行文风格等写作层面的内容。潜在利用判据虽然频次比较低，但是就作者来说，也经常会将可能有用的文献先行下载。虽然学生提到的很少，文献的读者对象判据对于检索系统的分析和设计有潜在的价值，文献的读者对象往往代表文献内容的难易程度，那么信息检索系统中如果能够提供类似于读者对象的处理，则信息用户可以根据该判据选择自己所需要的文献，从而可以很大程度上减少信息用户的认知努力，提高整个系统的效率。

表 3-12　使用类别相关性判据频次分析

相关性判据	学生数	百分比（%）	频次
读者对象	2	3.28	2
潜在利用	2	3.28	4

相关性判据	学生数	百分比（%）	频次
架构借鉴	13	21.31	22
有效性	21	34.43	24
提供背景知识	23	37.70	34
合计	61	100.00	86

3.5.6 系统特征相关性判据

1. 系统特征相关性判据内容

与 Taylor（1986）的研究结果相似，学生的相关性判据描述中也提到了系统特征，通过探索性的、迭代式地分析学生的结果阐述，发现涉及系统特征的相关性判据有响应速度、著录详细与存取。该组相关性判据也是通过明示信息获得，编码者间的一致性达到90%。由于直接涉及系统特征，所以该类别的相关性判据对于整个信息检索系统有着更为直接的意义。每个判据的定义、关键词、短语与实例如下。

1）响应速度

定义：信息用户对从提交检索提问到系统返回检索结果所消耗时间的快慢程度的感知。

关键词/短语：链接速度。

举例："在实践中发现，重庆维普的检全检准率以及资料下载、链接速度都令人较满意，因而在检索中文资料时，选择使用维普的《中文科技期刊数据库》"。

2）著录详细

定义：信息用户对信息检索系统提供的检索结果著录详细程度的感知。

关键词/短语：著录详细。

举例："因为 CNKI 著录文献的时候比较详细"。

3）存取

定义：相关文献的可访问性。

关键词/短语：全文无法浏览、链接不上、打不开、可获得性与不能下载等。

举例："但令人遗憾的是在 ACM 中无法获取原文"；"但是 Weily Interscience 中虽然有 full text PDF 提供，但是无法打开，因此只有记下相关信息，通过 Google，百度等搜索引擎获取全文"；"由于很多不错的西文论文不能查看原文，所以不能保证所选文章质量"。

2. 系统特征相关性判据的频次分析

表 3-13 可以发现，学生提及的系统特征的相关性判据数量比较少，其中主要涉及存

取，因为这是影响学生相关性判据的最主要的系统特征。对于信息用户来说，前面从需求分析、形成检索策略、提交检索提问、返回检索结果，当需要点击链接获取文献的时候，被告知不能获取，那种沮丧的心情可想而知。因此对于信息检索系统来说，提供清晰的是否可以存取的标志就显得非常重要，比如在中文的 CNKI 数据库中，不论相关文献是否能够提供下载，都有 PDF 以及 CAJ 的下载标记，对于那些不提供下载的文献，在信息用户点击之后，系统才提示因为保密等原因不能提供下载，这样的做法通常会增加信息用户对系统的负性认知。实际上，对于是否能够下载提供不同的标记在系统实现层面是非常简单的，最简单的做法只要让不能下载的标签成为 disable 即可，而不需要用户点击无效的链接，浪费信息用户优先的认知努力。从现有的学生数据库的输出结果来看，著录详细判据差异不大，都提供了基本的著录内容，系统之间还提供了详细格式和/或简单格式的选择，就内容层面可改进的空间已经不是很大，剩下的就是在界面展示方面如何向着更符合信息用户的偏好等层面改进，这属于人机交互等领域的研究，不再深入探讨。响应速度对信息用户来说是一个非常重要的系统特征，但是由于学生主要在校园网上使用这些数据源，总体响应速度都很快，所以仅一位同学提到了该判据。

表 3-13　系统特征相关性判据的频次分析

相关性判据	学生数	百分比（%）	频次
响应速度	1	4.35	1
著录详细	1	4.35	1
存取	21	91.30	24
合计	23	100.00	26

3.5.7　传播特征相关性判据

1. 传播特征相关性判据内容

本研究与 Schamber 等（1990）先前的研究相比，技术环境已经发生了变化，因此衍生出了先前研究中所没有的一些相关性判据，本研究在学生的回答中解析出了与信息传播相关的相关性判据，分别是转载、点击率与引用。每个判据的定义、关键词、短语与实例如下。

1）转载

定义：文献被转载的情况。
关键词/短语：网上转载。
举例："网上的转载程度"。

2）点击率

定义：文献被点击的次数。
关键词/短语：点击率、浏览次数等。

举例："根据文献的点击率"；"浏览次数"。

3）引用

定义：相关文献的可访问性。

关键词/短语：引用频率、引用次数、引用率等。

举例："其中［6］和［7］都是英文文献，而［6］的引用率很高，对 802.15 的介绍很全面很详细"；"在英文文献中主要采用引文分析的方法查找相关文献"；"另用 Time Cited 对文章被引用次数进行比较，由引文规律（此不详述）可知，被引次数多的文章，其重要性也高"。

2. 传播特征相关性判据的频次分析

由表 3-14 可见，学生在传播特征方面主要关注引用、点击率与转载等特征。其中转载是随着网络技术发展之后衍生出来的相关性判据，在先前主要为纸质载体的信息传播机制中，虽然也存在类似于《人大复印资料》等转载的方式，不过量是非常有限的。网络技术的不断进步，带来了转载的便利，转载量也成为非常重要的评价文献质量的判据，相应的也成为信息用户进行相关性判断的判据；相较于转载，点击率则更成为网络时代的特征，信息资源的点击率在一定程度上可以反映信息的相关度；引用在传统的文献传播中本身就占据了很重要的位置，文献计量学中非常重要的部分就是文献引用的相关度量，包括引用、被引、同被引等概念与理论已经比较成熟，已经有大量的学术论文与教科书围绕该主题完成。在网络环境下，引文思想得到了拓展，已经发展成为非常重要的多学科协同的网络计量学，其中有代表性的成果如基于网络引证关系的 PageRank 算法等。

三个传播特征的相关性判据在信息检索系统的分析与设计方面已经在部分系统中得到了应用，比如中文的 CNKI 检索系统，就分别提供了下载频次与引用频次指标，信息用户可以根据这些指标排序检索结果集，从而提高检索的效率。

表 3-14　传播特征相关性判据的频次分析

相关性判据	学生数	百分比（%）	频次
转载	1	11.11	1
点击率	2	22.22	2
引用	6	66.67	6
合计	9	100.00	9

3.5.8　情境相关性判据

除了文献总体特征、文献个体特征、系统特征等类别的相关性判据之外，信息用户的情境特征也会在一定程度上影响信息用户的相关性判断。本研究中主要涉及时间限制判据，该判据有代表性的例子包括"但是时间也有限"；"由于时间仓促"，从而影响了学生的相关性判断。该判据学生提到的数量不是很多，共有 5 名同学提到了该判据，所占比例不大。

3.5.9 愉悦相关性判据

本研究最后解析出来的相关性类别是愉悦，主要解析出了情感认知子类，有代表性的实例包括"但由于在这篇文献种字体清晰，看起来舒服，所以对这篇文献认真读了一下，当然还是主要阅读了它的前两个方案，来作为我的解决方案的参考的"；"ProQuest 的一个优点是可以选择语言，从而可以将文章翻译为中文，然后看起来就比较舒服"。与情境类别的相关性判据相同，提到该类的学生也不是很多，只有 2 名同学提到了愉悦判据。该类别的相关性判据在商业性网站的分析设计中得到了广泛的重视，比如近些年的信息系统采纳研究，围绕 TAM 等模型以电子商务为主要研究对象，大量的实证研究都将愉悦认知作为其重要的构念。在学术信息检索系统中，该构念还没有得到应有的重视。在充分注重信息内容的基础上，尽可能地提供能够给信息用户带来愉悦感觉的相关系统特征，显然是有必要的。

3.6 相关性判据——性别与任务复杂度分析

3.6.1 检验方法

以下研究中分别从任务与性别两个维度探究相关性类别是否存在显著性差异，可供选择的检验方法有 t 检验、卡方检验与 MWU 检验等。由于 t 检验的依据是均值，而本研究的数据具有明显的配对特征，从而被排除；MWU 检验的依据是中位数，与 t 检验类似，也被排除在外；卡方检验应该是比较合适的检验方法，但是其适用条件之一是理论频数不能太小，多数教科书认为，频数小于 5 的不能多于 20%（贾俊平，2006），但是本研究中的频数数据有很多突破了 20% 的限制，因此也只能忍痛割爱；可以考虑的还有 Wilcoxon 符号秩和检验，但是本研究中的数据并不符合配对的要求，从而也只能舍弃；最终本研究选取了 Spearman 相关系数进行检验。Spearman 等级相关是根据等级资料研究两个变量间相关关系的方法。它是依据两列成对等级的各对等级数之差来进行计算，所以又称为"等级差数法"。Spearman 等级相关对数据条件的要求没有积差相关系数严格，只要两个变量的观测值是成对的等级评定资料，或者是由连续变量观测资料转化得到的等级资料，不论两个变量的总体分布形态、样本容量的大小如何，都可以用 Spearman 等级相关来进行研究。根据 Spearman 相关系数的这些不太苛刻的条件，本研究的数据使用了该方法进行检验。本研究采用软件 SPSS 13 完成相关数据的分析。

3.6.2 大类相关性判据

1. 大类相关性判据——任务

本研究中，2002、2003 级学生的任务复杂性远高于 2004 与 2008 级学生，因此本研究将2002与2003级学生的任务归结为高复杂性任务，而2004与2008级学生的任务归结为低复杂性任务。从表3-15可见，不同复杂性的任务类型，学生的相关性判据存在差异，比如任务复杂性高的组中有学生提到了愉悦类别的相关性判据，但是低复杂性的任务组中，则没有提到该相关性判据类型。文档特征判据复杂性高的组占40.12%，而复杂性低的组则占36.00%，其他每组都存在一定的差异。采用Spearman相关系数检验的结果显示秩相关系数为0.966，而P值为0.000，因此接受原假设，即表明任务复杂性维度在大类相关性判据的选择方面具有显著相关关系，从而表明任务复杂性高低两组的学生在大类相关性判据的选择方面具有一致的行为。该结论表明检索系统的分析与设计无需考虑任务复杂性维度，因而应该把重点放在两组中高百分率的因素上面，比如应考虑文献特征与质量这两个明显重要的大类相关性判据，然后再考虑总体、内容、使用与系统特征，最后也不应该放弃传播特征、情境与愉悦等相关性判据。

表3-15　大类相关性判据分布——任务复杂性

任务复杂性	高		低	
相关性类别	学生数	百分比（%）	学生数	百分比（%）
愉悦	2	0.41	0	0.00
情境	4	0.81	1	0.80
传播特征	7	1.41	1	0.80
系统特征	21	4.23	2	1.60
使用	38	7.66	12	9.60
质量	127	25.60	41	32.80
总体	49	9.88	3	2.40
内容	49	9.88	20	16.00
文献特征	199	40.12	45	36.00
合计	496	100.00	125	100.00

2. 大类相关性判据——性别

由表3-16可见，不同性别的学生在选择相关性判据方面存在一定的差异，比如女同学提到了愉悦认知，而男同学组则没有涉及该相关性判据类别，其他不同类别的相关性判据在百分比方面都有或多或少的不同，比如文献特征，女生组所占比例为41.99%，而男生组则为37.85%。

采用Spearman相关系数检验的结果显示秩相关系数为0.992，而P值为0.000，因此接受原假设，性别维度在大类相关性判据的选择方面具有显著相关关系，从而表明不同性别的学生在大类相关性判据的选择方面具有一致的行为。该结论表明检索系统的分析与设计无需考虑性别维度。不过，从表3-16中的数据显示，如果能够设计出更具愉悦感知的系统，则会更容易受到女生的欢迎。

表 3-16 大类相关性判据分布——性别

性别	女		男	
相关性类别	学生数	百分比（%）	学生数	百分比（%）
情境	2	0.87	3	0.77
愉悦	2	0.87	0	0.00
传播特征	4	1.73	4	1.02
系统特征	10	4.33	13	3.32
使用	14	6.06	36	9.21
总体	16	6.93	36	9.21
内容	24	10.39	45	11.51
质量	62	26.84	106	27.11
文献特征	97	41.98	148	37.85
合计	231	100.00	391	100.00

3.6.3 子类别相关性判据分析

通过大类相关性判据的分析，可以得到一个基本的结论，学生在进行相关性判据的选择时在任务维度与性别维度上没有显著性差异。那么在子类别方面有没有显著性差异呢？下面将分别探讨。

1. 质量相关性判据——任务

从表 3-17 可见，质量类别在任务维度方面存在显著的差别。首先，高复杂性组的学生提到美感、直觉、知识水平与实时性等低复杂性任务中没有涉及的相关性判据。其次，在高复杂性任务组中最重要的主题相关性判据在低复杂性任务组中，只有一位同学提及，处于可有可无的位置。最后，在高复杂性任务组中，对学生有重要影响的相关性判据为主题、详细、新颖性、广度、可理解性、权威性与深度等；而在低复杂性任务组中详细、权威性、可理解性、广度、简明性与专指性则成为最主要的相关性判据。二者共同的有详细、可理解性、权威性，除此之外，高复杂性任务组更倾向于新颖、深度、主题性等，从而显示出更青睐于研究型文献，比如研究性论文，而低复杂性任务组，则更加青睐于广度、简明与专指性等相关性判据，这些标志则直接指向了教材、综述与标准等主要反映比较成熟学术信息的文献类型。

表 3-17 质量类别相关性判据分布——任务复杂性

任务复杂性	高		低	
相关性类别	学生数	百分比（%）	学生数	百分比（%）
美感	1	0.30	0	0.00
直觉	1	0.30	0	0.00

任务复杂性	高		低	
相关性类别	学生数	百分比（%）	学生数	百分比（%）
知识水平	2	0.61	0	0.00
系统性	3	0.91	4	3.23
结构清晰	4	1.21	3	2.42
准确性	5	1.52	3	2.42
专指性	8	2.42	8	6.45
可靠性	9	2.73	3	2.42
先进性	9	2.73	2	1.61
实时性	13	3.94	0	0.00
学术性	18	5.45	2	1.61
简明性	15	4.55	12	9.68
深度	21	6.36	3	2.42
权威性	25	7.58	19	15.32
可理解性	25	7.58	18	14.52
广度	27	8.18	13	10.48
新颖性	31	9.39	4	3.23
详细	35	10.61	29	23.39
主题	78	23.63	1	0.80
合计	330	100.00	124	100.00

采用 Spearman 相关系数检验的结果显示秩相关系数为 0.546，而 P 值为 0.016，在 0.05 的置信度水平下接受原假设，即学生在任务复杂性维度的质量相关性判据选择层面具有显著相关关系。

2. 质量相关性判据——性别

从表 3-18 可见，女生组比男生组多了一些感性的相关性判据，比如美感、直觉，男生组没有提及这些判据。除此之外，两组的相关性判据在高频次组相似，都具有简明性、新颖性、可理解性、权威性、广度、主题、主题与详细等判据，如果说有差别，也仅仅是细微的，各个判据的位次和比例稍有区别，如主题在男生组占 18.93%，而在女生组则占到 14.94% 等。

表 3-18　质量类别相关性判据分布——性别

性别	女		男	
相关性类别	学生数	百分比（%）	学生数	百分比（%）
美感	1	0.57	0	0.00
知识水平	1	0.57	1	0.36

性别	女		男	
相关性类别	学生数	百分比（%）	学生数	百分比（%）
直觉	1	0.57	0	0.00
准确性	1	0.57	7	2.50
系统性	2	1.15	5	1.79
先进性	4	2.30	7	2.50
结构清晰	5	2.87	2	0.71
专指性	6	3.45	10	3.57
可靠性	7	4.02	5	1.79
学术性	6	3.45	14	5.00
深度	9	5.17	15	5.36
实时性	8	4.64	5	1.79
简明性	9	5.17	18	6.43
新颖性	13	7.47	22	7.86
可理解性	13	7.47	30	10.71
权威性	18	10.34	26	9.29
广度	18	10.34	22	7.86
主题	26	14.94	53	18.91
详细	26	14.94	38	13.57
合计	174	100.00	280	100.00

采用 Spearman 相关系数检验的结果显示秩相关系数为 0.898，而 P 值为 0.000，因此接受原假设，即学生在性别维度的质量相关性判据选择层面具有显著相关关系。不过，通过表 3-18 的分析可见如果能够将信息检索系统设计的更具美感，则该系统更容易受到女生的欢迎，而对于男同学，该判据没有看到其影响。

3. 总体相关性判据——任务

表 3-19 呈现了总体类别相关性判据在任务复杂性层面的分布结果，简单地分析即可发现，低复杂性任务组仅仅有 3 名同学分别提到了数量与同质性等相关性判据，而顺序、外部证实、质量、存取、搜索引擎、查准率、文献计量、查全率与学术数据库等相关性判据则没有学生提及，从而提示低任务复杂性组对于信息检索结果总体的关注远远不及高复杂性任务组，其着眼点主要在于只要能够找到解决简单问题的信息即可，对于是否查准与查全率等没有太多关注，从而提示不同程度的任务复杂性对于信息检索系统的设计存在非常大的影响。

表 3-19　总体类别相关性判据分布——任务复杂性

任务复杂性	高		低	
相关性类别	学生数	百分比（%）	学生数	百分比（%）
顺序	2	2.67	0	0.00
外部证实	2	2.67	0	0.00
质量	2	2.67	0	0.00
存取	3	4.00	0	0.00
搜索引擎	3	4.00	0	0.00
查准率	4	5.33	0	0.00
文献计量	4	5.33	0	0.00
查全率	5	6.67	0	0.00
学术数据库	7	9.33	0	0.00
同质性	18	24.00	2	66.67
数量	25	33.33	1	33.33
合计	75	100.00	3	100.00

采用 Spearman 相关系数检验的结果显示秩相关系数为 0.67，而 P 值为 0.024，因此在置信度为 0.05 时接受原假设，即学生的总体相关性判据选择在任务复杂性层面具有显著的相关性。

4. 总体相关性判据——性别

表 3-20 展现了总体判据的性别分布，可以发现在男生组主要的相关性判据是数量与同质性，二者合计占到了 74.47% 总体判据，而女生组则分布相对均匀，分别由查准率、查全率、同质性、学术数据库与数量占据了主要的影响女生相关性判断的主要判据。

表 3-20　总体类别相关性判据分布——性别

性别	女		男	
相关性类别	学生数	百分比（%）	学生数	百分比（%）
搜索引擎	1	3.23	2	4.26
外部证实	1	3.23	1	2.13
质量	1	3.23	1	2.13
顺序	2	6.45	0	0.00
文献计量	2	6.45	2	4.26
存取	2	6.45	1	2.13
查准率	3	9.68	1	2.13
查全率	4	12.90	1	2.13
同质性	4	12.90	16	34.04
学术数据库	4	12.90	3	6.38
数量	7	22.58	19	40.43
合计	31	100.00	47	100.00

采用 Spearman 相关系数检验的结果显示秩相关系数为 0.526，而 P 值为 0.097 大于 0.05，因此接受备择假设，即学生的总体相关性判据选择在性别层面没有显著的相关性，即不同性别学生的总体类别相关性判据选择行为不具有一致性，从而也就意味着在信息检索系统的分析与设计中应该考虑性别对于总体设计的影响。

5. 内容类别相关性判据——任务

表 3-21 报告了内容层面的相关性判据在任务复杂性层面的分布结果。通过分析可以发现低复杂性任务组中，学生希望文献内容应该是综合性的，最好有图解与比较分析，三者占到了低复杂性组的 91.17%。相对于低复杂性任务组，高复杂性任务组则分布的比较均匀，学生对文献信息内容选择更希望是综合性的，占到了 36.67%，但是专题性的文献也受到青睐，占到了 17.78%，对于文献中的微观信息则希望出现有实践的、图解、比较分析与实验等内容。这些结果显示低任务组更期望能够直接找寻到答案的文献信息，而高复杂性任务组则需要在更多的原始文献中通过归纳、分析与提炼等花费更多认知努力的工作才能完成任务。

表 3-21　内容类别相关性判据分布——任务复杂性

任务复杂性	高		低	
相关性类别	学生数	百分比（%）	学生数	百分比（%）
数据	2	2.22	0	0.00
方法	2	2.22	0	0.00
技术实现	2	2.22	2	5.88
类别	3	3.33	0	0.00
实验	5	5.56	0	0.00
比较分析	6	6.67	4	11.77
图解	10	11.11	9	26.47
实践	11	12.22	0	0.00
专题性	16	17.78	1	2.94
综合性	33	36.67	18	52.94
合计	90	100.00	34	100.00

采用 Spearman 相关系数检验的结果显示秩相关系数为 0.517，而 P 值为 0.126 大于 0.05，因此接受备择假设，即学生的内容类别的相关性判据选择在任务复杂性层面没有显著的相关性，即面对不同复杂性的任务时，学生的相关性判据选择行为不具有一致性，从而也就意味着在信息检索系统内容层面的分析与设计中应该考虑任务复杂性的影响。也就是说，对于高复杂性任务组，检索系统应该尽可能提供实践、专题性与综合性的信息内容，而低于低复杂性任务信息用户则更倾向于检索系统提供综合性、有图解的和有比较分析的检索结果。该分析结果可以说明，高复杂性任务需要付出更多的认知努力，而低复杂性任务信息用户则倾向于尽可能少地付出认知努力。

6. 内容类别相关性判据——性别

表 3-22 描述了内容类别的性别分布，由表可见方法、数据、类别与技术实现等文献内容在现有的任务中，没有得到女生的关注。而实验、比较分析、实践、图解、专题性与综合性等成为男女生判别文献相关与否的主要的文献内容依据，且类别间的变化趋势相似，例如男女生都是综合性文献对其影响最大，文献中是否有实验则影响不是那么太显著。男女生都比较青睐有图解的文献。

表 3-22　内容类别相关性判据分布——性别

性别	女		男	
相关性类别	学生数	百分比（%）	学生数	百分比（%）
方法	0	0.00	2	2.60
数据	0	0.00	2	2.60
类别	0	0.00	3	3.90
技术实现	0	0.00	4	5.19
实验	2	4.26	3	3.90
比较分析	4	8.51	6	7.79
实践	5	10.64	6	7.79
图解	6	12.77	13	16.88
专题性	6	12.76	11	14.29
综合性	24	51.06	27	35.06
合计	47	100.00	77	100.00

采用 Spearman 相关系数检验的结果显示秩相关系数为 0.921，而 P 值为 0.000，因此接受原假设，即不同性别的学生在内容类别的相关性判据选择方面具有显著的相关性。

7. 使用类别相关性判据——任务

表 3-23 的结果显示，潜在利用对于低复杂性任务组没有影响，该结果可以得到合理的解释，由于任务复杂性比较低，不需要耗费很多的认知努力就可以解决问题，属于短平快的类型，因而学生也就无需下载更多的文献留着将来使用。其他几个类别可发现任务复杂性的高低存在一定差别，比如，低复杂性任务组，主要为提供背景知识与有效性占据了85%，解释了绝大部分使用类别的相关性判据。高复杂性任务组，则架构借鉴、有效性与提供背景知识等几个判据之间比重相似，都在30%左右。

表 3-23　使用类别相关性判据分布——任务复杂性

任务复杂性	高		低	
相关性类别	学生数	百分比（%）	学生数	百分比（%）
读者对象	1	1.52	1	5.00
潜在利用	4	6.06	0	0.00

续表

任务复杂性	高		低	
相关性类别	学生数	百分比（%）	学生数	百分比（%）
架构借鉴	20	30.30	2	10.00
有效性	20	30.30	4	20.00
提供背景知识	21	31.82	13	65.00
合计	66	100.00	20	100.00

采用 Spearman 相关系数检验的结果显示秩相关系数为 0.872，而 P 值为 0.054 大于 0.05，因此接受备择假设，即学生使用类别的相关性判据选择在任务复杂性层面的相关性不具备显著性，也就是说在面对不同复杂性的任务时，学生的相关性判据选择行为在使用层面不具有一致性。该结论对于信息检索系统的分析与设计的意义在于：在信息检索系统的分析与设计中有必要考虑任务复杂性对使用的影响。但是使用的领域过于广泛，在不同的领域，都具有不同类型的使用类别，本研究分析得出的使用类别可能仅仅是挂一漏万，因此也意味着信息检索系统如果需要考虑该层面的差异，难度非常大，因此使用类别的差异对于检索系统的分析和设计而言意义非常有限。

8. 使用类别相关性判据——性别

表 3-24 的结果显示，对于性别而言，使用类别的相关性判据体现了比较好的一致性趋势，虽然性别组在具体的相关性判据方面存在频数的差别，但是总的比例都是随着读者对象、潜在利用、架构借鉴、有效性与提供背景知识呈现递增，该特点在前面已经分析的相关性判据类别中还是第一次出现。

采用 Spearman 相关系数检验的结果显示秩相关系数为 0.975，而 P 值为 0.005，因此接受原假设，即不同性别的学生在使用类别的相关性判据选择方面具有显著的相关性。

表 3-24　使用类别相关性判据分布——性别

性别	女		男	
相关性类别	学生数	百分比（%）	学生数	百分比（%）
读者对象	1	4.35	1	1.59
潜在利用	2	8.70	2	3.17
架构借鉴	5	21.74	17	26.98
有效性	5	21.74	19	30.16
提供背景知识	10	43.48	24	38.10
合计	23	100.00	63	100.00

9. 文献特征类别相关性判据——任务

文献特征具有丰富的内涵，本研究中学生主要使用学术信息数据源，文献特征主要涵盖作者、来源期刊、机构、文献类型、文献格式、出版单位、基金、参考文献、篇幅、语种、出版时间、关键词、全文、题名与文摘等特征。表 3-25 显示低复杂性任务组主要受文献类型、篇幅和语种的影响，其他文献特征的影响几乎可以忽略不计。高复杂性任务组则主要受到题名、文摘、作者、来源期刊、机构与文献类型的影响。该结果显示文献的各种特征都会影响信息用户的相关性判断，因此在信息检索系统的设计中，尽可能地将文献的各种特征考虑到检索系统中是必要的。具体体现在查询请求的输入与检索结果的输出等，本研究将在后面的章节中详细分析文献特征与检索系统的分析与设计。

采用 Spearman 相关系数检验的结果显示秩相关系数为 -0.2，而 P 值为 0.944 大于 0.05，因此接受备择假设，即学生的文献特征类别的相关性判据选择在任务复杂性层面不具备显著性，也就是说在面对不同复杂性的任务时，学生的相关性判据选择行为在文献特征层面具有不一致性。该结论对于信息检索系统的分析与设计的意义在于：应该充分考虑任务复杂性对于信息检索系统分析与设计在文献特征层面的影响，尤其要更加充分地考虑高复杂性任务的影响，将文献的各种可能的特征纳入到检索的各个部分，从各个可能的途径提高检索系统对于高复杂性任务的支持。

表 3-25　文献特征类别相关性判据分布——任务复杂性

任务复杂性	高		低	
相关性类别	学生数	百分比（%）	学生数	百分比（%）
文献格式	2	0.63	0	0.00
出版单位	2	0.63	2	5.88
基金	4	1.26	0	0.00
参考文献	5	1.58	2	5.88
篇幅	6	1.89	5	14.70
语种	12	3.79	5	14.70
出版时间	13	4.10	1	2.94
关键词	16	5.05	0	0.00
全文	21	6.62	0	0.00
题名	36	11.36	0	0.00
文摘	44	13.88	0	0.00
作者	31	9.78	3	8.84
来源期刊	31	9.78	0	0.00
机构	32	10.09	1	2.94
文献类型	62	19.56	15	44.12
合计	317	100.00	34	100.00

10. 文献特征相关性判据——性别

表 3-26 的结果显示，与文献特征类别的相关性判据有相似之处，对于性别而言文献特征类别的相关性判据也体现了比较好的一致性趋势。在女生组，文献类型、机构、作

者、题名与文摘占据了文献特征类别相关性判据的前 5 强，而男生组是题名、文摘、来源期刊、机构与文献类型位于前列，二者的区别在于女生中作者与男生组中的作者的位次发生了细微的变化，其他 4 个基本相同。文献特征中的篇幅、基金、出版单位与文献格式都居于相对不重要的位置。

采用 Spearman 相关系数检验的结果显示秩相关系数为 0.838，而 P 值为 0.000，因此接受原假设，即不同性别的学生在文献特征类别的相关性判据选择方面具有统计学意义的相关性。

表 3-26　文献特征类别相关性判据分布——性别

性别	女		男	
相关性类别	学生数	百分比（%）	学生数	百分比（%）
文献格式	1	0.58	1	0.43
基金	1	0.58	3	1.29
参考文献	2	1.16	5	2.15
出版单位	2	1.16	2	0.86
出版时间	5	2.90	9	3.86
篇幅	7	4.05	4	1.72
语种	9	5.20	8	3.43
全文	11	6.36	10	4.30
关键词	11	6.36	5	2.15
题名	18	10.40	18	7.73
文摘	18	10.40	26	11.16
来源期刊	9	5.20	22	9.44
机构	13	7.51	20	8.58
作者	19	10.98	15	6.44
文献类型	47	27.17	85	36.48
合计	173	100.00	233	100.00

11. 作者类别相关性判据——任务

表 3-27 展示了作者类别的相关性判据在任务复杂性层面的分布。简单的分析可见，低复杂性任务组仅仅提到了声誉和职称两个作者判据，而且仅有 3 名学生提到这两个判据。高复杂性任务组则由职称、客观与声誉占据主要的位置，合计也仅 31 人分别提到了这些判据，总量偏低。其中的主要原因，可能是学生作为初学者，对于学界作者的情况还不了解，因此更多地依据其他相关性类别来确定文献的相关性，仅有少部分同学了解问题域中的作者情况。

采用 Spearman 相关系数检验的结果显示秩相关系数为 0.686，而 P 值为 0.132 大于 0.05，因此接受备择假设，即学生的作者特征类别的相关性判据选择在任务复杂性层面的相关性不具备显著性，也就是说在面对不同复杂性的任务时，学生的相关性判据选择行为在文献特征层面具有不一致性。该结论对于信息检索系统的分析与设计的意义在于：应该充分考虑任务复杂性对于信息检索系统分析与设计中的作者因素的影响，尤其要更加充分地考虑高复杂性任务的影响，将作者的各种可能的特征纳入到检索系统中。

表 3-27　作者类别相关性判据分布——任务复杂性

任务复杂性	高		低	
相关性类别	学生数	百分比（%）	学生数	百分比（%）
高产	2	6.45	0	0.00
群体	2	6.45	0	0.00
研究领域	4	12.90	0	0.00
职称	5	16.13	1	33.33
客观	7	22.58	0	0.00
声誉	11	35.49	2	66.67
合计	31	100.00	3	100.00

12. 作者类别相关性判据——性别

表 3-28 的结果显示，在女生组，作者的声誉、职称影响着用户的相关性判断，而男生组主要是声誉位于前列。

表 3-28　作者相关性判据分布——性别

性别	女		男	
相关性类别	学生数	百分比（%）	学生数	百分比（%）
群体	1	5.26	1	6.67
高产	2	10.53	0	0.00
客观	3	15.79	4	26.67
研究领域	3	15.79	1	6.67
职称	4	21.05	2	13.33
声誉	6	31.58	7	46.66
合计	19	100.00	15	100.00

采用 Spearman 相关系数检验的结果显示秩相关系数为 0.779，而 P 值为 0.068 大于 0.05，因此接受备择假设，即不同性别的学生在作者特征类别的相关性判据选择方面不具备统计学意义的相关性，也就是说不同性别学生的作者特征类别相关性判据的选择行为具有不一致性，从而也就意味着信息检索系统在文献特征层面的分析与设计中考虑性别的影响是必要的。

13. 文献类型相关性判据——任务

表 3-29 展示了文献类型相关性判据在任务复杂性层面的分布。简单的分析可见，低

复杂性任务组的文献类型相关性判据比较集中，主要是教材、标准与网络百科。而高复杂性任务组的文献类型主要是技术白皮书、标准、新闻、教材以及综述，但是更为大量的是期刊论文，该数据没有在表中反映出来。从文献类型的分析可以得到基本的结论，即低复杂性任务组倾向于采用比较成熟的文献类型解决问题，比如教材以及标准，而高复杂性任务组则需要更多地依赖学术论文等文献才能解决问题，而教材以及标准等非常成熟的文献则显得不是那么太重要。

表 3-29　文献类型相关性判据分布——任务复杂性

任务复杂性	高		低	
相关性类别	学生数	百分比（%）	学生数	百分比（%）
学位论文	0	0.00	3	4.29
网络百科	0	0.00	12	17.14
访谈	1	1.61	0	0.00
讲座	1	1.61	0	0.00
文献类型	2	3.23	1	1.43
官方网站	3	4.84	2	2.86
会议文献	4	6.45	0	0.00
技术白皮书	5	8.06	0	0.00
标准	5	8.06	18	25.71
新闻	9	14.52	1	1.43
教材	15	24.19	30	42.85
综述	17	27.43	3	4.29
合计	62	100.00	70	100.00

采用 Spearman 相关系数检验的结果显示秩相关系数为 0.208，而 P 值为 0.516 大于 0.05，因此接受备择假设，即学生的文献类型特征类别的相关性判据选择在任务复杂性层面的相关性不具备显著性，也就是说在面对不同复杂性的任务时，学生的相关性判据选择行为在文献特征层面具有不一致性。该结论对于信息检索系统的分析与设计的意义在于：信息检索系统的分析与设计在文献类型层面应该考虑任务层面的影响。

14. 文献类型相关性判据——性别

表 3-30 展示了文献类型相关性判据在性别层面的分布。Spearman 相关系数检验的结果显示秩相关系数为 0.523，而 P 值为 0.081 大于 0.05，因此接受备择假设，即学生的文献类型特征类别的相关性判据选择在性别层面的相关性不具备显著性，也就是说在面对不同复杂性的任务时，学生的相关性判据选择行为在文献类型层面具有不一致性。该结论也就意味着信息检索系统的分析与设计应该充分考虑性别在文献类型方面的影响。具体来说，对于女生，最好多提供官方网站、网络百科、会议文献、标准、综述与期刊论文，对于男生，则以新闻、网络百科、综述、标准、教材与期刊论文为主。

表 3-30　文献类型相关性判据——性别的影响

性别	女		男	
相关性类别	学生数	百分比（%）	学生数	百分比（%）
访谈	0	0.00	1	1.18
讲座	0	0.00	1	1.18
新闻	0	0.00	10	11.76
学位论文	1	2.13	2	2.35
文献类型	1	2.13	1	1.18
技术白皮书	1	2.13	4	4.71
官方网站	2	4.26	3	3.53
网络百科	2	4.26	10	11.76
会议文献	3	6.38	2	2.35
标准	7	14.89	16	18.83
综述	7	14.89	13	15.29
教材	23	48.93	22	25.88
合计	47	100.00	85	100.00

15. 来源期刊相关性判据——任务、性别

表 3-31 展示了来源期刊相关性判据的任务复杂性层面的分布。简单的分析可见，低复杂性任务组对于来源期刊是否具有较高的声誉没有关注，高复杂性任务组则关注来源期刊的声誉。由于数据量很少，已经没有进行 Spearman 相关系数检验的必要。同样的道理，性别层面的分析可以发现，女生较男生相对而言，不是太关注来源期刊的声誉特征（表3-32）。

表 3-31　来源期刊类别相关性判据分布——任务复杂性

任务复杂性	高		低	
相关性类别	学生数	百分比（%）	学生数	百分比（%）
声誉	31	100.00	0	0
合计	31	100.00	0	0

表 3-32　来源期刊类别相关性判据——性别

性别	女		男	
相关性类别	学生数	百分比（%）	学生数	百分比（%）
声誉	9	100	22	100
合计	9	100	22	100

16. 机构相关性判据——任务、性别

表 3-33 展示了机构相关性判据的任务复杂性层面的分布。与来源期刊的情况类似，低复杂性任务组对于来源期刊是否具有较高的声誉没有关注，同时对于机构的其他特征也几乎没有关注，而高复杂性任务组主要关注机构的声誉。基于与来源期刊类别相同的原因，不再进行 Spearman 相关系数检验。同样的道理，性别层面的分析可以发现，女生与男生对机构声誉的关注没有显著差异（表 3-34）。

表 3-33　机构类别相关性判据分布——任务复杂性

任务复杂性	高		低	
相关性类别	学生数	百分比（%）	学生数	百分比（%）
高产	1	3.13	0	0.00
客观	4	12.50	0	0.00
声誉	27	84.37	1	100.00
合计	32	100.00	1	100.00

表 3-34　机构类别相关性判据——性别

性别	女		男	
相关性类别	学生数	百分比（%）	学生数	百分比（%）
客观	1	7.69	3	15.00
高产	1	7.69	0	0.00
声誉	11	84.62	17	85.00
合计	13	100.00	20	100.00

17. 系统特征相关性判据——任务、性别

表 3-35 展示了系统特征相关性判据的任务复杂性层面的分布。可以发现，低复杂性任务组对于系统特征不是非常在意，高复杂性任务组则主要关注系统特征的存取情况。性别层面的分析可以发现，女生与男生对系统特征的关注没有显著差异（表 3-36）。

表 3-35　系统特征类别相关性判据分布——任务复杂性

任务复杂性	高		低	
相关性类别	学生数	百分比（%）	学生数	百分比（%）
响应速度	1	4.17	0	0.00
著录详细	1	4.17	0	0.00
存取	22	91.66	2	100.00
合计	24	100.00	2	100.00

表 3-36　系统特征类别相关性判据——性别

性别	女		男	
相关性类别	学生数	百分比（%）	学生数	百分比（%）
著录详细	0	0.00	1	7.69
响应速度	1	7.69	0	0.00
存取	12	92.31	12	92.31
合计	13	100.00	13	100.00

18. 传播特征相关性判据——任务、性别

表 3-37 展示了传播特征相关性判据的任务复杂性层面的分布。可以发现，低复杂性任务组对于传播特征几乎没有纳入视野，高复杂性任务组则主要关注传播特征中的引用情况、点击率与转载等特征。由于，数据量很少，已经没有进行 Spearman 相关系数检验的必要。同样的道理，性别层面的分析可以发现，女生与男生对传播特征的关注没有显著差异（表 3-38）。

表 3-37　传播特征类别相关性判据分布——任务复杂性

任务复杂性	高		低	
相关性类别	学生数	百分比（%）	学生数	百分比（%）
转载	1	12.50	0	0.00
点击率	2	25.00	0	0.00
引用	5	62.50	1	100.00
合计	8	100.00	1	100.00

表 3-38　传播特征类别相关性判据——性别

性别	女		男	
相关性类别	学生数	百分比（%）	学生数	百分比（%）
转载	0	0.00	1	20.00
点击率	0	0.00	2	40.00
引用	4	100.00	2	40.00
合计	4	100.00	5	100.00

如前所述，情境与愉悦类型的相关性判据由于样本量比较小，继续分析其在任务层面与性别层面的分布以及统计学显著性已经意义不大，因此不再展开。

3.7　小　　结

针对相关性判据研究的 4 个问题，下面分别讨论研究的结论。

3.7.1 相关性判据小结

针对本章第一个研究问题：相关性的判据问题，本研究通过内容分析法，在学生数据的基础上分析出了传播特征，内容，情境，使用，系统特征，愉悦，质量，总体与文献特征等 9 类相关性判据。表 3-39 概括了不同类别相关性判据的分布情况，文献特征、质量判据与内容判据、总体和使用占据了相关性判据的主要位置，相对不是太重要的则是愉悦、情境、传播特征和系统特征。这些提示在检索系统的分析与设计中，对于文献特征以及质量判据需要给予突出的关注。对于其他维度的相关性判据也需要更多地从发展的眼光做更多的思考，比如愉悦认知相关性判据，在目前的学术信息检索系统中还没有得到应有的重视，但是在商务型网站的分析与设计中就已经占有非常重要的位置。

表 3-39 总体类别相关性判据

相关性判据大类	学生数	相关性判据子类	频次
传播特征	2	点击率	2
	6	引用	6
	1	转载	1
	9	小计	9
内容	10	比较分析	10
	2	方法	2
	4	技术实现	4
	3	类别	3
	9	实践	11
	4	实验	5
	2	数据	2
	18	图解	19
	15	专题性	17
	40	综合性	51
	107	小计	124
情境	5	时间限制	5
	5	小计	5
使用	2	读者对象	2
	13	架构借鉴	22
	2	潜在利用	4
	23	提供背景知识	34
	21	有效性	24
	61	小计	86

续表

相关性判据大类	学生数	相关性判据子类	频次
系统特征	21	存取	24
	1	响应速度	1
	1	著录详细	1
	23	小计	26
愉悦	2	情感	3
	2	小计	3
质量	40	广度	51
	27	简明性	39
	7	结构清晰	7
	12	可靠性	12
	43	可理解性	54
	1	美感	1
	44	权威性	52
	24	深度	27
	13	实时性	17
	7	系统性	7
	11	先进性	12
	64	详细	75
	35	新颖性	38
	20	学术性	24
	2	知识水平	2
	1	直觉	1
	79	主题	81
	16	专指性	17
	8	准确性	9
	454	小计	526
总体	5	查全率	5
	4	查准率	4
	3	存取	3
	24	数量	26
	2	顺序	2
	3	搜索引擎	3
	14	同质性	20
	2	外部证实	2

相关性判据大类	学生数	相关性判据子类	频次
总体	3	文献计量	4
	7	学术数据库	7
	2	质量	2
	69	小计	78
文献特征	7	参考文献	7
	4	出版单位	4
	13	出版时间	14
	16	关键词	16
	3	基金	4
	11	篇幅	11
	20	全文	21
	35	题名	36
	2	文献格式	2
	43	文摘	44
	15	语种	17
	103	文献类型	132
	26	来源期刊	31
	28	作者	34
	23	机构	33
	349	小计	406

3.7.2 影响相关性判断的文献特征小结

针对相关性判据研究的第二个问题，影响用户相关性判断的文献特征分析，本研究中解析出了包括参考文献、出版单位、出版时间、关键词、基金、篇幅、全文、题名、文献格式、文摘、语种、文献类型、来源期刊、作者与机构等在内的 15 个文献特征相关性判据子类别（表 3-39）。其中文献类型、来源期刊、作者以及机构又包括更加具体的类别（表 3-40）需要指出的是，表 3-40 中的数据没有包括期刊论文，而实际上期刊论文在所有的文献类型中占据最为主要的地位（表 3-5）。表 3-5 和表 3-40 的数据表明，来源期刊、作者与机构的声誉显著地影响信息用户的相关性判断，因此提示检索系统的分析与设计者，应该充分将这些因素纳入检索结果的排序、查询扩展与相关反馈等有利于改进检索系统质量的功能中。

表 3-40 文献特征相关性判据的频次分析

相关性判据	学生数	相关性判据子类	频次
文献类型	16	判据	23
	1	访谈	1
	4	官方网站	5
	5	会议文献	5
	5	技术白皮书	5
	1	讲座	1
	33	教材	45
	5	网络百科	12
	2	文献类型	2
	8	新闻	10
	3	学位论文	3
	20	综述	20
	103	小计	132
作者	1	高产	2
	7	客观	7
	2	群体	2
	10	声誉	13
	3	研究领域	4
	5	职称	6
	28	小计	34
机构	1	高产	1
	4	客观	4
	18	声誉	28
	23	小计	33
来源期刊	26	声誉	31
	26	小计	31

3.7.3 相关性判断的任务复杂性与性别分析

相关性判据研究的后面两个问题，性别与任务复杂性对相关性判据的选择是否存在显著影响。本研究通过 Spearman 相关系数分析给出了答案（表 3-41），数据显示用户在面对不同复杂性的任务时，在文献内容、文献使用、文献特征、作者与文献类型等相关性判据的选择行为方面存在差异；而性别维度仅影响作者、文献类型与文献总体层面的相关性判据选择。由于数据量的原因，本研究没能证实任务复杂性与性别对来源期刊、机构、系统特征、传播特征和愉悦感知 5 个类别相关性判据选择行为的影响。研究结果提示检索系统的分析与设计尽可能考虑任务复杂性的差异与影响，同时如果能够兼顾性别差异的影响，则能够在更大程度上提高检索系统的可用性。

表 3-41　相关性判据的任务复杂性与性别维度分析

相关性类别	任务维度秩相关系数	显著性（P 值）	性别维度秩相关系数	显著性（P 值）
判据大类	0.966	0.000	0.992	0.000
文献质量	0.546	0.016	0.898	0.000
文献总体	0.67	0.024	0.526	0.097
文献内容	0.517	0.126	0.921	0.000
文献使用	0.872	0.054	0.975	0.005
文献特征	−0.2	0.944	0.838	0.000
作者	0.686	0.132	0.779	0.068
文献类型	0.208	0.516	0.523	0.081

第4章 相关性判据应用研究
——建模与问卷设计

4.1 引 言

本书第3章通过内容分析法，得到了9个类别的相关性判据，包括传播特征、内容、情境、使用、系统特征、愉悦、质量、总体与文献特征等，其中文献特征又包括文献类型、来源期刊、作者与机构等4个子类别。针对具体的相关性判据改进信息检索系统的建议已经在上一章分别阐述，本章需要考虑的是如何从整体上综合应用得到的相关性判据以改进现有的学术信息检索系统。相关性判据整体应用的一个自然选择就是对判据进行建模，通过模型可以将判据整合在一起，从而实现比较全面的应用研究。

建模的途径主要有两个，一是从零开始，构建一个全新的模型；另一则是在现有成熟模型的基础上，进行合理的剪裁，构建符合研究需要的模型。第一种途径具有很强的创新性，但是往往会成为一家之言，不一定能够得到学界的认同；第二种途径，由于已经有成熟的、被众多实证研究检验的模型做基础，往往更有说服力，本研究拟采用第二种途径构建本研究的模型。目前，在信息系统接受与采纳领域的研究中，影响比较大的模型有理性行为理论（Theory of Reasoned Action，TRA）、技术接受模型（Technology Acceptance Model，TAM）、任务技术适配模型（Task-Technology Fit，TTF）、TAM2、TAM3、整合性技术接受使用理论（Unified Theory of Acceptance and Use of Technology，UTAUT）、信息系统成功模型（Information System Success Model，ISSM）与计算机自我效能理论（CSE）等，到底哪个更适合作为本研究的基础模型呢？回答这个问题还是离不开对相关性判据的分析。

通过对9类相关性判据的简单分析可见：其中的质量即文献质量，可以很自然地延伸为信息质量；其中的系统特征，是有关检索系统质量的描述，可以延伸为系统质量；使用类别的相关性判据，是TAM与ISSM中都有的一个构念。TAM模型与衍生的几个模型的核心构念是有用认知、易用认知和行为意图，虽然也可以将上述9类相关性判据映射到这三个构念，但是并不直接。再观察ISSM，其中的核心构念是信息质量、系统质量、服务质量、使用与净效益，很自然地，9类相关性判据中，已经有三个判据可以直接映射为ISSM中的三个构念，因此本研究拟基于ISSM模型构建本研究的模型。那么其他6个相关性判据的类别如何整合入ISSM就有待继续思考了，下面分别进行阐释。

第一，传播特征，包括点击、转载与引用，是有关信息传播的度量指标，可以作为信息质量的间接的评价指标。第二，文献的内容类别属于信息的范畴，因此属于信息质量需要关注的类别，不同的文献内容往往意味着信息质量的差异，比如有无图表、有无实验数据等都为信息质量的衡量提供了依据，因此该类别的相关性判据可以作为信息质量高低判别的依据。第三，情境和愉悦特征在相关性判据中学生提到的很少，但是根据 TAM、UTAUT 等研究的成果可知，是非常具有成长性的相关性判据。根据 ISSM 的相关研究，这两个相关性判据可以作为衡量服务质量的指标，从而可以作为影响服务质量的构念。第四，总体类别的相关性判据，包括的具体判据牵涉信息质量与系统质量两个概念，比如查全率与查准率在信息检索系统的评价中，是两个主要的依据相关性的评价指标，因此应属于系统质量范畴，而同质性、外部证实、文献计量等又属于信息质量的范畴，因此对于总体类别的相关性判据，在具体的建模过程中，应该根据具体的判据分别作为影响信息质量与系统质量的构念。第五，文献特征在检索系统实现的时候，可以作为检索字段与检索限定的组成成分，因此属于系统质量的范畴，不过来源期刊、作者与机构的权威性又可以间接地作为评价信息质量的指标，因此又属于信息质量的范畴，从而对于文献特征判据，在构建具体的模型的时候也需要根据具体的判据分别作为影响信息质量与系统质量的构念。

在讨论了建模的思路之后，紧接着需要解决什么问题呢？本研究的研究目的是首先分析相关性判据，然后将相关性判据应用于学术信息检索系统的分析、设计与完善之中，想完成后者则必须要对目前的学术信息检索系统有一个完整的认识与了解。基于此，本研究以南京大学图书馆电子信息资源为调查对象，系统地对中外文学术信息检索系统进行了调研，调研结果作为建模的重要依据，也是其后问卷设计题项的主要来源。

在建模的思路基本清晰与调研方案基本明确的基础上，困扰作者的一个核心问题就是调研得到的学术信息检索系统中的元素如何与相关性判据建立起有机的联系。因为只有形成构念之间的影响关系，才能通过最后的分析得到具体的学术信息检索系统分析、设计与完善的具体建议与思路。通过 TRA、TAM、TTF、TAM2、TAM3、UTAUT 和 ISSM 研究文献的调研发现，大部分文献都集中于模型的建构与模型的验证性分析，很少有论文主要以前置变量为主题展开研究。Begoña Pérez-Mira（2010）的博士论文是为数不多的探讨了前置变量影响 ISSM 构念的文献，论文中 Begoña Pérez-Mira 调研了电子商务网站中各种元素，包括各种功能、功能点与涉及信息等元素，在调研工作的基础上，采用主成分分析，将因子数设为 3，解析出三个因子，之后再一次针对这三个因子进行主成分分析，然后分别将这三个因子作为影响信息质量、系统质量与服务质量的外生潜变量，论文采用世界电子商务 500 强的数据进行了结构方程分析。

Begoña Pérez-Mira 的做法给笔者以有益的启示，不过当作者也对从学术信息检索系统中调研出的元素执行将因子数设定为 3 的主成分分析之后，发现三个因子很难分别解释为影响系统质量、信息质量以及服务质量的前置变量，因此 Begoña Pérez-Mira 的研究思路很难解决本研究的问题，但是其数据分析方法对本研究具有重要的借鉴价值，本研究后面的主成分分析的做法即源于 Begoña Pérez-Mira 的研究。

当作者陷入困境的时候，一次很偶然也很茫然地重读 Schamber（1994）的综述，在 Schamber 分析出的 80 项相关性判据中发现 Taylor（1986）的相关性判据主要集中于系统层面，而包括 Curdra 等提出的相关性判据主要面向信息层面。围绕该线索，作者阅读了 Taylor（1986），发现 Taylor 提出的价值增值模型正是作者苦苦追寻的，该模型以及由 Eisenberg 等衍生 TEDS 模型成为本研究中衔接学术信息检索系统元素与 ISSM 的桥梁，该模型以表的方式展示为三列，其一是相关性判据，与本研究中的相关性判据大类吻合，第二列是价值增值，等同于本研究中具体的相关性判据，第三列是系统过程示例，即通过哪些具体的系统过程能够实现相关性判据的应用。

自此，本研究相关性判据应用部分的研究脉络就已经清楚了，可以通过图 4-1 表示。

图 4-1　相关性判据应用研究框架

其中 TEDS 作为一个中介起了联系系统元素与相关性判据的作用，然后相关性判据又作为信息系统成功模型的外生潜变量，从而整个模型的框架得以建立。

本章第 2 节介绍学术信息检索系统调研的结果，第 3 节完成具体模型的构建并形成研究假设，第 4 节进行问卷设计。

4.2　学术信息检索系统调研

本研究通过南京大学图书馆的网上资源对现有主要的网络学术信息资源数据库的现状进行调查。

4.2.1　调查对象

调查的对象主要包括南京大学图书馆上的网络资源中的数据库，在调查中对于非学术文献型的数据库本研究没有收入，实际的调查对象见表 4-1。

表 4-1　纳入调查的中外文学术数据库

数据库（中文）	数据库（外文）	数据库（外文）	数据库（外文）
万方	AAAS Science Online	GSW GeoScienceWorld	POA Periodical Archive Online
CNKI	ABI ProQest	IEEE/IET IEEExplore	PQDT 中科
维普	ACM	Ingenta	RSC
超星	ACS Publications	Ingram MyiLibrary	SAGE Journals Online
CADAL	AGU AmericanGeoUnion	IOP institute of physics	SIAM Journal online
CSSCI	AIP Scitation	ISI MEDLINE	Springer：Zentralblatt MATH
人大复印资料	AMS 气象	ISI Web of Science	SpringerLink
南大人文库	AMS 数学	JSTOR	SwetsWise Linker
南大民国图书	APS	NAS PNSA	Taylor & Francis
南大民国期刊	CALIS 中心	Nature	THIEME
	CALIS 中心 CCC 外文期刊	NCBI PubMed	TomsonGale ECCO
	CUP Cambridge Journal	NSTL	Wiley-Blackwell WileyOnlineLibrary
	EBSCOhost	NSTL American society of nutrition	World Scientific
	Elsevier SDOS	OUP Oxford University Press	

4.2.2 调查内容

由于各个数据库的元素各有特色，本研究的调查主要围绕检索系统的界面元素展开，调查的内容包括：更新周期、同行评议、服务功能、服务方式、帮助服务、个性化服务、激励、检索方式、浏览方式/期刊导航、检索字段、检索技术、查全率/查准率（获得文献的扩展信息）、相关反馈、排序/分组、格式/展示（检索结果）、结果输出、项标识/标记方式、分类/主题描述（检索结果分析）、超链接与整合检索等内容。

调查的信息源包括界面上直接可以看到的内容和从帮助中可以获得的内容，除此之外不能获得的信息则予以排除。

4.2.3 调查结果

1. 更新周期

学术数据库的更新周期主要有日更新、周更新两种，不过大部分数据库都没有在站点上说明该特征，调查中获得的信息包括中文的 CNKI 和维普是每日更新，西文的 IEEE/IET IEEExplore 和 CALIS 中心的 CCC 外文期刊是每周更新，西文的 NAS PNSA 数据库是每日更新。数据库的更新周期是信息用户相关性判断中的实时性以及新颖性等相关性判据的重要的依据。

2. 同行评议

调查中发现中文学术数据库没有提到同行评议的问题，而外文的 ABI ProQest、ACS Publications、AIP Scitation、AGU AmericanGeoUnion、GSW GeoScienceWorld、AMS 气象、AMS 数学、CUP Cambridge Journal、Taylor & Francis 等 9 个数据库提到了其数据库中的文献是经过同行评议的。同行评议是可靠性、权威性与学术性等相关性判据的直接依据。

3. 服务功能

针对服务功能，分别调查了离线配套服务、全文提供服务、文献传递服务、人员培训、MARC 数据管理与 OCR（optical character recognition）识别功能等子项。调查结果见表 4-2。

表 4-2　学术数据库服务功能

	离线服务	全文提供	人员培训	MARC 数据管理	OCR 识别
中文数据库	0	9	0	0	2
西文数据库	0	35	0	1	0

从表 4-2 中可以发现，几乎所有的数据库都没有提供离线服务、人员培训与 MARC 数

据管理等服务；中文数据库除了 CSSCI 是引文数据库之外都提供了全文服务，而外文除了 PubMed 等 6 个数据库之外都提供了全文服务；OCR 识别主要和阅读器有关，统计表中的中文数据库有两个，CNKI 的 CAJ 阅读器和维普的 VIP 阅读器提供了 OCR 识别功能，由于这两个数据库也都提供了 PDF 格式的全文，而 Acrobat 7.0 版本以上的阅读器都提供了 OCR 的功能。因此可以认为现在的西文文献都提供了 OCR 识别功能。数据库服务影响到多个相关性判据的使用，比如全文提供影响到存取，进而影响到使用等相关性判据，其他几种服务方式也将影响到数据库选择的大类判据。

4. 存取/服务方式

学术数据库提供了多种服务方式，调查结果见表 4-3。

表 4-3　学术数据库存取服务方式

	包库模式	镜像模式	机构卡模式	流量计费模式	阅读卡模式	会员卡/充值卡、短信、移动手机充值、神州行卡、银行卡、财付通、支付宝、汇款等多种费用支付方式
中文数据库	6	6	4	1	4	5
西文数据库	33	11	0	0	0	1

从表 4-3 可以发现机构卡、流量计费与阅读卡等服务模式主要是中文的几个学术检索系统在使用，中文检索系统对于个人用户提供了包括会员卡、充值卡等丰富的费用支付方式，而外文检索系统仅仅 NSTL 提供了相似的资费支付的方式，所有的数据库主要通过包库模式和镜像模式提供服务。由于表 4-3 中的数据根据南京大学图书馆获得，可以推测外文数据库在国内的营销对象主要是图书馆等集团用户，所以主要面向个人用户的会员卡与阅读卡等方式没有提供。存取方式将影响到相关性判断中的存取与易用性等判据。

5. 帮助服务

大多数检索系统都提供了新手指南/新手帮助等内容以利于新信息用户很快入门，除了主要采用文本和图表之外，部分检索系统还提供了视频方式的帮助。

相较于商务型网站提供的丰富的在线咨询服务，学术型数据库提供的在线咨询就弱了很多，中外文数据库分别只有 CNKI 和 NSTL 提供了在线咨询的帮助方式，其他都仅仅提供了电话与电子邮件联系方式供信息用户联系之用，帮助的实时性非常弱。对于二者在该方面的差异，究竟是学术检索系统没有必要提供此类服务还是其他的原因有待深入研究，调查结果见表 4-4。帮助服务将影响信息用户对学术数据库的愉悦等情感方面的认知。

表 4-4　学术数据库的帮助方式

	在线咨询/联系		帮助/指南
	在线咨询	联系方式	
中文数据库	1	7	5
西文数据库	1	33	35

6. 个性化服务

从表4-5可以看出，学术信息检索系统提供了丰富的个性化服务方式，其中推送服务在中外文数据库中都没有提供，根据 Wilson（1997）等的信息行为模型，该功能的缺失将给信息用户"跟踪"行为的实施带来负面的影响。近乎一半的中外学术数据库检索系统提供了多语言平台，这样做的必要性是值得商榷的，因为检索系统中的术语通常是一些比较常见的单词，如果对于外文检索系统界面上的术语都不能理解的话，能够顺畅理解其检索出的外文文献的可能性也非常小。因此对于学术信息用户来说，可以认为如果其能够读懂外文文献，则外文界面基本上不会成为障碍。

表4-5 学术数据库的个性化服务

个性化服务	中文数据库频次	外文数据库频次	合计
我的电子书架	6	25	31
存储检索记录	3	25	28
期刊定制	1	26	27
邮件定题服务	0	24	24
多语言平台	5	16	21
删除检索式	3	10	13
创建个人账户	5	6	11
存储检索式	2	5	7
存取删除检索史	0	5	5
分类定制	1	2	3
个人期刊列表	0	3	3
我的主页	1	1	2
用户界面定制	0	2	2
关键词定制	1	0	1
推送服务	0	0	0
论文引用提醒	0	11	11
论文内容更正提醒	0	5	5
将当前文献 email 给朋友服务	0	21	21
期刊新一期出版提醒	0	3	3
请求权限	0	14	14
重印要求	0	6	6

表4-5的结果表明中文维普和 CALIS 中心提供了个人主页服务，这两个数据库都是国内的产品，也就是说国外学术数据库基本上没有提供个人主页服务。该服务属于学术数据库的衍生服务，目前还不是学术数据库的核心服务，因此是否有必要提供该服务对于学术数据库而言有必要深入探讨。其他的服务诸如关键词定制、分类定制、用户界面定制与个

人期刊列表等各数据库提供的比例也偏小，大部分数据库提供的定制服务主要是期刊定制和邮件定题服务，而中文数据库没有提供邮件定题服务。由于界面定制不属于内容层面，因此不再探讨，其他几种定制方式集中在内容层面，外文数据库主要提供了期刊定制和邮件定题服务，而中文数据库在这两个主要的方面没有太好的表现，结合国外信息行为研究成果比较丰富的现状，可以认为，这两种面向内容的定制方式更代表了信息用户的行为。关键词定制与分类定制粒度偏大，所以提供这两类定制的系统非常少。个人期刊列表仅仅是一个相对简单的功能，即信息用户可以浏览一下其定制的期刊有哪些等，深入讨论意义不大。

表4-5中的存储检索式、存储检索记录、存取删除检索史与删除检索式等个性化服务都是相对单纯的针对当前检索式和之前检索式的服务功能，对于信息用户了解自己的检索历史和之前的文献情况有帮助，通过用户存储的这些内容可以分析出用户的研究兴趣、信息行为等特征，对于改进检索系统的性能与提供更适合用户的个性化服务能起到积极的作用。

在同等条件下，检索系统提供的个性化服务的内容与质量将对用户采纳和接受检索系统起到积极的作用。不过，现有的学术信息检索系统还处在一个几乎没有竞争或者竞争非常不充分的阶段，因此，大部分学术信息检索系统在个性化服务方面还没有投入足够的精力，这些结论通过表4-5的数据的简单分析就可以得出。

表4-5后面6项个性化服务方式中文数据库都没有提供，那么有必要探讨的问题就是，这些个性化服务方式到底是意义甚微呢，还是中文学术数据库没有意识到其重要性呢？该问题可以作为进一步研究的思考。

7. 导航

科学、合理的导航方式能够引导信息用户有效地利用信息，使其在信息检索过程中不至于迷航，并能够以最佳的方式获得所需信息。目前，学术信息检索系统的导航方式主要有导航菜单、快速链接、面包屑导航、站内检索与网站地图等。表4-6显示所有的中外文学术数据库都提供了导航菜单、快速链接导航方式，几乎所有的学术数据库都没有提供站内检索导航，部分学术检索系统提供了网站地图和面包屑导航。导航方式对于提高系统的易用性有着非常重要的影响，已经成为影响系统采纳与接受的非常重要的因素。导航方式将影响到信息用户对学术数据库的愉悦等情感方面的认知与易用性认知。

表4-6　学术数据库的导航方式

	网站地图	导航菜单	系统提供（前进/后退）	快速链接	面包屑导航
中文数据库	0	10	10	10	0
西文数据库	16	41	41	41	6

8. 检索方式

从表4-7中可以发现中外文数据库基本都提供了简单/快速检索与高级检索方式，也提供了自然语言与受控语言检索方式。部分检索系统提供了有自身特色的检索方式，比如化学文摘提供了化学结构式检索。有些系统提供的检索方式存在比较明显的冗余，比如万方、CNKI 提供的句子检索、作者发文检索、基金检索等，实际上这些功能在简单检索或者高级检索中都已经实现了，如此做法表面上似乎增加了多种检索途径，实际上却增加了界面的复杂性，又没有实质性的增加系统的功能点，因而是否有必要有待数据的检验。外文数据库中文献主要收录的是外文文献，而在中文数据库中存在部分外文文献的现象，因此中文数据库中提供了跨语言检索的检索方式。随着引文分析技术的不断成熟，来源文献检索逐渐成为重要的检索方式，该检索方式对于检索字面上不相关而实际上相关的文献起到了非常重要的作用。专家检索方式对于普通信息用户而言，显然有难度，实际上对于需要使用专家检索方式的信息用户来说，基本上可以通过高级检索实现其检索意图。因此中文数据库只有 3 个提供了专家检索方式，而外文也仅有 6 个数据库提供了该方式。跨库检索对于一个数据库提供商有多个数据库的情况还是非常有意义的，避免了信息用户不断地打开/关闭多个数据库、输入相同检索表达式的操作，节约了信息用户的时间。

表 4-7　学术数据库的检索方式

检索方式	中文数据库频次	外文数据库频次	合计
高级	9	40	49
自然语言	10	38	48
简单	9	37	46
受控语言	5	23	28
跨库	5	9	14
来源文献	2	8	10
专家	3	6	9
分类	1	1	2
作者发文	1	1	2
来源期刊	1	1	2
跨语言	2	0	2
经典	1	0	1
视觉	0	1	1
传统	1	0	1
化学结构	0	1	1
科研基金	1	0	1
句子	1	0	1

总而言之，面对当前追求界面尽可能简洁的潮流（比如 Google 与百度的检索界面仅仅是一个提供检索输入的文本框），学术检索系统的界面应该尽可能简化，一些冗余的检索方式是否有必要放在界面上是值得商榷的。另外就是 EBSCO host 提供的视觉检索，虽然有增加可视化的意图，但是从作者个人的使用体验来看，并不比文本方式更具吸引力，反而存在突出的缺点：响应速度明显变慢，该检索方式要做到能够吸引用户也许还需要时间。尽管如此，该组功能仍提高了学术数据库的选择性与系统性能。

9. 浏览方式/期刊导航

表 4-8 显示出版物/期刊的浏览方式中最主要的还是按照出版物的名称、学科、专辑或者主题类别的方式。表 4-8 也出现了一些有中国特色的浏览方式，比如 CNKI 提供的根据优先出版期刊、世纪期刊、数据库刊源、期刊荣誉榜与不同级别的期刊（比如 SCI，SS-CI 等）等途径进行浏览，这些方式从某种意义上说可以认为是特色，从另外的意义上说，有些概念具有很强的专业性，检索系统的普通用户是否能够很好地理解这些概念不得而知，前面的这些浏览方式如果说还能起到分类作用的话，那么按照刊期、主办单位和发行系统进行浏览的意义从直觉上看可能就更小了。从表 4-8 可见根据出版物名称与类别进行浏览是每个检索系统都需要提供的，其他浏览方式是否提供则需要根据实证分析的结果才能给出进一步的答案。浏览功能对于提高学术数据库的易用性存在积极的意义。

表 4-8　学术数据库的浏览方式

浏览方式	中文数据库频次	外文数据库频次	合计
出版物名称	5	31	36
学科/专辑/主题	4	22	26
出版商	0	7	7
受控词表	0	4	4
地域/出版地	2	1	3
刊期	1	2	3
作者单位	0	2	2
出版时间	0	2	2
图书馆分类	1	1	2
主办单位	1	1	2
作者	0	1	1
出版物类型（图书、期刊等）	0	1	1
优先出版期刊	1	0	1
世纪期刊	1	0	1
数据库刊源	1	0	1
期刊荣誉榜	1	0	1
不同级别浏览 SCI，SSCI	1	0	1
发行系统	1	0	1

10. 检索字段/限制条件

在相关性判据中，几乎所有的文献特征都被作为相关性判断的依据，通过对检索系统检索字段的调研，发现几乎所有的文献特征都成了检索字段或者限制条件，从对各系统所用的检索字段的统计可以看出（表 4-9）。

表 4-9 学术数据库的检索字段/限制条件

检索字段/限制条件	中文数据库频次	外文数据库频次	合计
作者	10	40	50
题名	6	40	46
出版时间	8	38	46
出版物名称	9	31	40
文摘	5	31	36
全文	5	30	35
匹配方式	3	30	33
文献编号	0	26	26
文献类型	2	23	25
ISSN	2	23	25
关键词	9	19	28
每页显示结果数	2	19	21
卷	1	19	20
主题/分类名	2	17	19
页码	1	17	18
机构名称	4	16	20
期、复印期号	3	16	19
排序	1	16	17
引文	3	13	16
语种	1	12	13
人员	0	11	11
任意字段	4	10	14
主题词	0	9	9
出版地	2	7	9
页数/封面报导/附带图像的文章	0	7	7
分类号	5	5	10
出版者	4	5	9
支持基金	3	4	7
从检索结果排除	2	4	6
团体著者	0	4	4
更新时间/最近更新	2	3	5
原文出处	1	3	4
索书号	1	3	4
同行评议期刊	0	3	3
标引词	0	3	3

续表

检索字段/限制条件	中文数据库频次	外文数据库频次	合计
学位专业	2	2	4
特征词	2	2	4
提供图书类别	1	2	3
系列名称	0	2	2
物种、性别、年龄组	0	2	2
会议地点	0	2	2
段落	0	2	2
分类表	1	1	2
叙词	0	1	1
评论	0	1	1
过滤	0	1	1
分主题子库，数据库	0	1	1
作者简介	2	0	2
英文题目	1	0	1
同义词	1	0	1
同名作者	1	0	1
期刊来源类别	1	0	1
期刊级别	1	0	1
栏目信息	1	0	1
词频限制	1	0	1
被引用次数	1	0	1
书籍类型/适用对象	0	0	0

（1）常用检索字段。作者、出版时间、题名、出版物名称、文摘、全文、匹配方式、关键词、文献编号、ISSN 等是中外文学术数据库主要的检索字段。

（2）英文特色。主题词、页数/封面报导/附带图像的文章、叙词、系列名称、物种、性别、年龄组、文献编号、团体著者、同行评议期刊、人员、评论、会议地点、过滤、分主题数据库、段落与标引词等分别在不同的外文数据库中作为检索字段，而在中文数据库中没有出现。

（3）中文特色。中文学术数据库中出现了作者简介、英文题目、同义词、同名作者、期刊来源类别、期刊级别、栏目信息、词频与被引用次数等在外文数据库中没有出现的检索字段。

（4）中英文都没有出现。通过对相关性判据的分析，不同的任务类型对于文献的要求存在显著差别，同时相关性的动态性研究也表明，在任务的不同阶段对文献也存在着不同的要求，从而在前面的研究中，解析出了读者对象判据，但是在中英文数据库中，书籍类型/适用对象都没有出现，从而提示检索系统应该尽可能增加文献处理的深度，将该相关性判据纳入检索系统之中。

除了常用检索字段之外，通过英文特色和中文特色检索字段的分析，可以发现中英文在文献处理深度上存在一定的差别，例如中文特色的一些检索字段，相对而言加工层次比较浅，比如作者简介、英文题目、同义词、同名作者、期刊来源类别、期刊级别、栏目信息、词频与被引用次数等信息都是直接就可以从文献中获取到的，无需更深层次的加工。反观外文数据库的特有检索字段，比如主题词、页数/封面报导/附带图像的文章、叙词、系列名称、物种、性别、年龄组等，都需要更多的认知投入才能够完成。可将信息用户的认知投入加上检索系统的加工处理比作是一个蛋糕，那么数据库服务商的认知投入更多，则意味着信息用户的开销可以减少，从而信息用户可以将节约的时间与认知开销用于其他更有意义的地方。

11. 检索技术

从表 4-10 中可以发现，布尔检索与组配检索是中外文数据库的主要检索技术，还提供了相关检索与引文检索等其他检索技术。随着引文分析方法在信息检索领域应用的不断深入，中外文学术信息检索系统都有必要加强引文检索技术的应用。相对于中文数据库检索系统而言，外文还根据其语言的特点提供了截词检索、词根检索、嵌套检索（优先算符，nesting）、位置算法、禁用词表、大小写敏感与智能文本检索等检索技术，实际上在中文检索系统中，这些技术也在以不同形式使用，例如中文检索系统也提供了通配符的检索等。但是中文的任何一个词在特定的语境之中都有其特定的实际意义，因此禁用词表在中文检索系统中没有显著的价值，其他诸如大小写敏感也极具外文特色，中文不存在大小写区分的问题。总而言之，在检索技术层面，除了外文特有的特点之外，中外文检索系统在检索技术层面没有显著差异。多种检索技术的实现对于提高检索系统的查全率与查准率有直接的帮助。

表 4-10 学术数据库的检索技术

检索技术	中文数据库频次	外文数据库频次	合计
布尔检索	8	39	47
组配检索	8	37	45
相关检索（扩展或者近义词、同名/合著作者、分类表、相关机构检索）	1	3	4
引文检索（或者结果的相关链接）	1	1	2
截词检索	0	26	26
词根检索	0	12	12
嵌套检索	0	11	11
位置算法	0	10	10
禁用词表	0	9	9
大小写敏感	0	2	2
智能文本检索	0	1	1

12. 查询扩展

从表4-11可以发现主要的中外文查询扩展途径是通过相关文献与参考文献两种方式进行，过半数的外文检索系统提供了相关期刊/书目、共引文献/引文、返回检索结果列表、作者其他文献等查询扩展方式。其中作者的其他文献查询扩展方式没有在中文检索系统中出现。如果一个作者其研究兴趣与领域基本稳定的话，那么该查询扩展方式还是非常有价值的。中文的CNKI推出了有特色的相关专家与相关研究机构推荐，也是非常有价值的查询扩展功能，不过从作者的使用效果来看，其算法还有很大的改进余地。另外中外文数据库都零星的提供了相关文献作者/作者文献、相关检索词、检索结果链接的文献网络图示、相关博文、同行关注文献、相关机构文献与分类导航等查询扩展功能，都分别只有一至两个数据库在使用，还不具有普遍性，其效果究竟如何，还需要通过实际应用来检验。另外有4个外文数据库提供了当前期刊中的相似文献查询扩展功能，由于期刊发文的领域通常比较稳定，因此该查询扩展功能与"作者的其他文献"查询扩展的作用类似，也是非常有价值的查询扩展功能。查询扩展功能对于提高检索系统的查全率与差准率有着直接的意义。

表4-11 学术数据库的查询扩展功能

查询扩展	中文数据库频次	外文数据库频次	合计
相似文献	6	21	27
参考文献	5	20	25
相关期刊/书目	1	24	25
（引文检索）共引文献/引文	1	23	24
设有返回检索结果列表	0	14	14
作者其他文献	0	10	10
相关文献作者/作者文献	3	3	6
检索结果链接的文献网络图示	1	2	3
相关博文	1	1	2
同行关注文献	1	1	2
相关机构文献	1	1	2
中图法文献分类导航	1	1	2
相关专家	1	0	1
相关研究机构	1	0	1
当前期刊中的相似文献	0	4	4

13. 相关反馈

学术信息检索系统的相关反馈主要通过二次检索与修订检索提问得以实现，其他还提供了相关检索、检索词的相关词或者相似词等方式。中文的CNKI还提供了词条在工具书中的解释等辅助的手段，POA Periodical Archive Online还提供了合并检索。

从表4-12的数据可知，中外文数据库在相关反馈技术层面没有显著性差异，表4-12

中频次为零的技术对于相关反馈而言都不是核心的技术，比如词条在工具书中的解释仅仅是锦上添花的工具，没有太多实质性的意义，检索词的相似词和相关词的差异也不是十分明显，因此可以合并为一类，合并检索现在大部分检索系统已经不再提供，也已经不是非常核心的相关反馈技术。相关反馈对于提高系统的效能具有积极的作用。

表 4-12   学术数据库的相关反馈功能

相关反馈	中文数据库频次	外文数据库频次	合计
二次检索	8	31	39
检索提问修改。对检索提问进行重新限定，扩大或缩小检索范围	6	25	31
相关检索/主题相关	2	10	12
检索词的相关词	2	6	8
词条在工具书中的解释	1	0	1
检索词的相似词	2	0	2
合并检索	0	1	1

14. 结果排序

随着数据库中文献量的激增，用户已经从先前的信息贫乏过渡到信息超载，对于信息用户来说，经常需要面对动辄成百上千条检索结果记录，那么如何才能从这些线性的检索结果列表中尽快地找到所需要的信息呢？针对该问题，检索系统提供了不同途径的优化排序策略。表 4-13 的数据表明，主要的排序策略为日期和相关度。外文有特色的排序依据有设置阈值（高，中，低）、出版者、MATH 数据库登录号与手稿类型等。而中文有特色的排序/分组的依据有新论文、经典论文等。近年来，中外文数据库都注意到了引用频次和下载频次对于文献内容的间接评价作用，从而在中外文数据库中都增加了针对这两个指标的排序选项。

表 4-13   检索结果的分组排序方式

分组排序	中文数据库频次	外文数据库频次	合计
日期	4	36	40
相关度	2	31	33
文献标题	2	10	12
来源期刊	1	9	10
第一作者	1	7	8
被引频次	1	4	5
能否消除重复记录	0	3	3
下载频次	1	1	2
阈值（高，中，低）	0	1	1

续表

分组排序	中文数据库频次	外文数据库频次	合计
出版者	0	1	1
新论文	1	0	1
经典论文	1	0	1
MATH 数据库登录号	0	1	1
手稿类型	0	1	1

相对于检索字段，检索系统已经非常充分地利用了几乎所有可能的文献内外部特征，而对于检索结果的排序来说，目前可做的工作还比较多，相关性质量判据中的众多判据可以应用到该领域，也将是本研究今后需要进一步挖掘的研究领域。检索结果排序功能与传播指标与文献特征等相关性判据存在直接的关系。

15. 检索结果格式/展示/输出

从表 4-14 可以发现中外文检索系统都提供了丰富的检索结果输出形式与相关的控制，比如都提供了最大输出量、查看全文/阅读、能否在结果中对检索词进行突出显示、固定形式导出引用/参考文献/文本/XML 等到 Note Express 等工具中、用户自行定义每屏显示的记录数、下载/打印方式下载数据、存盘/加入电子书架与提供多种或任意详简格式以显示检索结果，在这些方面中外文数据库的做法相似，几乎没有差异。不过与外文数据库相比，中文没有提供更为便捷的输出服务。例如利用 E-mail 发送检索结果、直接在网上订购文献全文与套录输出等，其中尤其是套录输出功能能够显著的加快用户输出检索结果的速度，遗憾的是到目前为止中文数据库还没有提供该功能。其他的诸如请求原文传递与自定义格式输出的功能中文数据库中只有万方和维普提供了相似功能，而外文数据库分别有 10 个和 7 个提供了该功能，这些功能对于信息用户存取其所检索的文献有着非常重要的作用。能够显著地提高系统的易用性。

表 4-14 检索结果输出方式

结果输出	中文数据库频次	外文数据库频次	合计
每屏显示量	9	36	45
固定形式导出引用参考文献、文本、XML 等以 Note express、Refworks、ProCite、Reference Manager、EndNote、目录管理器格式	5	35	40
最大输出量	7	33	40
查看全文/阅读	7	32	39
用户是否可以自己定义每屏显示的记录数	4	32	36
能否在结果中对检索词进行突出显示	6	30	36
下载/打印方式下载数据	4	27	31
存盘/加入电子书架	2	26	28

续表

结果输出	中文数据库频次	外文数据库频次	合计
利用 E-mail 发送检索结果	0	28	28
是否提供多种或任意详简格式显示检索结果，是否提供多种显示格式（如可提供题录、题录＋文摘、全记录或选择字段等）	2	18	20
请求原文传递	1	10	11
直接在网上订购文献全文	0	11	11
自定义格式输出	1	7	8
套录输出	0	3	3
该条目的评论	0	1	1

总的来说，在检索结果输出方面，两种数据库基本的常用的功能是相似的，但是对于提高用户便捷性以及存取性的相关功能，与外文数据库相比，中文数据库还有许多工作有待完成。

16. 标记方式

对于标记方式，中外文数据库主要设置了逐条选、最大标记量、全选和逐页选等功能，外文数据库有 2 个设置了任意条选等方式。从表 4-15 可以发现，大多数学术数据库都设置了最大标记量，该功能客观上限制了用户对检索结果的标记，但是对于检索系统而言也是不得已而为之，因为其既需要更好地为信息用户服务，也要规避用户的批量下载行为，总的来说，中外文数据库在标记方式方面没有显著差别。

表 4-15 学术数据库的标记方式

标记方式	中文数据库频次	外文数据库频次	合计
逐条选	7	31	38
最大标记量	7	31	38
全选	7	20	27
逐页选	2	11	13
任意条选等多种标记方式	0	2	2

17. 检索结果分析

检索结果的排序提供了检索结果的线性结构，而检索结果分析更多地是以层次结构对检索结果进行展示，两者形成了线性结构与层次结构相结合的检索结果展示体系。另外检索结果分析也提供了检索结果的总体描述信息。从表 4-16 可以发现，中外文数据库主要提供了文献作者、主题聚类、年代/时间聚类、出版物类型聚类、来源出版物、学科类别与作者单位等途径的聚类与分组功能。在检索结果的分析方面，外文数据库（主要是 SCI 和 SSCI）提供了相对丰富的分析功能，比如语种、检索结果文献计量分析、出版者、结果类型（研究论文、新闻等）、国家/地区、分析结果保存、字顺、会议标题与创建引文报告表等。中文的 CNKI 提供的有特色的分组方式有研究层次，不过就作者的使用体验来看，该分组方式还有很大的改进余地。

表 4-16　检索结果分析功能

检索结果分析	中文数据库频次	外文数据库频次	合计
文献作者	1	17	18
主题聚类	4	15	19
年代/时间聚类	6	15	21
出版物类型聚类	1	13	14
来源出版物	1	15	8
学科类别	1	4	5
作者单位	1	4	5
语种	0	4	4
检索结果文献计量分析（SCI）	0	3	3
检索结果论文类型聚类	1	3	4
关键词	1	3	4
出版者	0	3	3
研究资助资金	1	2	3
结果类型（研究论文、新闻等）	0	2	2
国家/地区	0	2	2
分析结果保存（SCI）	0	2	2
字顺	0	1	1
发表年度	1	1	2
会议标题	0	1	1
创建引文报告	0	1	1
研究层次	1	0	1

检索结果的排序、聚类分析对于目前信息超载状况的解决具有非常重要的意义，也是能够缩短用户检索过程的非常重要的领域，需要学术界花更多精力使其更加完善的方面。该功能组对于提高学术数据库的易用性以及提高用户的情感感知将起到非常重要的作用。

18. 超链接

目前，超链接已经成为一种重要的导航方式和揭示相关信息的方式，在检索系统中已经得到了广泛的应用。从表 4-17 中可见，中外文数据库在同一数据库的不同记录、全文数据库与同一平台的不同数据库之间已经建立了多种形式的链接，除此之外，多数外文数据库与因特网资源之间也建立了链接关系，CALIS 中心的 CCC 外文期刊数据库还与馆藏资源建立了链接关系。

表 4-17 学术数据库的超链接

超链接	中文数据库频次	外文数据库频次	合计
同一数据库的不同记录	9	41	50
全文数据库	5	33	38
同一平台的不同数据库	5	25	30
因特网资源	0	23	23
馆藏 OPAC	0	1	1

检索结果的排序提供了检索结果的线性排列，检索结果分析提供了检索结果的层次结构序列，检索结果之间的超链接则提供了检索结果的网状结构呈现形式。三者的交互使用提供了检索系统三种不同结构的检索结果呈现方式，对于信息用户从不同的视角获得所需要的信息有着非常重要的意义。这三种不同的检索结果呈现方式具体途径的选择可以从相关性的质量判据与文献特征判据等充分汲取营养，从而提出更有价值的排序、聚类和超链接的思路。该组功能与相关性判据中的查全率和查准率的提高有着直接的关系。

19. 整合检索

整合检索就是检索提问向多个数据库提交一次，从多个数据库中获得检索结果的检索方式，中文数据库目前仅仅实现了在同一公司的不同数据库间的整合检索，而外文数据库实现了同一公司的不同数据库、不同公司的不同数据库与外部数据库间的整合检索（表 4-18）。该检索方式对于提高信息用户的检索效率，避免频繁的重复劳动具有直接的意义，就国内的数据库目前的表现，其开放程度还远远不够，整个数据库产业还处于各自为政的状态，同行之间的协作与共享的实现还有待努力。整合检索功能对于提高检索系统的易用性、查全率与查准率具有直接的影响。

表 4-18 整合检索

整合检索	中文数据库频次	外文数据库频次	合计
同一公司的不同数据库	5	9	14
不同公司的不同数据库	0	5	5
外部数据库	0	5	5

4.3 模型建构

自此，对相关性判据的分析和国内外常用学术数据库的调研已经完成。基于此，本书下面所要做的工作就是根据图 4-1 的框架完成本研究模型的构建。

4.3.1 VAM 与 TEDS 模型

针对模型构建，首先需要回答两个问题。

（1）检索系统中的哪些元素会影响相关性判据的使用。

（2）相关性判据对于检索系统成功的意义和价值。

关于第一个问题，Wang（2010）通过代元法对民族志的研究开展了相关的工作，Wang 的工作实现了文献的特征对于相关性判据使用的影响，因而部分回答了第一个问题。Taylor（1986）针对两个问题给出了比较全面的思路，在其提出的价值增值模型（value-added model，VAM）中，Taylor 从用户的相关性判据的选择（user criteria of choice）、界面（interface（values added））与系统［system（value-added processes）］三个方面阐述了价值增值过程。Taylor 通过 VAM 模型将用户的相关性判据、界面与系统元素有机的联系在一起，从而解决了困扰作者很久的一个问题。VAM 模型的内容见表 4-19。

表 4-19 Taylor 的价值增值模型

用户相关性判据的选择	界面	系统
易用性	浏览	排序
	结果格式化	突出显示重要的术语
	帮助	
	导航	
	排序	
	物理可存取性	
效能认知	项识别	标引
	主题描述	词表控制
	主题摘要	过滤
	链接	
	查全率	
	选择性	
信息质量	准确性	质量控制
	全面性	编辑
	实时性	更新
	可靠性	数据的分析与比较
	有效性	
自适应性	接近问题	数据操纵功能的提供
	灵活性	输出结果的相关性排序
	简单性	
	激励	
时间节约	响应速度	减少处理时间
经费节约	经费节约	降低连接价格

Taylor 的 VAM 成型于 1986 年，当时因特网、手机等目前主流的交流工具或平台都还没有流行，VAM 的后继研究者 Eisenberg 等认为该模型具有普适性，认为 VAM 依然适用于

当前的技术环境。不过，Eisenberg 等在 VAM 的基础上，根据目前的技术特征对其进行了修订与完善。修订工作主要由 Eisenberg、Dirks 与 Scholl 完成，再加上 Taylor，因此修订后的模型称为 TEDS 模型（表4-20）。

表 4-20　TEDS 模型

判据	价值增值	修订的程度	系统过程示例
易用性	浏览/检索	没有变化	浏览
	格式化/展示	修订	格式化
	帮助	修订/精化	交流（比如聊天）
	导航	修订/精化	地图
	排序/一致性	修订/精化	字顺
	访问	修订/精化	识别
	简单性	新增	突出显示
效能认知	项识别	精化	标记
	主题描述/分类/控制词表	修订/精化	目录
	主题摘要/文摘	修订/精化	文摘
	链接/参考	修订/精化	超链
效能认知	查准率	修订/精化	过滤
	选择性	修订/精化	选择
	排序	新增	分类
	新颖性	新增	排序
质量认知	准确性	修订/精化	评价
	全面性	修订/精化	搜集/爬虫
	实时性	修订/精化	更新
	可靠性	修订/精化	分析
	有效性	修订/精化	识别
	权威性	新增	链接
自适应性	语境化/接近问题	修订/精化	选择
	灵活性	修订/精化	替代品
	简单性	修订/精化	缩小
	事务	新增	计算
	信任	新增	认证
	反馈	新增	条件决策
	社区	新增	链接
	个性化	新增	用户特征
	本地化	新增	选择
	隐私	新增	请求同意

判据	价值增值	修订的程度	系统过程示例
性能认知	经费节约	修订/精化	资源共享
	时间节约	修订/精化	资源分配
	安全	新增	加密
	保护	新增	密码保护
愉悦认知	美感	新增	视觉享受
	娱乐体验	新增	叙述
	投入体验	新增	交互
	激励	修订/精化	推送服务
	满意/奖励/激励	新增	反应

本研究根据 Eisenberg 等改进后的 TEDS 模型构建研究模型，其中系统过程来源于检索系统的元素，已经在 4.2 节完成，判据与价值增值过程已经在第 3 章完成。

4.3.2　信息系统成功模型

下面讨论前面提出的第二个问题，即相关性判据对于检索系统的成功、采纳和接受的价值和意义。该问题如果能够成功解决则检索系统的元素、相关性判据与检索系统成功或者采纳与接受就形成了完整的链条，下面讨论该问题。

在信息系统的采纳与接受中，现在有众多的模型可以选择，比如理性行为理论（TRA）、计划行为理论（PBT）、社会认知理论（SCT）、技术接受模型（TAM）、技术接受模型 2（TAM2）、技术接受模型（TAM3）、整合性技术接受模型（UTAUT）、任务技术适配模型（TTF）与信息系统成功模型（ISSM）等。

这些模型中，影响较大的是 Davis（1989）等提出的 TAM 模型和其衍生的几个模型，通过 SCI 的检索，围绕该模型的研究已经有几万篇文献。不过，由于在 TAM 中，易用认知与有用认知是两个基本的构念，而在 TEDS 模型中，易用认知是与效能与性能等同一层次的构念，因而如果依据 TAM 模型构建研究模型则存在着难以阐释清楚的问题。

本研究需要探寻信息检索系统成功的主要因素，通过 4.1 节中简单的比较与分析，发现 ISSM 作为模型的基础更合适，ISSM 中信息质量、系统质量与服务质量恰好可以与 TEDS 模型中的相关构念形成因果关系。下面简单介绍 ISSM 模型。

DeLone & McLean（1992）在总结了 180 篇以信息系统效益为应变量的文献基础上，提出了信息系统成功模型（图 4-2）。该模型包括 6 个构念，分别为系统质量、信息质量、信息使用、使用满意度、对个人影响与对组织的影响。其中系统质量，是指对信息处理系统本身的评估，是技术上的成功，包含系统的可靠性、弹性、易用性等；信息质量，是对信息系统产出的衡量，包含信息正确性、可靠性、完整性、相关性等；系统使用，是指使用者对信息系统产出的消耗使用；使用者满意度，是指对于使用信息系统产出的反应；个人影响，是指信息系统对使用者行为产生的影响；组织影响，是指信息系统对组织绩效产生的影响。该模型的基本观点包括：①系统质量与信息质量将影响信息系统的使用与使用者满意度；②使用与使用者满意度会对个人绩效产生影响；③个人绩效进而会对组织绩效产生影响。

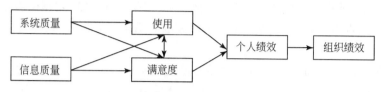

图 4-2 信息系统成功模型（1992）

6 个构念一方面代表了信息系统成功的过程，即成功首先源自于信息系统的产生，该系统具有两种特征，即系统质量与信息质量，使用者对该系统有使用经验后，对系统本身或其产出的信息可能感到满意或不满意，而使用者对系统本身或其信息产出的使用，会对个人在工作上的行为产生冲击或影响，这些个体的影响形成合力，就会对整个组织产生影响。另一方面，6 个构念又具有因果关系而互相关联。比如，好的系统质量或信息质量将产生较高的满意度与使用，因而提高组织的生产力。1992 年以来，已累计超过 300 篇期刊论文引用该模型，因此该模型已经成为重要的信息系统成功模型。

围绕 ISSM 展开研究的学者发现，虽然系统质量和信息质量会影响满意度和使用，不过针对系统的客户而言，Seddon（1997）和 Pitt（1995）等研究发现服务质量也会影响其对信息系统的满意度。2003 年，Delone 和 McLean 对 DeLone 和 McLean（1992）之后 10 年间的 285 篇基于 ISSM 的论文进行了整合分析，修订了原先的模型（图 4-3）。新模型除了原有的系统质量和信息质量构念之外，吸收了 Pitt 等学者的观点，增加了服务质量构念作为影响使用与满意度的构念。此外，新模型将原先"使用"修订为"使用意图/使用"，并将个人绩效与组织绩效合并为"净效益"构念，用以衡量组织的信息系统是否取得成功。

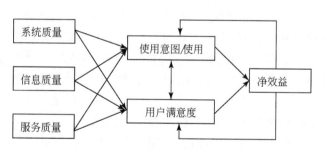

图 4-3 信息系统成功模型（2003）

4.3.3 面向相关性判据的学术信息检索系统成功模型

综合 VAM、TEDS 和 ISSM，本研究模型构建的基本思考包括通过对 VAM、TEDS 模型的考察，发现 Taylor 的 VAM 与改进的 TEDS 模型考虑了信息系统中的用户、界面与系统等三个层面的内容。用户通过正式的信息系统检索信息以满足其信息需求。界面是系统与用户的中介。根据 Taylor 的观点，系统是一系列内在的增值过程并产生可变的输出。用户通过信息质量、愉悦感知、性能感知、易用性、效能感知与自适应性等相关性判据展开多层面的相关性判断。用户的相关性判据需要通过增值过程与系统进行交互，系统通过具体的系统过程产生用户所期望的输出。本研究的模型从 TEDS 与 VAM 模型中吸收了相关性判据与系统过程之间的联系，然后基于本研究第 3 章和第 4 章 4.2 节的成果扩展并具体化了TEDS 模型。

本研究的模型从 ISSM 吸收了信息质量、系统质量、服务质量、满意度与使用意图等构念。由于系统质量与信息质量在第 3 章的相关性判据中原本就存在，同时信息质量构念在 TEDS 模型中也存在，所以二者的融合过程很平滑。由于 TEDS 模型中的愉悦感知、性能感知、易用性、效能感知属于系统范畴，因此将这些变量作为影响系统质量的构念。另外自适应性、激励机制、帮助与个性化服务属于服务的范畴，因此将其作为 ISSM 中服务质量的影响因素。根据 ISSM，信息质量、系统质量、服务质量将分别影响用户的满意度与使用意图。学术数据库的引入对于科研机构提高绩效的帮助应该是显然的，具体可以体现在教学水平的提高与科研水平的提高等方面，但是这些绩效往往难以直接计算，而且具有很强的滞后性，其具体的评价也是目前学术界研究的热点，关于这一点，本研究不准备讨论。据此构建的模型见图 4-4。

整个模型中，以相关性判据为核心，探讨界面与系统特征对相关性判据的影响，相关性判据借助于 ISSM 的中介，研究其对于系统使用意图的影响。

4.3.4 研究假设

根据 4.3.3 节的思考，本研究形成如下研究假设。

1）愉悦感知的相关假设

在 TEDS 模型中，涉及愉悦感知的有美感、娱乐体验、投入体验、激励与满意/奖励，前面三者直接影响愉悦感知是自明的。对于激励而言，本研究认为其放在服务层面更合适，比如示例中的推送服务如果做的好是会给用户带来愉悦的体验，但是如果按照该逻辑，则所有的系统功能如果做的好都会给用户带来愉悦的体验，因此就会有愉悦感知扩大化的倾向。所以，本研究将其作为一种服务，作为影响服务质量的构念。满意构念是一个多因的构念，作为影响愉悦的构念着实有些委屈。而在 ISSM 中，用户满意是一个和使用与使用意图同等地位的构念，所以将该构念调整到 ISSM，则更具有其合理性。据此，有关愉悦感知的假设有 3 个。

H1：美感对愉悦感知有正向的影响。

H2：娱乐体验对愉悦感知有正向的影响。

H3：投入体验对愉悦感知有正向的影响。

2）性能认知的相关假设

在 TEDS 模型中，涉及性能的构念有经费节约、省时、安全与保护 4 个。性能层面涉

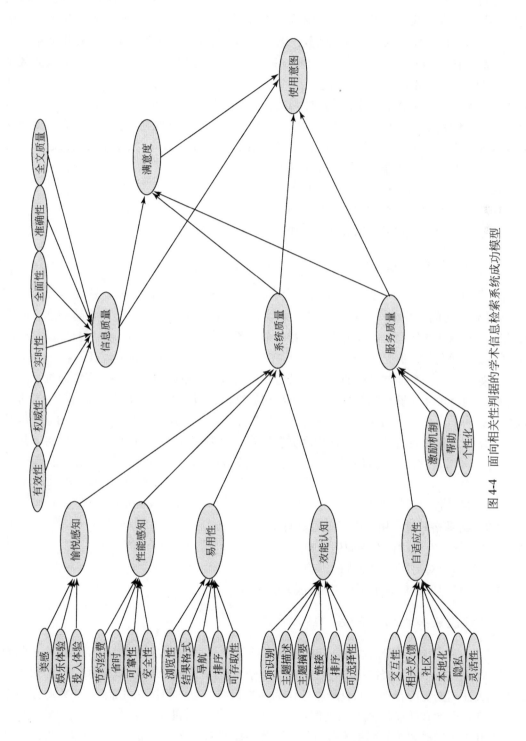

图 4-4 面向相关性判据的学术信息检索系统成功模型

及安全性的有两个，一个是保护（safety），另一个是安全（security），二者的差别在于前者是通过简单密码的方式实现安全性，而后者是通过加密等更为复杂的技术实现安全性，二者的目的相同，只是技术实现稍有不同，区分非常细微，如果二者分别作为独立的变量，对于普通的实验对象而言难以区分，因此，本研究将二者作为一个变量展开研究。

可靠性在 TEDS 中是信息质量的度量，同时又存在权威性这一度量，二者之间的区分过于细微，因此，本研究中，在信息质量中只保留了权威性，而去除了可靠性。相反，在系统质量的相关性判据中，没有可靠性判据，但是众多的研究显示，系统的可靠性是非常重要的相关性判据，因此本研究中，在性能认知中增加了可靠性判据。据此，有关性能认知的假设有 4 个。

H4：节约经费对性能认知有正向的影响。

H5：节约时间对性能感知有正向的影响。

H6：安全性对性能感知有正向的影响。

H7：可靠性对性能感知有正向的影响。

3）易用性的相关假设

在 TEDS 模型中，涉及易用性的构念有浏览/检索、格式化/展示、帮助、导航、排序/一致性、访问与简单性。其中简单性类似于前面的满意，也是一个多因的构念，因此作为影响易用性的构念也可以成立，毕竟一个系统如果比较简单，则会给用户形成易用的认识是没有问题的，但是再分析一下与其并列的其他几个构念，则发现其不在一个层面上，比如浏览是一个非常具体的构念，其他几个类似，简单则抽象得多，需要通过系统的多个特征的简单才能够得到系统比较简单易用的结论，因此本研究将其与易用作为等价的构念。另一个构念是帮助，一个好的帮助可以给用户形成易用的认识，这也能成立，但是根据学术信息检索系统的实际，该构念更多地被认为是一种服务，因此本研究中将其从易用性的影响因素移除，而将其作为影响服务质量的构念。据此，有关易用性的假设有5 个。

H8：浏览性对易用性有正向的影响。

H9：结果格式对易用性有正向的影响。

H10：导航对易用性有正向的影响。

H11：排序对易用性有正向的影响。

H12：可存取性对易用性有正向的影响。

4）效能认知的相关假设

在 TEDS 模型中，涉及效能认知的构念有项识别、主题描述/分类/控制词表、主题摘要/文摘、链接/参考、查准率、可选择性、排序与新颖性。本研究认为新颖性作为信息质量的相关性判据更为合理，而且新颖性作为衡量系统质量的情况在先前的 ISSM 研究中也没有发现，因此在效能认知的相关假设中去除新颖性，查准率与查全率是一个多因的构念，将其与主题摘要等并列是不合适的，因此将查准率从效能认知中移除。据此形成 6 个研究假设。

H13：项识别对效能认知有正向的影响。

H14：主题描述对效能认知有正向的影响。

H15：主题摘要对效能认知有正向的影响。

H16：链接对效能认知有正向的影响。

H17：可选择性对效能认知有正向的影响。

H18：排序对效能认知有正向的影响。

5）质量认知的相关假设

质量认知是对信息系统输出信息的评估。在 TEDS 模型中，涉及质量认知的构念有准确性、全面性、实时性、可靠性、有效性与权威性。考虑到可靠性与权威性的重合部分过多，因此本研究保留了权威性，而将可靠性纳入衡量系统质量的相关性判据。通过第 3 章对相关性判据的分析，以及系统元素的调研，发现全文的质量对于信息质量的认知也具有很大影响。效能认知中的新颖性虽然是质量认知的一个重要的因素，但是该构念要受到具体语境的影响，其着眼点是单篇文献对于用户而言是否具有新颖性，而本研究的问卷并不针对某些具体的检索，因此该相关性判据只能忍痛割爱。据此本研究中与信息质量相关的假设有 6 个。

H19：全文质量对信息质量认知有正向的影响。

H20：准确性对信息质量认知有正向的影响。

H21：全面性对信息质量认知有正向的影响。

H22：有效性对信息质量认知有正向的影响。

H23：实时性对信息质量认知有正向的影响。

H24：权威性对信息质量认知有正向的影响。

6）自适应性的相关假设

在 TEDS 模型中，涉及自适应性的构念有语境化/接近问题、灵活性、简单性、事务、信任、反馈、社区、个性化、本地化与隐私。其中构念语境化/接近问题有些抽象，Taylor 对其的定义是"语境化的增值通常是借助于人为干预的系统活动以满足用户在特定问题以及特定语境下的特定需求。这就意味着用户的认知类型、偏见、风格、修养与特定语境下的限制与策略等方面的知识都得以综合地使用"。根据该定义，本研究将其操作化为交互性，也就是说，用户是通过交互活动实现其语境化与问题的接近。简单性的阐释与易用性一节相同，不再重复。信任在商务型系统中比较重要，而对于学术型检索系统，该构念的影响甚微，同时该构念也是多因的构念，比如通过系统的安全性、可靠性、信息质量等综合考虑之后，才能够得出用户是否信任某系统的结论，因此本研究中不考虑该构念。个性化在学术信息检索系统中是一个有突出地位的构念，本研究中将其作为一种独立的服务，使其成为影响服务质量的构念。据此，有关自适应性的相关假设有 6 个。

H25：交互性对自适应性有正向的影响。

H26：灵活性对自适应性有正向的影响。

H27：社区对自适应性有正向的影响。

H28：本地化对自适应性有正向的影响。

H29：隐私对自适应性有正向的影响。

H30：相关反馈对自适应性有正向的影响。

7）系统质量的相关假设

系统质量是对信息系统处理能力的评估，用于评价系统在技术上的合理性。Seddon（1997）的研究认为，"系统质量主要关注系统是否有错误、用户界面的一致性、易用性、文档的质量、代码的质量与可维护性等"。Delone & Mclean（2003）指出系统质量可以通过自适应性、可获得性、可靠性、响应时间与可用性等判据加以衡量。Sedera & Gable（2004）提出了一个更为全面的系统质量的量表，包括九个特征：易用性、易学习型、用户需求、系统特征、系统准确性、灵活性、先进性、集成性与可定制性。Petter（2008）认为系统质量是信息系统最重要的特征，可以通过易用性、灵活性、可靠性、易学性，系统特征的直觉性、先进性与响应时间等进行评估。本研究拟采用易用性、性能感知、愉悦感知与效能感知作为系统质量的影响因素。与 DeLone 提出的评估判据相比，本研究提出的易用性与可用性相同，自适应性完全相同，而 DeLone 提出的可获得性作为本研究的易用性的影响因素，响应时间和可靠性出现在了性能感知构念的影响因素中。本研究根据学术型检索系统的实际情况，增加了效能感知，而愉悦感知的相关特征对于所有系统而言是具有共性的。综上所述，本研究提出的构念涵盖了前面 4 位研究者提出的衡量构念。据此，有关系统质量的相关假设有 4 个。

H31：易用性对系统质量有正向的影响。

H32：性能感知对系统质量有正向的影响。

H33：愉悦感知对系统质量有正向的影响。

H34：效能感知对系统质量有正向的影响。

8）服务质量的相关假设

服务质量是对信息系统服务结果的评估。Petter（2008）认为服务质量表征的是系统支持的质量，主要的评价判据有响应性、准确性、可靠性、技术能力与服务人员的亲和力。改编自市场领域的 SERVQUAL 是一个流行的用于评价系统质量的量表（Pitt, Watson and Kavan, 1995）。DeLone & McLean（2003）指出服务质量的评价指标包括保证性、亲和力与响应性。Petter（2008）总结了电子商务网站常见的用于评价服务质量的指标，包括在线常见问题、新品上架、储值卡、忠实卖家通道、在线交谈/电子邮件、产品缩放与物流轨迹等。本研究根据学术数据库的特点，总结出了有别于电子商务的服务质量评价指标，包括自适应性、激励机制、帮助和个性化服务等。据此，有关服务质量的相关假设有 4 个。

H35：自适应性对服务质量有正向的影响。

H36：激励机制对服务质量有正向的影响。

H37：帮助对服务质量有正向的影响。

H38：个性化服务对服务质量有正向的影响。

9) 用户满意度的相关假设

根据 ISSM，信息质量、系统质量与服务质量对用户满意度存在正向的影响，除此之外，使用意图与满意度之间也存在相互的影响。在本研究中，将使用意图作为最终衡量系统使用的间接影响指标，因此将其对满意度的影响去除。据此，根据 ISSM，有关用户满意度的相关假设有 3 个。

H39：信息质量对满意度有正向的影响。

H40：系统质量对满意度有正向的影响。

H41：服务质量对满意度有正向的影响。

10) 使用意图的相关假设

根据 ISSM，信息质量、系统质量与服务质量对使用意图存在正向的影响，除此之外，使用意图与满意度之间也存在相互的影响。因此，根据 ISSM，有关使用意图的相关假设有 4 个。

H42：用户满意度对使用意图有正向的影响。

H43：信息质量对使用意图有正向的影响。

H44：系统质量对使用意图有正向的影响。

H45：服务质量对使用意图有正向的影响。

4.4 问 卷 设 计

本研究问卷主要采用第 3 章与第 4 章 4.2 节的研究成果，结合 ISSM 和 TEDS 模型中的构念，依据相关研究比较成熟的量表演化而成。

本研究问卷共分为三部分，第一部分主要评价源自 4.2 节的调研成果，并参考 TEDS 模型中的系统特征，包含浏览性、排序等特征，该部分不牵涉具体的检索系统，属于用户对学术信息检索系统各种元素的整体性评价，重点在于了解调查对象对学术信息检索系统常见功能的态度与使用情况。第二部分为结合具体学术信息检索系统回答的相关问题，具体包括第 3 章的相关性判据、TEDS 模型中的相关性判据与界面判据等内容，重点在于了解调查对象的信念、态度和意向等内容。第三部分是调查对象的个人基本信息，重点了解调查对象的职业、性别、年龄、受教育程度、职称、所从事的学科、互联网使用年限、平时获取学术信息资料的主要途径与学术数据库的使用年限等信息。除了第三部分之外，其余题项均采用李克特五等分表法（Likert Scale），从认同度最低到认同度最高，分别给予 1～5 分作为数据分析标准。

4.4.1 问卷第一部分

第一部分由于主要探讨学术信息检索系统的各种功能，因此，所有题项的导语统一为"我倾向于……"。第一部分的参考来源为 TEDS 模型以及本研究中整理的学术数据库的调查（表 4-21）。

表 4-21　调查问卷第一部分

构念	组成题项	变量名
检索系统的 浏览功能	按照出版物名称/字顺进行浏览	Bro0001
	按照出版物学科分类/专辑进行浏览	Bro0002
	按照主题词表进行浏览，比如 MEDLINE 数据库的 MESH 词表，《汉语主题词表》等	Bro0003
	按照出版商进行浏览	Bro0004
	按照出版地进行浏览	Bro0005
	按照出版物的发行系统进行浏览	Bro0006
	按照出版物的刊期进行浏览	Bro0007
	按照出版物的不同级别进行浏览（比如 SCI，SSCI，CSSCI，核心期刊，精品期刊，中国高校精品科技期刊等）	Bro0008
检索结果的 显示	检索系统提供的全文为专用格式（如 CAJ，VIP）	dis0001
	检索系统提供的全文为通用格式（如 PDF，HTML 等）	dis0002
	每屏显示的检索结果数量固定（比如每屏显示 10、20 条记录等）	dis0003
	每屏显示的检索结果数量尽可能多（比如每屏显示 80、100、200 条记录等）	dis0004
	用户可以自己定义每屏显示的记录数	dis0005
	在检索结果中对检索词进行突出显示	dis0006
	检索结果的记录显示内容为题录 + 文摘信息	dis0007
	检索结果记录格式提供了详细/简单等选项	dis0008
检索结果的 导航功能	使用网站地图进行导航	map0001
	使用前进/后退功能进行导航	map0002
检索结果的 排序功能	检索结果按照出版日期排序	ord0001
	检索结果按照作者在学术界的影响力排序	ord0002
	检索结果按照相关度排序	ord0003
	检索结果按照被引频次排序	ord0004
	检索结果按照下载频次排序	ord0005
	检索结果按照期刊影响因子排序	ord0006
	检索结果按照作者字顺排序	ord0007
	检索结果按照文献所用语言排序	ord0008
	检索结果按照出版国排序	ord0009
	检索结果按照文献标题排序	ord0010
	检索结果按照来源期刊字顺进行排序	ord0011

构念	组成题项	变量名
检索结果的标识功能	使用全选功能选择检索结果	tag0001
	使用逐页选择标记检索结果	tag0002
	使用逐条选择功能标记检索结果	tag0003
	检索系统没有检索结果标记条数的限制	tag0004
检索结果的分类/分组功能	按照主题对检索结果进行分类（比如 Elsevier，CNKI）	gro0001
	按照出版物类型对检索结果进行分类（比如按照图书、期刊等分类，比如 Elsevier）	gro0002
	按照年代对检索结果进行分类（比如 Elsevier）	gro0003
	使用检索结果的文献计量分析以及结果保存功能（比如 SCI，SSCI 等）	gro0004
	按照出版物的学科对检索结果进行分类（比如 Elsevier）	gro0005
	按照出版物的名称对检索结果进行分类（比如 Elsevier）	gro0006
	按照研究资助基金对检索结果进行分类（比如 CNKI）	gro0007
	使用按照研究层次对检索结果进行分类（比如分为基础研究、应用研究、行业指导等，CNKI）	gro0008
	按照文献作者对检索结果进行分类（比如 CNKI）	gro0009
	按照作者单位对检索结果进行分类（比如 CNKI）	gro0010
	按照作者所用关键词对检索结果进行分类（比如 CNKI）	gro0001
检索结果摘要	如果检索系统能够提供检索结果的摘要服务，则我会优先考虑使用该功能	abs0001
查询扩展功能	使用检索结果的参考文献浏览功能查找文献	Com0001
	使用检索结果链接的文献网络图了解文献间的关系	Com0002
	使用检索结果的共引文献分析功能检索文献	Com0003
	使用检索结果的相似文献推荐功能检索文献	Com0004
	使用检索结果的相关博文推荐功能检索相关博文	Com0005
	使用检索结果的同行关注文献推荐功能检索文献	Com0006
	使用检索结果的相关研究机构推荐功能检索文献	Com0007
	使用检索结果的相关文献作者推荐功能检索文献	Com0008
	使用检索结果的分类法导航功能检索文献	Com0009
	使用检索结果的相关期刊推荐功能检索文献	Com0010
	使用检索结果的相关检索词推荐功能检索文献	Com0011
检索方式选择	使用简单/快速检索方式	sea0001
	使用高级检索/标准检索方式	sea0002
	使用自然语言检索方式	sea0003
	使用跨语言检索方式	sea0004
	使用跨库检索方式	sea0005
	使用专家/专业检索方式	sea0006

构念	组成题项	变量名
检索方式选择	使用基于叙词/主题词表的检索方式（比如医学的 MESH 词）	sea0007
	使用来源期刊检索方式	sea0008
	使用分类检索方式	sea0009
	使用作者发文检索方式	sea0010
	使用科研基金检索方式	sea0011
	使用句子检索方式，即以句子为单位进行检索	sea0012
	使用经典检索方式，即万方的提供标题、作者、关键词与摘要检索途径的检索方式	sea0013
	使用视觉检索方式，即 ebsco 提供的以树形方式展开的检索方式	sea0014
	使用传统检索方式，即维普公司提供的早先版本的检索界面	sea0015
检索字段与限定条件选择	使用作者检索字段	lim0001
	使用题名检索字段	lim0002
	使用出版物名称检索字段	lim0003
	使用文摘检索字段	lim0004
	使用关键词检索字段	lim0005
	使用全文检索字段	lim0006
	使用参考文献检索字段	lim0007
	使用机构名称检索字段	lim0008
	使用出版者检索字段	lim0009
	使用 ISSN/CN/NAICS 检索字段	lim0010
	使用主题检索字段	lim0011
	使用任意字段检索字段	lim0012
	使用分类号检索字段	lim0013
	使用基金资助检索字段	lim0014
	使用作者简介检索字段	lim0015
	使用卷检索字段	lim0016
	使用期检索字段	lim0017
	使用页码检索字段	lim0018
	使用出版地检索字段	lim0019
	使用索取号检索字段	lim0020
	使用特征词检索字段	lim0021
	使用同名作者检索字段	lim0022
	使用段落检索字段	lim0023
	使用英文题名检索字段	lim0024

续表

构念	组成题项	变量名
检索字段与限定条件选择	使用栏目信息检索字段	lim0025
	使用学科分类对检索结果进行限定	lim0026
	使用语种对检索结果进行限定	lim0027
	使用词频对检索结果进行限定	lim0028
	使用期刊类别检索字段	lim0029
	使用被引用次数对检索结果进行限定	lim0030
	使用出版时间对检索结果进行限定	lim0031
	使用文献类型对检索结果进行限定	lim0032
	使用匹配方式对检索结果进行限定，即模糊匹配或者精确匹配	lim0033
检索技术选择	使用布尔检索功能，即提供了与 and、或 or 与非 not 运算	tec0001
	使用组配检索功能，即提供了主题词与副主题词检索的系统（如 medline）	tec0002
	使用截词检索功能，即使用检索式 comput? 可以检索出 computer, computers, computing 等	tec0003
	使用禁用词表功能，即将 the, of 等没有实质意义的词排除	tec0004
	使用智能文本检索功能	tec0005
	使用引文检索功能	tec0006
相关反馈	使用二次检索（对检索提问进行重新限定，扩大或缩小检索范围）功能	fee0001
	使用扩展检索词的同义词、相似词、相关词功能	fee0002
	使用检索系统提供的词条在工具书中的解释功能	fee0003
结果输出功能	以文本、XML 等格式导出检索结果	exp0001
	使用在线全文阅读/查看服务	exp0002
	以打印方式下载检索结果数据	exp0003
	使用检索结果的 E-mail 服务	exp0004
	检索系统没有设置文献最大输出量	exp0005
	使用检索结果的批量导出功能（比如一次可以导出 500 条检索结果的题录信息）（比如 SCI）	exp0006
	以题录＋文摘信息的方式导出检索结果	exp0007
	以全记录的方式导出检索结果	exp0008
	使用检索结果的导出字段可以由用户自行设置	exp0009
	使用在线订购全文服务	exp0010
交互性	检索系统能够提供创建检索表达式列表的功能	inter0001
	检索系统能够提供修改检索表达式列表的功能	inter0002
	检索系统能够提供动态显示标记项目数量的功能	inter0003
社群服务	如果检索系统能够提供社区服务，则我会优先考虑使用该功能	community

构念	组成题项	变量名
	使用我的数据库/图书馆/My Research 等个性化服务	per0001
	使用将检索结果保存到我的电子书架/收藏到文件夹等功能	per0002
	使用将检索结果导出到 ProCite、Reference Manager、EndNote 等文献信息管理系统的服务	per0003
	使用用户界面定制服务	per0004
	使用存储检索式、检索结果存储、检索历史查看与删除检索历史等个性化服务	per0005
	使用创建个人账户、我的主页等个性化服务	per0006
个性化服务	使用邮件定题服务、分类定制、访问过的期刊/期刊定制、Recent Research 与关键词定制等个性化服务	per0007
	使用推送服务	per0008
	使用论文引用提醒服务	per0009
	使用论文内容更正信息提醒服务	per0010
	使用将检索结果 E-mail 给朋友的服务	per0011
	使用新一期期刊出版提醒服务	per0012
	使用 RSS 种子服务功能	per0013
	使用在线咨询服务	help0001
帮助服务	通过数据库出版商提供的联系方式获得帮助	help0002
	使用文本格式的系统帮助	help0003
	使用文本与视频方式相结合方式的系统帮助	help0004
	通过系统提供的引用该文献的格式去引用文献	ale0001
激励机制	浏览系统提供的作者信息	ale0002
	使用检索系统提供的文献出版历史信息服务	ale0003
	使用文献被引信息服务	ale0004
	通过检索系统的某数据库自身的链接关系检索文献（比如在 CNKI 的学术期刊内部的链接）	lin0001
	通过检索系统内部的多个数据库间的链接关系检索文献（比如在 CNKI 的学术期刊与会议论文数据库间的链接）	lin0002
链接功能	通过检索系统间的链接关系检索文献（比如 EBSCO 与 Elsevier 间的链接）	lin0003
	通过检索系统与因特网资源间的链接关系检索文献	lin0004
	通过检索系统与馆藏资源间的链接关系检索文献	lin0005

4.4.2　问卷第二部分

第二部分调查研究对象对学术信息检索系统的信念、态度和意向，探讨用户的相关性判据对于系统使用的影响（表4-22）。

表 4-22 调查问卷第二部分

构念	组成题项	来源	变量
存取方式	该数据库提供了包括包库模式、镜像模式、机构卡模式、流量计费模式、阅读卡模式等多种服务方式保证了我的使用	TEDS；Bailey（1983）本研究整理；	acc0001
	该数据库提供了多个镜像站点保证了我访问的有效性		acc0002
	该数据库提供了镜像站点与总库可以同时访问的方式保证了我的随时访问		acc0003
	该数据库提供了会员卡/充值卡、移动手机充值、神州行卡、银行卡、财付通、支付宝等多种费用支付方式可以保证我的个人账户不会欠费，从而保证了系统的可访问性		acc0004
	该数据库提供了在单位外面通过 BRAS/VPN 等方式接入，保证了系统的可访问性		acc0005
标引质量	该数据库文献的主题词以及分类号与文献内容完全吻合	TEDS 本研究整理	index
链接感知	该数据库的链接标识清晰、易于理解	TEDS，Xie（2008）本研究整理	lin0006
	该数据库的所有链接都是有效的，没有虚假链接、空链接与死链接的情况		lin0007
准确性	该数据库提供的信息能够完全忠实于原作（原文）	Wixom and Todd（2005）本研究整理	accur0001
	该数据库提供的全文能够保持纸质出版物的原貌		accur0002
	该数据库的题录数据与原始文献完全一致		accur0003
完整性	该数据库文献的年卷期具有很好的连续性，能够满足我的信息需求	Wixom and Todd（2005）本研究整理	int0001
	该数据库期刊的变更比例很小，不影响我的使用		int0002
	该数据库文献的收录时间跨度足以满足我教学科研的需要		int0003
	该数据库的资料内容（例如：主题、书名、作者、资料出处、摘要与全文等）完整、没有缺漏		int0004
	该数据库收录的期刊品种丰富、覆盖多学科主题		int0005
	该数据库的注销出版物（前面收录，后来不再收录的期刊）比例小，不会影响我的使用		int0006
	该数据库的文献类型丰富（比如期刊、图书等），能够满足我的需求		int0007
实时性	该数据库的更新周期快	Wixom and Todd（2005）本研究整理	curr0001
	该数据库与纸质出版物的出版时差很小		curr0002
	该数据库提供了在线评议论文（即论文还没有正式出版）		curr0003
全文输出	该数据库提供全文的清晰度不亚于纸质出版物	McKinney（2002）本研究整理	full0001
	该数据库提供全文图片、表格等显示正常清晰		full0002
权威性	该数据库的同行评议论文比例很高，具有很高的学术性		aut0001
	该数据库的文献大多由专业协会、学会提供，学术价值高		aut0002

构念	组成题项	来源	变量
权威性	该数据库的出版商声名显赫，在学术界影响很大，值得信赖	TEDS 模型本研究整理	aut0003
	该数据库收录的 SCI，SSCI，CSSSI 期刊比例很高		aut0004
	该数据库汇聚了本人研究领域有声誉学者的研究成果，保证了信息质量		aut0005
	该数据库汇聚了本人研究领域重要研究机构的研究成果		aut0006
有效性	该数据库提供的文献内容能够被其他文献验证	Xie（2008）	eff0001
	该数据库提供的文献观点、方法可靠，结论可信度高		eff0002
	该数据库提供的文献逻辑严密		eff0003
系统灵活性	该数据库提供了同一公司内部的多个数据库间的跨数据库检索功能，方便了我的检索	Xie（2008）	fle0001
	该数据库提供了不同公司的多个数据库间的跨数据库检索功能，方便了我的使用		fle0002
	该数据库提供了与 Internet 资源间的跨数据库检索功能，方便了我的检索		fle0003
	该数据库的跨数据库检索能够消除重复记录，提高了我检索的效率		fle0004
本地化	该数据库提供了中文简体、繁体、英文等多语种版本，方便了我的选择	TEDS；本研究整理	loca0001
隐私	我能够放心地将个人信息提交给该数据库	Xie（2008）	pri0001
	我相信该数据库能够保护我所提交的个人信息		pri0002
	我相信该数据库不会与其他数据库商共享我的个人信息		pri0003
费用感知	该数据库的使用费合理	Kim（2011）	cost0001
	如果需要，我甘愿为使用该数据库付费		cost0002
	我满意于该数据库的使用费由单位支付		cost0003
时间认知	该数据库的登录与注销很快	Eyono（2010）	time0001
	该数据库对查询请求的响应很快		time0002
	该数据库全文下载速度让我满意		time0003
	该数据库的页面载入速度迅速		time0004
系统安全性	该数据库的操作环境安全，我不用担心有人非法入侵、破坏或窃取系统内的文献信息	Eyono（2010）	sec0001
	该数据库提供了使用者个人资料的保护，包括密码、帐号或查询不会外泄或不当使用		sec0002
	该数据库在网站明确声明了其安全策略		sec0003
系统可靠性	该数据库总是处于可用状态	Eyono（2010）	rel0001
	该数据库具有良好的稳定性		rel0002
	该数据库可以从错误中很快恢复，具有良好的容错性能		rel0003

续表

构念	组成题项	来源	变量
美感	该数据库的界面与其他学术数据库具有良好的兼容性	McKinney（2002）	aes0001
	该数据库提供了良好的人机交互支持		aes0002
	该数据库在版本更新之间体现了良好的一致性		aes0003
	该数据库信息内容编排简洁、清楚，容易理解		aes0004
	该数据库信息组织结构凌乱、复杂		aes0005
	该数据库界面的色调美观舒适		aes0006
	该数据库界面的图形美观舒适		aes0007
	该数据库界面的字体与字形美观舒适		aes0008
	该数据库界面中各种按钮标识清楚、易于理解		aes0009
	该数据库界面整体简洁、信息量适中		aes0010
娱乐体验	该数据库的使用给我带来了愉快的感觉	McKinney（2002）	ent0001
	使用该数据库是一个享受快乐的过程		ent0002
	使用该数据库是一件有趣的事情		ent0003
投入体验	该数据库的使用能够让我忘掉时间	Davis（1989）	eng0001
	我能够被该数据库深深吸引		eng0002
	该数据库能够让我非常投入于信息检索活动		eng0003
效能认知	该数据库提高了我教学与科研工作的效能	Venkatesh（2003）	effc0001
	该数据库提高了我教学与科研工作的投入/产出比		effc0002
	该数据库对我的帮助是显著的		effc0003
	该数据库显著改善了我教学与科研工作的表现		effc0004
信息质量	该数据库的检索结果是准确的、可靠的	Hernon ＆ Calert（2005）Tsakonas ＆ Papatheodorou（2007）；Xie（2008）	qua0001
	该数据库的检索结果能够满足我的信息需求		qua0002
	该数据库的检索结果能够提供权威的信息		qua0003
	该数据库能够提供大量的、内容全面的信息		qua0004
	该数据库能够提供最新的信息		qua0005
	该数据库的全文文献比例很高		qua0006
	总之，该数据库的提供的信息是高质量的		qua0007
自适应性	该数据库具有较强的灵活性	TEDS；本研究整理	ada0001
	该数据库提供的相关反馈功能提高了检索的效率		ada0002
	该数据库提供的社区功能便于学界的交流		ada0003
	该数据库提供的本地化服务很人性化		ada0004
	该数据库提供的隐私保护措施适合学界的需要		ada0005
	该数据库具有良好的交互性能		ada0006
	总之，该数据库具有很强的自适应性		ada0007

构念	组成题项	来源	变量
易用认知	该数据库的界面清晰，易于理解	Moore & Benbasat 1991 Venkatesh（2003）	easy0001
	成为该数据库的高水平用户是容易的		easy0002
	我觉得使用该数据库是一件容易的事情		easy0003
	对我而言，学习使用该数据库是容易的		easy0004
选择性	该数据库提供了文献题名、作者、文摘等多种检索入口给了我充分选择的余地	TEDS；本研究整理	sel0001
	该数据库提供了简单检索、高级检索、专家检索等多种检索方式能够让我选择合适的检索方式		sel0002
	该数据库提供了布尔检索、自然语言检索等多种检索技术给了我充分选择的余地		sel0003
	总之，该数据库具有很强的选择性能		sel0004
系统性能认知	我没有为使用该数据库支付费用	Eyono（2010）	perf0001
	该数据库的响应速度很快		perf0002
	该数据库具有很高的安全性		perf0003
	该数据库是可靠的		perf0004
	总之，在性能方面我会该给数据库高分		perf0005
情感认知	我喜欢使用该数据库	Compeau & Higgins（1995）；Compeau（1999）	emo0001
	我期待着教学与科研工作需要使用该数据库		emo0002
	使用该数据库对我而言是一种煎熬		emo0003
	我能够长时间地使用该数据库		emo0004
	使用该数据库很快就会让我感到厌烦		emo0005
系统质量	使用该数据库的各项功能时，系统可以做出快速的反应	Hernon & Calert（2005）；Tsakonas & Papatheodorou（2007）；Xir（2008）	qual0001
	我与该数据库的互动是清楚且容易理解		qual0002
	该数据库的使用界面（版面编排、视觉设计）友好		qual0003
服务质量	该数据库服务人员具备良好的知识与专业素质，能提供我所需要的服务	Parasuraman（1991）Tsakonas & Papatheodorou（2007）；Xie（2008）	ser0001
	提供的服务让我对该数据库感到足够的信任		ser0002
	该数据库能实时地处理并回复我使用方面的问题		ser0003
	该数据库了解我的个性化的需求		ser0004
满意度	我对该数据库带给我的效益很满意	McKinney（2002）Bailey（1983）	sat0001
	该数据库提供的信息是可以信赖的		sat0002
	该数据库是非常高效的		sat0003
	总之，我对该数据库非常满意		sat0004

构念	组成题项	来源	变量
个人使用意愿	将来我会定期地使用该数据库	Tam2；tam；utautDeLone & McLean（2003）	inte0001
	我将会强力推荐他人使用该数据库		inte0002
	我会将该数据库作为搜集资料的主要来源		inte0003
	我下次寻找资料时仍会使用该数据库		inte0004
	如果还有机会选择，我希望更换此系统		inte0005

4.4.3 问卷第三部分

问卷的第三部分信息包括人口统计学变量与上网行为等题项。其中人口统计学变量包括职业、性别、年龄、受教育程度、职称与所从事的学科。上网行为则包括互联网使用的年限、获得学术信息资料的主要途径与使用互联网的年限。

1. 职业：①高校学生　②高校教师　③专职科研人员
　　　　④工程技术人员　⑤图书馆员　⑥其他

2. 性别：①男　②女

3. 年龄：①18～30　②31～40　③41～50　④51～60　⑤60岁以上

4. 受教育程度：①博士　②硕士　③本科　④专科　⑤高中及以下

5. 职称：①正高　②副高　③中级　④初级　⑤其他

6. 您所从事的学科（按大类划分）：
①自然科学　②农业科学　③医药科学　④工程与技术科学　⑤人文与社会科学

7. 您的互联网使用年限：
①1年以下　②1～2年　③2～4年　④4～6年　⑤6年以上

8. 您平时获取学术信息资料的主要途径（可选择多项）：
①纸质文献　②网络科技数据库（如中国期刊网（CNKI）、Elsevier等）
③通用搜索引擎（如百度、Google等）
④网络学术论坛、学术会议网站、科研项目网站　⑤其他

9. 您的学术数据库的使用年限
①1年以下　②1～2年　③2～4年　④4～6年　⑤6年以上

4.5　问卷前测

问卷拟定之后，在南京大学信息管理系三年级本科生与一年级硕士生中进行了前测，其中本科生54人，研究生48人，合计102人，进行了项目分析，本研究按照吴明隆（2000）的"SPSS统计应用实务"中的步骤进行。问卷的第一部分是学术数据库功能的信息用户使用倾向调研，属于结构方程模型中的形成性题项，对于了解用户对相关功能的态

度十分重要，因此即使不通过 t 检验也依然需要保留在正式问卷中，否则难以了解用户对某功能的态度，第五部分是人口特征的调查，不牵涉调查对象的态度，因此没有纳入项目分析的范畴。在对第二部分题项合计之后，选择前 26.5% 作为低分组，后 26.5 作为高分组，进行独立样本 t 检验之后，没有通过 t 检验的题项见表 4-23。

表 4-23　没有通过 t 检验的题项

序号	题项	显著性
1	该数据库提供了多个镜像站点保证了我访问的有效性	0.062
2	该数据库提供了会员卡/充值卡、移动手机充值、神州行卡、银行卡、财付通、支付宝等多种费用支付方式可以保证我的个人账户不会欠费，从而保证了系统的可访问性	0.648
3	该数据库提供的与其他数据库商的链接关系提高了我的检索效率	0.061
4	该数据库提供的与因特网资源间的链接提高了我的检索效率	0.242
5	该数据库提供的与馆藏资源 OPAC 的链接功能提高了我的检索效率	0.630
6	该数据库提供了在线评议论文（即论文还没有正式出版）	0.127
7	该数据库提供了不同公司的多个数据库间的跨数据库检索功能，方便了我的使用	0.100
8	该数据库提供了与 Internet 资源间的跨数据库检索功能，方便了我的检索	0.133
9	如果需要，我甘愿为使用该数据库付费	0.788
10	该数据库信息组织结构凌乱、复杂	0.151
11	使用该检索系统对我而言是一种煎熬	0.108
12	使用该检索系统很快会让我感到厌烦	0.099
13	该检索系统能实时地处理并回复我使用方面的问题	0.123
14	我的家人推荐我使用该检索系统	0.832
15	我的朋友推荐我使用该检索系统	0.082
16	如果还有机会选择，我希望更换此系统	0.853

对于表 4-23 中不同题项，本研究采用了不同的处理方式。序号 1~2、6~8 与 13 属于系统特征，由于前测样本比较少，是否和调查对象的数据库选择有关系，因此保留在正式问卷中，待大样本之后，再行检验；3~5 属于链接特征，7 个链接题项经过分析之后，前面 5 个都是系统特征，不牵涉调查对象围绕具体检索系统的主观判断，因此将这 5 个题项移到问卷的第一部分，后面两个涉及链接的题项与具体的数据库有关，依然放在第二部分；10~12 与 15 属于反向题项是作为对调查对象是否认真填写了问卷的测试，所以依然保留在正式问卷中。第 9 题测试用户是否愿意付费，虽然没有通过 t 检验，但是依然保留在正式问卷中，以探测大样本之后，调查对象的态度是否依然如此。

4.6 研究对象

由于需要了解相关性判据对学术信息检索系统的采纳与成功的影响情况，因此最好将学术信息检索系统的真实用户作为调查对象，因此本研究的调查对象选择为硕士及以上经常使用学术数据库的人群，和信息管理系接受过信息检索课程系统学习的三、四两个年级的本科生。由于本研究量表的变量多达 43 个，根据问卷数量至少是变量数 15 倍的要求，至少需要 645 份问卷，如此大的样本量如果仅仅在南京大学一个单位完成是困难的，因此本研究扩大问卷的发放范围至南京大学、东南大学、南京师范大学、南京航空航天大学、中南大学、安徽大学、福建师范大学、中国医学科学院医学情报研究所、苏州大学、青岛理工大学、南昌大学、南京医科大学、中国药科大学与南京中医药大学等单位。

本研究问卷通过打印发放以及电子邮件发放的方式进行，合计发放问卷 1114 份，回收问卷 1054 份，问卷回收率为 94.61%。在回收的问卷中，通过反向题辨识与明显未认真作答的观察，去除问卷 125 份，有效问卷 929 份，有效问卷占回收问卷的 88.14%。

下面对 929 份有效问卷从调查对象的性别、年龄、受教育程度等几个方面，利用 SPSS13.0 进行描述性统计分析。

4.7 描述性统计分析

本研究应用 SPSS.13 完成描述性统计，主要是通过百分比、均值、方差、标准差等统计数据达到了解被调查样本的结构和分布的目的，包括人口统计特征分布、网络与学术数据库使用年限分布、近期学术数据库使用情况分布、学术信息资源获取情况分布。通过描述性统计分析使作者对调查对象的总体分布有清晰的了解。

4.7.1 缺失值的处理

本研究中由于缺失值的例数很少，对缺失值的处理方案是对于第一部分、第二部分的题项，通过前后题项的分析，代之以题意相近的题项的答案；对于第三部分根据大部分调查对象为研究生的情况进行判断后处理。

4.7.2 描述性分析结果

1）人口统计特征分布

在本次调查样本中，高校学生占到了 86.9%，性别分布中女性多于男性，年龄主要集中在 18~30 岁，占到了 90.1%，受教育程度以硕士为主，其次是本科和博士，由于调查对象以学生为主，所以大部分都还没有定职，学科分布中主要以人文与社会科学为主，超过了一半，剩下的则是其他学科。具体分布数据见表 4-24。

表4-24 人口统计特征分布

特征变量	类型	样本数目	百分比（%）	特征变量	类型	样本数目	百分比（%）
职业	高校学生	807	86.9	年龄	18~30	837	90.1
	高校教师	47	5.1		31~40	78	8.4
	专职科研人员	26	2.8		41~50	11	1.2
	工程技术人员	8	0.9		51~60	2	0.2
	图书馆员	27	2.9		60 岁以上	1	0.1
	其他	14	1.5	职称	正高	4	0.4
性别	男	428	46		副高	20	2.2
	女	501	54		中级	63	6.8
受教育程度	博士	74	8.0		初级	38	4.1
	硕士	620	66.7		其他	804	86.5
	本科	223	24.0	您所从事的学科	自然科学	107	11.5
	专科	7	0.8		农业科学	3	0.3
	高中及以下	5	0.5		医药科学	72	7.8
					工程与技术科学	124	13.3
					人文与社会科学	623	67.1

2) 网络与学术数据库使用年限分布

通过对调查对象因特网使用年限的分析可以发现，54.6%的调查对象的因特网使用年限在 6 年以上，两年及以上的调查对象占总人数的96.9%，学术数据库的使用年限在一年以上的占到调查对象的95.8%。这些数据说明，调查对象都有丰富的因特网使用经验与学术数据库的使用心得，因此选择这些调查对象对于本研究而言是非常合适的。具体分布数据见表4-25。

表4-25 网络与学术数据库使用年限分布

特征变量	类型	样本数目	百分比（%）	特征变量	类型	样本数目	百分比（%）
您的互联网使用年限	1 年以下	11	1.2	您的学术数据库的使用年限	1 年以下	39	4.2
	1~2 年	18	1.9		1~2 年	199	21.4
	2~4 年	115	12.4		2~4 年	366	39.4
	4~6 年	278	29.9		4~6 年	225	24.2
	6 年以上	507	54.6		6 年以上	100	10.8

3）近期学术数据库使用情况分布

通过对调查对象近期学术数据库的使用情况分析可见，对于近期的使用情况，经常使用以及非常频繁地使用的占到调查总人数的 58.6%，均值为 3.58 也表明多数调查对象对学术数据库的使用介于"有些时候使用"与"经常使用"之间。使用频率的统计分析显示，每月使用一次以上的调查对象占到总人数的 80%，均值 4.28 也说明多数用户频繁使用学术数据库。使用时间的统计分析显示，每次使用半小时以上的调查对象达到 72.2%，每次 10 分钟以上的占到 97.5%（表 4-26）。这些数据都说明本次调查对象都是学术数据库的积极的使用者，非常适合作为本研究的调查对象。

表 4-26　近期学术数据库使用情况分布

特征变量	均值	类型	样本数目	百分比（%）
近期您对该数据库的使用情况如何	3.58	没用过	11	1.2
		偶尔使用	108	11.6
		有些时候使用	265	28.5
		经常使用	424	45.6
		非常频繁地使用	121	13.0
近期您使用该数据库的平均频率是多少	4.28	从未使用过	7	0.8
		每半年 1 次	25	2.7
		每半年 2~5 次	154	16.6
		每月 1~3 次	262	28.2
		每月 3 次以上	481	51.8
近期您使用该数据库每次平均的时间是多少	2.98	0~10 分钟	23	2.5
		11~30 分钟	235	25.3
		31~60 分钟	462	49.7
		61~120 分钟	157	16.9
		120 分钟以上	52	5.6

4）学术信息资源获取情况分布

通过对调查对象学术信息获取途径的分析可以发现，93.3% 的调查对象使用科技数据库获取其所需要的学术信息，另外通过搜索引擎和网络学术论坛等途径获取学术信息的分别占到 74.7% 和 40.7%，而传统的通过纸质文献获取学术信息的已经下降到不到一半。这些数据表明，网络科技数据库已经成为调查对象主要的学术信息获取途径，另外搜索引擎也已经超过传统的纸质文献而成为非常重要的学术信息获取的途径，从而进一步表明，调查对象具有丰富的学术数据库的使用经验，为保证本调查的质量提供了基础。具体分布数据见表 4-27。

表 4-27 学术信息资源获取情况分布

特征变量	类型	样本数目	百分比（％）
您平时获取学术信息资料的主要途径	纸质文献	453	48.8
	网络科技数据库	867	93.3
	通用搜索引擎	694	74.7
	网络学术论坛、学术会议网站、科研项目网站	378	40.7
	其他	70	7.5

5) 问卷第一与第二部分的描述性分析

问卷的第一与第二部分数据由于样本中的频数、最小值、最大值、全距都分别为929、1、5 和 4，因此不在表格中重复列出，仅报告各观测变量的均值、标准差与方差。

通过均值可以了解到每个题项所代表的学术检索系统功能的使用情况，表 4-28 按照功能组排列，每组按照均值从大到小排列。均值在 4 以上表明功能经常被使用或者体验比较好，均值在 3 以下尤其是 2 以下说明相关功能基本很少使用或者相关的体验比较差。

表 4-28 问卷第一与第二部分的描述性分析

变量	均值	标准差	方差	变量	均值	标准差	方差
abs0001	3.88	1.038	1.077	lim0005	4.04	1.042	1.086
acc0002	3.49	1.115	1.244	lim0002	3.98	1.025	1.050
acc0003	3.40	1.131	1.280	lim0011	3.68	1.126	1.268
acc0005	3.07	1.256	1.578	lim0001	3.35	1.148	1.318
acc0001	3.07	1.217	1.481	lim0033	3.31	1.235	1.525
acc0004	2.72	1.253	1.569	lim0031	3.24	1.225	1.500
accur0001	3.71	1.046	1.094	lim0026	3.14	1.176	1.382
accur0003	3.55	1.055	1.112	lim0006	3.13	1.240	1.537
accur0002	3.52	1.072	1.149	lim0004	3.10	1.104	1.220
ada0001	3.51	0.947	0.897	lim0030	3.07	1.199	1.437
ada0002	3.49	0.987	0.974	lim0003	3.03	1.100	1.209
ada0007	3.38	1.024	1.049	lim0032	2.99	1.148	1.319
ada0005	3.33	1.047	1.096	lim0012	2.92	1.218	1.484
ada0004	3.30	1.047	1.096	lim0029	2.91	1.133	1.285
ada0006	3.27	1.020	1.041	lim0028	2.77	1.170	1.369
ada0003	3.22	1.066	1.136	lim0021	2.71	1.174	1.379
aes0004	3.68	0.963	0.927	lim0007	2.70	1.126	1.269
aes0009	3.58	0.974	0.948	lim0024	2.60	1.179	1.390

续表

变量	均值	标准差	方差	变量	均值	标准差	方差
aes0005	3.53	1.171	1.370	lim0027	2.56	1.165	1.356
aes0003	3.53	0.936	0.877	lim0010	2.53	1.163	1.353
aes0001	3.47	0.984	0.967	lim0009	2.50	1.116	1.246
aes0010	3.44	1.118	1.249	lim0008	2.44	1.026	1.053
aes0008	3.41	0.974	0.949	lim0013	2.44	1.104	1.219
aes0002	3.39	1.003	1.005	lim0025	2.39	1.109	1.229
aes0007	3.33	1.001	1.002	lim0022	2.34	1.134	1.286
aes0006	3.33	1.038	1.077	lim0017	2.30	1.132	1.282
ale0004	3.23	1.141	1.302	lim0015	2.29	1.117	1.248
ale0001	3.16	1.150	1.322	lim0023	2.26	1.098	1.206
ale0002	3.14	1.044	1.090	lim0020	2.23	1.125	1.266
ale0003	2.90	1.050	1.102	lim0018	2.19	1.146	1.313
aut0001	3.66	1.062	1.127	lim0014	2.15	1.042	1.085
aut0005	3.61	1.052	1.107	lim0019	2.11	1.039	1.080
aut0002	3.60	1.030	1.062	lim0016	2.08	1.064	1.133
aut0004	3.59	1.085	1.178	lin0006	3.72	1.014	1.028
aut0003	3.50	1.158	1.341	lin0001	3.54	1.097	1.204
aut0006	3.45	1.140	1.299	lin0007	3.52	1.059	1.120
bro0008	3.43	1.212	1.470	lin0002	3.51	1.047	1.097
bro0002	3.33	1.158	1.342	lin0004	3.28	1.115	1.243
bro0003	2.87	1.307	1.708	lin0005	3.24	1.154	1.332
bro0001	2.84	1.324	1.752	lin0003	3.24	1.112	1.236
bro0007	2.81	1.235	1.525	loca0001	3.07	1.152	1.327
bro0006	2.09	1.119	1.253	map0002	3.37	1.134	1.286
bro0004	1.98	1.040	1.082	map0001	3.22	1.195	1.428
bro0005	1.78	0.991	0.982	ord0003	4.01	1.042	1.085
Com0001	3.69	1.065	1.135	ord0001	3.64	1.126	1.269
Com0004	3.60	1.034	1.070	ord0002	3.61	1.108	1.228
Com0011	3.53	1.092	1.193	ord0004	3.57	1.059	1.120
Com0006	3.35	1.112	1.237	ord0006	3.30	1.105	1.222
Com0003	3.28	1.075	1.157	ord0005	3.21	1.076	1.158
Com0008	3.24	1.060	1.123	ord0010	2.83	1.180	1.392
Com0005	3.23	1.085	1.178	ord0011	2.57	1.138	1.296
Com0009	3.21	1.116	1.245	ord0008	2.42	1.115	1.244
Com0002	3.19	1.156	1.336	ord0007	2.31	1.085	1.177

续表

变量	均值	标准差	方差	变量	均值	标准差	方差
Com0010	3.17	1.061	1.126	ord0009	2.30	1.115	1.243
Com0007	3.14	1.093	1.194	per0005	3.46	1.190	1.417
community	2.95	1.153	1.329	per0002	3.45	1.195	1.428
cost0003	3.56	1.266	1.604	per0001	3.43	1.176	1.384
cost0001	3.09	1.140	1.300	per0009	3.27	1.189	1.413
cost0002	2.84	1.159	1.344	per0006	3.19	1.214	1.475
curr0001	3.63	1.041	1.084	per0010	3.18	1.210	1.463
curr0002	3.42	1.032	1.064	per0012	3.16	1.222	1.493
curr0003	3.01	1.251	1.566	per0007	3.10	1.191	1.419
dis0006	4.03	1.124	1.263	per0004	3.08	1.184	1.402
dis0002	3.95	1.163	1.353	per0003	3.01	1.243	1.546
dis0007	3.84	1.040	1.082	per0008	2.96	1.162	1.350
dis0008	3.74	1.094	1.197	per0013	2.87	1.278	1.634
dis0005	3.66	1.280	1.638	per0011	2.83	1.208	1.460
dis0003	3.54	1.230	1.512	perf0001	3.89	1.179	1.390
dis0004	2.85	1.316	1.731	perf0005	3.79	0.989	0.978
dis0001	2.82	1.357	1.842	perf0004	3.73	0.975	0.951
easy0001	3.60	1.024	1.050	perf0003	3.68	0.984	0.969
easy0004	3.60	1.029	1.058	perf0002	3.67	1.004	1.007
easy0003	3.54	0.986	0.973	pri0001	3.20	1.109	1.230
easy0002	3.34	1.023	1.046	pri0002	3.13	1.103	1.217
eff0002	3.65	1.012	1.024	pri0003	3.04	1.108	1.228
eff0001	3.60	0.990	0.980	qua0004	3.76	0.934	0.872
eff0003	3.58	0.995	0.991	qua0006	3.76	1.000	0.999
effc0001	3.51	1.010	1.020	qua0007	3.72	0.973	0.947
effc0003	3.48	1.098	1.205	qua0002	3.69	0.954	0.911
effc0002	3.44	1.012	1.025	qua0003	3.67	0.941	0.886
effc0004	3.38	1.052	1.106	qua0001	3.59	1.032	1.065
emo0001	3.81	1.069	1.142	qua0005	3.56	0.978	0.957
emo0005	3.71	1.109	1.231	qual0001	3.60	0.968	0.936
emo0002	3.67	1.004	1.008	qual0002	3.57	0.941	0.886
emo0003	3.65	1.140	1.301	qual0003	3.40	1.119	1.252
emo0004	3.56	0.963	0.927	rel0002	3.61	1.001	1.003
eng0003	3.07	1.109	1.231	rel0003	3.55	0.995	0.989
eng0001	3.05	1.121	1.257	rel0001	3.54	1.039	1.079

续表

变量	均值	标准差	方差	变量	均值	标准差	方差
eng0002	2.99	1.137	1.293	sat0001	3.59	0.934	0.873
ent0001	3.23	1.067	1.139	sat0002	3.58	0.930	0.865
ent0003	3.15	1.064	1.132	sat0003	3.53	0.969	0.939
ent0002	3.13	1.080	1.167	sat0004	3.51	1.007	1.013
exp0009	3.52	1.260	1.588	sea0001	3.76	1.126	1.268
exp0007	3.40	1.179	1.389	sea0013	3.75	1.166	1.360
exp0006	3.40	1.253	1.569	sea0005	3.67	1.123	1.262
exp0001	3.38	1.271	1.615	sea0002	3.62	1.067	1.139
exp0005	3.35	1.306	1.705	sea0003	3.39	1.110	1.233
exp0002	3.34	1.239	1.536	sea0009	3.29	1.048	1.099
exp0008	3.22	1.186	1.408	sea0007	3.15	1.163	1.352
exp0003	3.02	1.294	1.675	sea0008	3.05	1.057	1.117
exp0004	2.76	1.217	1.480	sea0015	3.01	1.069	1.142
exp0010	2.41	1.217	1.481	sea0006	3.00	1.065	1.135
fee0001	3.76	1.118	1.251	sea0004	2.81	1.122	1.259
fee0002	3.53	1.040	1.081	sea0010	2.81	1.061	1.126
fee0003	2.92	1.135	1.288	sea0014	2.73	1.096	1.201
fle0001	3.56	1.047	1.095	sea0012	2.60	1.170	1.369
fle0004	3.43	1.089	1.187	sea0011	2.39	1.042	1.085
fle0002	3.35	1.078	1.162	sec0001	3.46	1.062	1.128
fle0003	3.34	1.103	1.216	sec0002	3.26	1.036	1.073
full0002	3.72	1.068	1.142	sec0003	3.25	1.020	1.040
full0001	3.66	1.045	1.093	sel0002	3.90	0.991	0.982
gro0011	3.70	1.069	1.142	sel0001	3.80	1.033	1.068
gro0001	3.56	1.113	1.238	sel0004	3.68	1.008	1.016
gro0004	3.47	1.140	1.299	sel0003	3.47	1.111	1.234
gro0003	3.28	1.056	1.116	ser0001	3.36	1.036	1.074
gro0005	3.25	1.048	1.098	ser0002	3.27	1.100	1.209
gro0002	3.21	1.081	1.169	ser0003	3.17	1.022	1.044
gro0009	3.11	1.079	1.165	ser0004	3.08	1.086	1.179
gro0008	2.97	1.136	1.291	inte0004	3.90	0.944	0.891
gro0006	2.92	1.016	1.032	inte0003	3.77	0.988	0.977
gro0010	2.80	1.139	1.298	inte0001	3.69	1.031	1.062
gro0007	2.57	1.145	1.311	inte0002	3.50	1.078	1.162
help0004	3.17	1.215	1.475	inte0005	3.36	1.262	1.593

变量	均值	标准差	方差	变量	均值	标准差	方差
help0001	3.13	1.246	1.551	tag0001	3.21	1.171	1.371
help0003	3.09	1.114	1.242	tag0004	3.20	1.260	1.586
help0002	2.91	1.161	1.348	tag0003	3.16	1.061	1.125
index	3.50	0.968	0.938	tag0002	3.14	0.995	0.990
int0005	3.78	0.990	0.980	tec0001	3.49	1.307	1.709
int0003	3.74	1.018	1.036	tec0003	3.09	1.230	1.512
int0004	3.71	1.013	1.026	tec0006	3.06	1.135	1.288
int0001	3.70	0.982	0.965	tec0005	3.04	1.211	1.467
int0007	3.58	1.073	1.152	tec0002	3.03	1.147	1.316
int0002	3.56	1.002	1.005	tec0004	2.69	1.198	1.435
int0006	3.54	0.995	0.990	time0003	3.47	1.079	1.165
inter0002	3.19	1.131	1.279	time0002	3.37	1.052	1.107
inter0001	3.17	1.135	1.289	time0001	3.36	1.095	1.200
inter0003	3.13	1.137	1.293	time0004	3.30	1.124	1.264

根据表 4-28 可以发现按照出版商、出版地与出版物的发行系统进行浏览功能；在线订购全文服务；使用机构名称、分类号、基金资助、作者简介、卷、期、页码、出版地、索取号、同名作者、段落以及栏目信息字段进行检索；检索结果按照作者字顺、文献所用语言与出版国排序功能；使用科研基金检索方式等均值都在 2.5 以下，属于调查对象使用甚少的功能。

调查对象更倾向于使用文摘功能；提供通用格式（如 PDF，HTML 等）的全文；在检索结果中对检索词进行突出显示、检索结果的记录显示内容为题录＋文摘信息、提供了详细/简单等选项；按照作者所用关键词对检索结果进行分类；使用题名、关键词与全文检索字段进行检索；数据库的所有链接都是有效的，没有虚假链接、空链接与死链接的情况；检索结果按照相关度排序；提供简单/快速检索方式以及类似于万方的经典检索方式，即提供标题、作者、关键词与摘要检索途径的检索方式；这些题项的得分均值都在 3.7 以上。也表明这些功能是所有学术检索系统都需要努力完善的功能。

均值介于 2.5～3.7 的题项所代表的系统特征和功能的具体分析有待后继的数据分析之后再深入解析。

第5章 相关性判据应用研究
——分析结果

5.1 数据分析方法

根据结构方程模型的数据分析流程，本研究采用的数据分析方法包括：项目分析、描述性统计分析、结构效度分析、信度分析与结构方程分析。

项目分析与描述性统计分析已经在第4章完成，本章首先通过探索性因子分析探寻量表的结构效度，然后进行信度分析，结构效度与信度分析的工具选用 SPSS 13 版本。最后，运用全部 929 个样本进行结构方程分析，分析工具选用 LISREL 8.7，采用结构方程分析中的模型比较方法来评价和修正理论模型，以检验本研究的研究假设。

5.2 探索性因子分析——结构效度

探索性因子分析的目的是获得量表的结构效度。在多变量关系中，变量间的线性组合对解释每个层面的变异量具有重要意义。在探索性因子分析中，使用最多的是主成分分析，分析的目的就是要找出能够解释多变量的线性组合，即变量的第一个线性组合可以解释最大的变异量，第二个线性组合可以解释次大的变异量，其他的线性组合可以解释的变异量依次递减。主成分分析中，以较少的成分解释原始变量的较大部分。本研究采用 SPSS 13 对数据进行探索性因子分析。

本研究对于问卷的第一部分题项采用基于功能组的探索性因子分析。分析的具体参数的设置根据吴明隆的建议进行，即描述性统计量中的相关矩阵选项选择最常用的 KMO and Bartlett's Test，分析基于相关矩阵进行，抽取条件为特征值大于 1 的选项，转轴方法选择最大变异法，系数显示格式选择依据因子负荷量排序。

5.2.1 检索系统的浏览功能

在检索系统的浏览功能方面，样本的 KMO 值为 0.696 大于 0.5，表示适合进行因子分析。Bartlett's 球形检验的卡方值为 1275.299（自由度为 28）达显著，表示样本的相关矩阵间有共同因子存在，可以对样本进行因子分析（表5-1）。

表 5-1　浏览功能的 KMO 及 Bartlett 球形检验

Kaiser-Meyer-Olkin Measure of Sampling Adequacy		0.696
Bartlett's Test of Sphericity	Approx. Chi-Square	1275.299
	df	28
	Sig.	0.000

针对检索系统的浏览功能，本研究提取出了特征值大于 1 的三个因子 abro01，abro02，abro03，累积解释了 61.746% 的方差，每个题项在其相关联的变量上的因子负荷都大于 0.5，交叉变量的因子负荷没有超过 0.5，表明问卷具有较好的结构效度（表 5-2）。

表 5-2　浏览功能的探索性因子分析

测量指标	因子			特征值 （解释的方差/%）
	abro01	abro02	abro03	
bro0005	0.870	−0.034	0.031	2.170 （27.119）
bro0004	0.820	0.057	0.151	
bro0006	0.794	0.233	−0.021	
bro0008	−0.010	0.804	0.116	1.562 （19.523）
bro0007	0.308	0.700	−0.041	
bro0001	0.092	−0.312	0.721	1.208 （15.104）
bro0003	0.065	0.200	0.572	
bro0002	−0.048	0.478	0.568	

5.2.2　检索结果显示

在检索结果的显示方面，样本的 KMO 值为 0.772 大于 0.5，表示适合进行因子分析。Bartlett's 球形检验的卡方值为 1312.643（自由度为 28）达显著，表示样本的相关矩阵有间有共同因子存在，可以对样本进行因子分析（表 5-3）。

表 5-3　检索结果显示的 KMO 及 Bartlett 球形检验

Kaiser-Meyer-Olkin Measure of Sampling Adequacy		0.772
Bartlett's Test of Sphericity	Approx. Chi-Square	1312.643
	df	28
	Sig.	0.000

针对检索结果显示功能，本研究提取出了特征值大于 1 的三个因子 adis01，adis02，adis03，累积解释了 62.576% 的方差，每个题项在其相关联的变量上的因子负荷都大于 0.5，交叉变量的因子负荷没有超过 0.5，表明问卷具有较好的结构效度（表 5-4）。

表5-4 检索结果显示的探索性因子分析

	Component			特征值
	adis01	adis02	adis03	（解释的方差/%）
dis0006	0.811	0.065	0.019	
dis0005	0.767	−0.162	−0.118	2.689
dis0008	0.727	0.042	0.096	（33.607）
dis0007	0.698	0.078	0.055	
dis0002	0.555	0.180	−0.278	
dis0004	0.159	−0.827	0.145	1.249
dis0003	0.306	0.703	0.198	（15.614）
dis0001	−0.024	0.024	0.951	1.068 （13.356）

考虑到因子 adis03 仅涵盖一个题项 dis0001，即检索系统提供的全文为专用格式（CAJ，VIP），根据表4-28 该题项的均值仅为2.82，表明调查对象不倾向于使用专用格式。目前，即使维普与 CNKI 也都提供了 PDF 等通用格式，表明该题项所代表的文件格式即将淘汰，因此将该因子删除是合理的，在后面的结构方程分析中略去该因子。

5.2.3 检索系统的导航功能

在检索系统的导航方面，样本的 KMO 值为0.5，进行因子分析非常勉强。Bartlett's 球形检验的卡方值为1.885（自由度为1）未达显著，不适合对样本进行因子分析（表5-5）。

表5-5 检索系统的导航功能的 KMO 及 Bartlett 球形检验

Kaiser-Meyer-Olkin Measure of Sampling Adequacy		0.500
Bartlett's Test of Sphericity	Approx. Chi-Square	1.885
	df	1
	Sig.	0.170

通过对检索系统导航功能的两个题项的分析发现，map0002 为"使用前进/后退功能进行导航"，该功能属于浏览器提供的功能，并不属于检索系统的特有功能，因此对本研究的价值甚微，因此考虑删除该题项。

5.2.4 检索结果的排序功能

在检索结果的排序方面，样本的 KMO 值为0.783 大于0.5，表示适合进行因子分析。Bartlett's 球形检验的卡方值为2232.71（自由度为55）达显著，表示样本的相关矩阵间有共同因子存在，可以对样本进行因子分析（表5-6）。

表 5-6 检索结果排序功能的 KMO 及 Bartlett 球形检验

Kaiser-Meyer-Olkin Measure of Sampling Adequacy		0.783
Bartlett's Test of Sphericity	Approx. Chi-Square	2232.710
	df	55
	Sig.	0.000

检索结果排序功能的因子分析如果按照特征值大于 1 进行抽取结果为三个因子，其累积解释率为 56.751% 小于 60%，因此本研究将抽取的因子数设为 4，抽取的四个因子 aord01，aord02，aord03，aord04 累积解释了 64.282% 的方差，每个题项在其相关联的变量上的因子负荷都大于 0.5，交叉变量的因子负荷没有超过 0.5，表明问卷具有较好的结构效度（表 5-7）。

表 5-7 检索结果排序功能的探索性因子分析

	Component				特征值
	aord01	aord02	aord03	aord04	（解释的方差/%）
ord0008	.854	.039	.059	-.036	2.189 (19.900)
ord0009	.793	.020	.210	.049	
ord0007	.721	.112	.201	-.141	
ord0004	-.053	.791	.000	.170	2.159 (19.625)
ord0005	.128	.750	.158	-.063	
ord0006	.113	.706	-.030	.083	
ord0002	.003	.578	-.063	.368	
ord0010	.149	.004	.898	.053	1.364 (12.404)
ord0011	.451	.058	.663	-.061	
ord0001	.046	.048	.018	.874	1.359 (12.353)
ord0003	-.225	.342	.004	.625	

5.2.5 检索结果的标记功能

在检索结果的标记功能方面，样本的 KMO 值为 0.524 大于 0.5，表示适合进行因子分析。Bartlett's 球形检验的卡方值为 170.839（自由度为 6）达显著，表示样本的相关矩阵间有共同因子存在，可以对样本进行因子分析（表 5-8）。

表 5-8 检索结果标记功能的 KMO 及 Bartlett 球形检验

Kaiser-Meyer-Olkin Measure of Sampling Adequacy		0.524
Bartlett's Test of Sphericity	Approx. Chi-Square	170.839
	df	6
	Sig.	0.000

　　检索结果标记功能的因子分析如果按照特征值大于1进行抽取结果为一个因子，其累积解释率为36.946%小于60%，虽然小于60%，本研究认为主要的原因是题项比较少的原因所致，该结果是可以接受的，每个题项在其相关联的变量上的因子负荷都大于0.5，交叉变量的因子负荷没有超过0.5，表明问卷具有较好的结构效度（表5-9）。

表5-9　检索结果标记功能的探索性因子分析

	Component	特征值
	atag01	（解释的方差/%）
tag0002	.732	
tag0003	.595	1.478
tag0004	.546	（36.946）
tag0001	.538	

5.2.6　检索结果的分类/分组功能

　　在检索结果的分类/分组方面，样本的KMO值为0.780大于0.5，表示适合进行因子分析。Bartlett's球形检验的卡方值为1943.563（自由度为55）达显著，表示样本的相关矩阵间有共同因子存在，可以对样本进行因子分析（表5-10）。

表5-10　检索结果分类/分组功能的KMO及Bartlett球形检验

Kaiser-Meyer-Olkin Measure of Sampling Adequacy		0.780
Bartlett's Test of Sphericity	Approx. Chi-Square	1943.563
	df	55
	Sig.	0.000

　　检索结果的分类/分组的因子分析如果按照特征值大于1进行抽取结果为三个因子，其累积解释率为54.376%小于60%，因此本研究将抽取的因子数设为4，抽取的四个因子agro01，agro02，agro03，agro04累积解释了62.206%的方差，每个题项在其相关联的变量上的因子负荷都大于0.5，交叉变量的因子负荷没有超过0.5，表明问卷具有较好的结构效度（表5-11）。

表5-11　检索结果分类/分组功能的探索性因子分析

	Component				特征值
	agro01	agro02	agro03	agro04	（解释的方差/%）
gro0001	.743	.011	.085	-.089	
gro0004	.681	.208	-.015	.133	2.215
gro0003	.623	-.019	.123	.275	（20.135）
gro0002	.605	.064	.108	.375	

续表

	Component				特征值
	agro01	agro02	agro03	agro04	（解释的方差/%）
gro0008	.238	.816	.078	−.063	1.582
gro0007	−.023	.748	.155	.298	(14.380)
gro0009	.014	.190	.787	.150	1.574
gro0011	.404	−.110	.683	−.095	(14.310)
gro0010	−.073	.486	.623	.098	
gro0006	.082	.142	.160	.832	1.472
gro0005	.460	.063	−.097	.636	(13.382)

5.2.7 查询扩展功能

在检索结果的查询扩展方面，样本的 KMO 值为 0.892 大于 0.5，表示适合进行因子分析。Bartlett's 球形检验的卡方值为 3163.267（自由度为 55）达显著，表示样本的相关矩阵间有共同因子存在，可以对样本进行因子分析（表 5-12）。

表 5-12　查询扩展功能的 KMO 及 Bartlett 球形检验

Kaiser-Meyer-Olkin Measure of Sampling Adequacy		0.892
Bartlett's Test of Sphericity	Approx. Chi-Square	3163.267
	df	55
	Sig.	0.000

检索系统的查询扩展功能的因子分析如果按照特征值大于 1 进行抽取结果为两个因子，其累积解释率为 51.460% 小于 60%，因此本研究将抽取的因子数设为 3，抽取的四个因子 acom01，acom02，acom03 累积解释了 60.253% 的方差，每个题项在其相关联的变量上的因子负荷都大于 0.5，交叉变量的因子负荷没有超过 0.5，表明问卷具有较好的结构效度（表 5-13）。

表 5-13　查询扩展功能的探索性因子分析

	Component			特征值
	acom01	acom02	acom03	（解释的方差/%）
Com0007	.818	.121	.171	2.409
Com0008	.708	.132	.287	(21.898)
Com0006	.701	.347	.150	
Com0005	.590	.346	.158	

续表

	Component			特征值
	acom01	acom02	acom03	（解释的方差/%）
Com0003	.299	.724	.154	
Com0001	.019	.714	.161	2.399
Com0002	.239	.688	.158	（21.809）
Com0004	.345	.687	.100	
Com0009	.187	.146	.760	
Com0010	.298	.048	.737	1.820
Com0011	.099	.353	.675	（16.546）

5.2.8　检索方式选择

在检索系统的检索方式选择方面，样本的 KMO 值为 0.783 大于 0.5，表示适合进行因子分析。Bartlett's 球形检验的卡方值为 1990.778（自由度为 105）达显著，表示样本的相关矩阵间有共同因子存在，可以对样本进行因子分析（表 5-14）。

表 5-14　检索方式选择的 KMO 及 Bartlett 球形检验

Kaiser-Meyer-Olkin Measure of Sampling Adequacy		0.783
Bartlett's Test of Sphericity	Approx. Chi-Square	1990.778
	df	105
	Sig.	0.000

检索方式选择的因子分析如果按照特征值大于 1 进行抽取结果为 4 个因子，其累积解释率为 49.538% 小于 60%，本研究将抽取的因子数设为 5，累积解释率提升到 55.865%，依然没有达到 60%，因此尝试将因子数设为 6，累积解释率提升到 61.642%，但是出现了一个因子其仅涵盖一个题项 sea0015，即维普的传统检索方式，该检索方式维普都已经渐渐地不再使用，均值也比较小，仅 3.01，所以考虑将该题项删除。另一个因子也仅包含一个题项即 sea0007，即采用基于叙词/主题词表的检索方式，该检索方式就目前来看，随着文献量的激增，人工标引已经跟不上文献数量增长的速度，但是其均值为 3.15，不算太小，基于叙词表的自动标引如果将来能够商用化，也不失为一种有前景的检索方式，予以保留，因此本题项不追求大于 60% 的累积解释率，即在删除题项 sea0015 之后按照特征值大于 1 抽取为 4 个因子 asea01，asea02，asea03，asea04 累积解释了 51.772% 的方差，每个题项在其相关联的变量上的因子负荷都大于 0.5，交叉变量的因子负荷没有超过 0.5，表明问卷具有较好的结构效度（表 5-15）。

表 5-15　检索方式选择的探索性因子分析

	Component				特征值 （解释的方差/%）
	asea01	asea02	asea03	asea04	
sea0012	.678	−.039	.205	−.017	2.088 （14.918）
sea0011	.675	−.137	.324	−.080	
sea0014	.649	.066	.024	.128	
sea0004	.566	.094	−.114	.470	
sea0003	.269	.725	−.095	−.003	1.875 （13.393）
sea0013	−.136	.685	.160	.046	
sea0001	−.112	.666	.085	.029	
sea0005	.038	.520	.025	.452	
sea0008	.158	.002	.748	−.020	1.788 （12.772）
sea0009	.076	.312	.648	.131	
sea0007	.036	.017	.530	.317	
sea0010	.439	−.022	.519	−.002	
sea0002	−.114	.153	.098	.722	1.489 （10.639）
sea0006	.298	−.098	.212	.632	

5.2.9　检索字段与限定条件选择

在检索字段与限定条件的选择方面，样本的 KMO 值为 0.926 大于 0.5，表示适合进行因子分析。Bartlett's 球形检验的卡方值为 11 844.968（自由度为 528）达显著，表示样本的相关矩阵间有共同因子存在，可以对样本进行因子分析（表 5-16）。

表 5-16　检索字段与限定条件的 KMO 及 Bartlett 球形检验

Kaiser-Meyer-Olkin Measure of Sampling Adequacy		0.926
Bartlett's Test of Sphericity	Approx. Chi-Square	11 844.968
	df	528
	Sig.	0.000

检索字段与限定条件选择的因子分析如果按照特征值大于 1 进行抽取结果为七个因子，其累积解释率为 57.463% 小于 60%，不过如果将抽取的因子数设为 8，累积解释率能够提升到 60.191%，但是出现了一个因子仅涵盖一个题项 sea0012，即使用任意字段，该检索字段在多个数据库中使用，删除它不是很合理，因此本研究不简单地追求大于 60% 的累积解释率，按照特征值大于 1 抽取为 7 个因子 alim01，alim02，alim03，alim04，alim05，alim06，alim07，每个题项在其相关联的变量上的因子负荷都大于 0.5，交叉变量的因子负荷没有超过 0.5，表明问卷具有较好的结构效度（表 5-17）。

表 5-17 检索字段与限定条件选择的探索性因子分析

	Component							特征值（解释的方差/%）
	alim01	alim02	alim03	alim04	alim05	alim06	alim07	
lim0016	0.817	0.118	0.093	0.084	0.162	0.110	0.007	
lim0018	0.814	0.217	0.100	0.040	0.139	0.035	−0.042	
lim0017	0.804	0.117	0.108	0.108	0.139	0.150	−0.040	
lim0019	0.657	0.411	0.199	0.102	0.060	−0.039	−0.076	4.503
lim0020	0.644	0.343	0.149	0.117	0.027	0.020	0.037	(13.644)
lim0022	0.505	0.365	0.316	0.028	0.016	0.077	0.076	
lim0023	0.501	0.350	0.384	0.060	0.103	−0.134	0.118	
lim0021	0.469	0.132	0.362	0.133	0.034	0.014	0.322	
lim0014	0.284	0.672	0.197	0.057	0.039	−0.120	0.012	
lim0008	0.162	0.666	0.032	0.129	0.245	0.240	−0.105	
lim0009	0.238	0.647	0.112	0.078	0.115	0.273	−0.079	3.791
lim0013	0.297	0.634	0.146	0.076	0.110	−0.085	0.238	(11.488)
lim0015	0.434	0.578	0.152	0.136	0.096	−0.077	−0.003	
lim0010	0.303	0.496	0.242	0.066	0.112	0.081	−0.026	
lim0027	0.132	0.265	0.611	0.250	0.001	0.013	0.006	
lim0028	0.086	0.092	0.601	0.364	0.310	−0.053	−0.084	
lim0024	0.277	0.133	0.596	−0.019	−0.001	0.180	0.154	2.768
lim0026	0.083	0.009	0.592	0.224	0.086	0.048	0.233	(8.388)
lim0025	0.334	0.210	0.584	0.026	0.128	−0.064	−0.035	
lim0031	0.103	0.009	−0.042	0.772	0.041	0.104	0.106	
lim0032	0.126	0.244	0.148	0.733	−0.021	0.051	0.137	
lim0029	0.162	0.098	0.358	0.570	0.177	0.057	−0.016	2.549
lim0033	−0.066	0.032	0.221	0.565	−0.066	0.087	0.377	(7.725)
lim0030	0.147	0.020	0.281	0.543	0.348	0.003	−0.104	
lim0006	0.086	0.095	0.009	0.042	0.744	−0.003	0.259	1.961
lim0007	0.198	0.344	0.100	0.116	0.594	0.148	−0.051	(5.943)
lim0004	0.171	0.088	0.197	0.058	0.579	0.168	0.097	
lim0001	0.139	0.061	−0.017	0.110	0.024	0.779	0.091	1.763
lim0003	0.093	0.361	0.113	0.069	0.162	0.603	−0.068	(5.342)
lim0002	−0.108	−0.322	0.021	0.065	0.153	0.597	0.348	
lim0011	−0.036	−0.137	0.125	0.188	0.048	0.174	0.635	1.627
lim0012	0.088	0.325	0.034	0.009	0.326	−0.085	0.589	(4.932)
lim0005	−0.003	−0.391	0.052	0.187	0.303	0.234	0.430	

5.2.10　检索技术选择

在检索技术选择方面，样本的 KMO 值为 0.798 大于 0.5，表示适合进行因子分析。Bartlett's 球形检验的卡方值为 1411.261（自由度为15）达显著，表示样本的相关矩阵间有共同因子存在，可以对样本进行因子分析（表5-18）。

表5-18　检索技术选择的 KMO 及 Bartlett 球形检验

Kaiser-Meyer-Olkin Measure of Sampling Adequacy		0.798
Bartlett's Test of Sphericity	Approx. Chi-Square	1411.261
	df	15
	Sig.	0.000

针对检索技术选择的各个题项，本研究提取出了特征值大于 1 的两个因子 atec01，atec02，累积解释了 62.576% 的方差，每个题项在其相关联的变量上的因子负荷都大于 0.5，交叉变量的因子负荷没有超过 0.5，表明问卷具有较好的结构效度（表5-19）。

表5-19　检索技术选择的探索性因子分析

	Component		特征值 （解释的方差/%）
	atec01	atec02	
tec0005	0.810	0.196	
tec0006	0.795	0.053	2.063 （34.377）
tec0004	0.693	0.277	
tec0001	0.057	0.849	
tec0002	0.215	0.785	1.827 （30.445）
tec0003	0.495	0.610	

5.2.11　相关反馈功能

在检索系统的相关反馈方面，样本的 KMO 值为 0.596 大于 0.5，表示适合进行因子分析。Bartlett's 球形检验的卡方值为 404.502（自由度为3）达显著，表示样本的相关矩阵间有共同因子存在，可以对样本进行因子分析（表5-20）。

表5-20 相关反馈的 KMO 及 Bartlett 球形检验

Kaiser-Meyer-Olkin Measure of Sampling Adequacy		0.596
Bartlett's Test of Sphericity	Approx. Chi-Square	404.502
	df	3
	Sig.	0.000

检索系统相关反馈功能的因子分析如果按照特征值大于1进行抽取结果为一个因子，其累积解释率为58.337%小于60%，虽然小于60%，本研究认为主要原因是题项比较少的原因所致，该结果是可以接受的，每个题项在其相关联的变量上的因子负荷都大于0.5，交叉变量的因子负荷没有超过0.5，表明问卷具有较好的结构效度（表5-21）。

表5-21 相关反馈的探索性因子分析

	Component	特征值
	afee01	（解释的方差/%）
fee0002	.844	1.750
fee0001	.760	(58.337)
fee0003	.678	

5.2.12 检索结果输出

在检索结果输出方面，样本的 KMO 值为0.858大于0.5，表示适合进行因子分析。Bartlett's 球形检验的卡方值为2152.798（自由度为45）达显著，表示样本的相关矩阵间有共同因子存在，可以对样本进行因子分析（表5-22）。

表5-22 检索结果输出的 KMO 及 Bartlett 球形检验

Kaiser-Meyer-Olkin Measure of Sampling Adequacy		0.858
Bartlett's Test of Sphericity	Approx. Chi-Square	2152.798
	df	45
	Sig.	0.000

检索结果输出的因子分析如果按照特征值大于1进行抽取结果为两个因子，其累积解释率为48.079%小于60%，不过如果将抽取的因子数设为3，累积解释率也仅提升到57.008%，不过出现了一个因子仅涵盖一个题项 exp0003，即以打印方式下载检索结果，该题项的均值为3.02，偏低，因此考虑删除该题项。删除 exp0003 之后按照特征值大于1进行抽取结果为两个因子，其累积解释率为51.168%，如果将抽取的因子数设为3，累积解释率提升到60.455%，虽然也出现了因子仅涵盖一个题项 exp0001 的情况，但是通过分析之后，发现 exp0001 确实与其他的题项之间关联性非常小，是一个独立的因子，每个题项在其相关联的变量上的因子负荷都大于0.5，交叉变量的因子负荷没有超过0.5，表明

问卷具有较好的结构效度（表5-23）。

表5-23 检索结果输出的探索性因子分析

	Component			特征值 （解释的方差/%）
	aexp01	aexp02	aexp03	
exp0006	.769	.239	.074	
exp0009	.745	.130	.239	
exp0007	.698	.235	−.119	2.648 （29.427）
exp0008	.695	.063	.182	
exp0005	.624	.205	.335	
exp0010	.109	.809	−.082	
exp0004	.152	.726	.258	1.659 （18.433）
exp0002	.262	.530	.137	
exp0001	.195	.144	.905	1.134 （12.596）

5.2.13 交互性

在检索系统的交互性方面，样本的 KMO 值为 0.705 大于 0.5，表示适合进行因子分析。Bartlett's 球形检验的卡方值为 1296.955（自由度为 3）达显著，表示样本的相关矩阵间有共同因子存在，可以对样本进行因子分析（表5-24）。

表5-24 交互性的 KMO 及 Bartlett 球形检验

Kaiser-Meyer-Olkin Measure of Sampling Adequacy		0.705
Bartlett's Test of Sphericity	Approx. Chi-Square	1296.955
	df	3
	Sig.	0.000

检索系统交互性的因子分析按照特征值大于 1 进行抽取结果为一个因子，其累积解释率为 77.230%，每个题项在其相关联的变量上的因子负荷都大于 0.5，交叉变量的因子负荷没有超过 0.5，表明问卷具有较好的结构效度（表5-25）。

表5-25 交互性的探索性因子分析

	Component	特征值 （解释的方差/%）
	ainter01	
inter0002	.909	
inter0001	.894	2.317 （77.230）
inter0003	.832	

5.2.14 个性化服务

在检索系统的个性化服务方面，样本的 KMO 值为 0.935 大于 0.5，表示适合进行因子分析。Bartlett's 球形检验的卡方值为 5921.730（自由度为 78）达显著，表示样本的相关矩阵间有共同因子存在，可以对样本进行因子分析（表 5-26）。

表 5-26 个性化服务的 KMO 及 Bartlett 球形检验

Kaiser-Meyer-Olkin Measure of Sampling Adequacy		0.935
Bartlett's Test of Sphericity	Approx. Chi-Square	5921.730
	df	78
	Sig.	0.000

检索系统的个性化服务的因子分析如果按照特征值大于 1 进行抽取结果为两个因子，其累积解释率为 58.862% 小于 60%，将抽取的因子数设为 3，累积解释率提升为 64.565%，每个题项在其相关联的变量上的因子负荷都大于 0.5，交叉变量的因子负荷没有超过 0.5，表明问卷具有较好的结构效度（表 5-27）。

表 5-27 个性化服务的探索性因子分析

	Component			特征值
	aper01	aper02	aper03	（解释的方差/%）
per0001	.818	.124	.232	
per0002	.818	.124	.243	
per0006	.607	.551	.067	3.219
per0005	.594	.332	.260	（24.765）
per0003	.519	.256	.371	
per0011	.076	.702	.385	
per0008	.253	.663	.318	
per0007	.492	.608	.222	2.800
per0004	.561	.577	.060	（21.540）
per0013	.250	.550	.431	
per0009	.316	.148	.805	
per0010	.304	.313	.716	2.374
per0012	.094	.482	.633	（18.260）

5.2.15 帮助服务

在检索系统的帮助服务方面，样本的 KMO 值为 0.736 大于 0.5，表示适合进行因子分析。Bartlett's 球形检验的卡方值为 761.763（自由度为 6）达显著，表示样本的相关矩阵间有共同因子存在，可以对样本进行因子分析（表 5-28）。

表 5-28　帮助服务的 KMO 及 Bartlett 球形检验

Kaiser-Meyer-Olkin Measure of Sampling Adequacy		0.736
Bartlett's Test of Sphericity	Approx. Chi-Square	761.763
	df	6
	Sig.	0.000

检索系统帮助功能的因子分析按照特征值大于 1 进行抽取结果为一个因子，其累积解释率为 55.782%，每个题项在其相关联的变量上的因子负荷都大于 0.5，交叉变量的因子负荷没有超过 0.5，表明问卷具有较好的结构效度（表 5-29）。

表 5-29　帮助服务的探索性因子分析

	Component	特征值
	ainter01	（解释的方差/%）
help0002	.784	
help0003	.748	2.231
help0001	.729	（55.782）
help0004	.725	

5.2.16　激励机制

在检索系统的激励机制方面，样本的 KMO 值为 0.768 大于 0.5，表示适合进行因子分析。Bartlett's 球形检验的卡方值为 906.647（自由度为 6）达显著，表示样本的相关矩阵间有共同因子存在，可以对样本进行因子分析（表 5-30）。

表 5-30　激励机制的 KMO 及 Bartlett 球形检验

Kaiser-Meyer-Olkin Measure of Sampling Adequacy		0.768
Bartlett's Test of Sphericity	Approx. Chi-Square	906.647
	df	6
	Sig.	0.000

检索系统激励机制的因子分析按照特征值大于 1 进行抽取结果为一个因子，其累积解释率为 59.069%，每个题项在其相关联的变量上的因子负荷都大于 0.5，交叉变量的因子负荷没有超过 0.5，表明问卷具有较好的结构效度（表 5-31）。

表 5-31 激励机制的探索性因子分析

	Component	特征值
	aale01	（解释的方差/%）
ale0003	.788	
ale0002	.768	2.363
ale0001	.767	(59.069)
ale0004	.750	

5.2.17 链接功能

在链接功能方面，样本的 KMO 值为 0.762 大于 0.5，表示适合进行因子分析。Bartlett's 球形检验的卡方值为 1923.058（自由度为 21）达显著，表示样本的相关矩阵间有共同因子存在，可以对样本进行因子分析（表 5-32）。

表 5-32 链接功能的 KMO 及 Bartlett 球形检验

Kaiser-Meyer-Olkin Measure of Sampling Adequacy		0.762
Bartlett's Test of Sphericity	Approx. Chi-Square	1923.058
	df	21
	Sig.	0.000

针对检索系统的链接功能，本研究提取出了特征值大于 1 的两个因子 alin01，alin02，累积解释了 62.437% 的方差，每个题项在其相关联的变量上的因子负荷都大于 0.5，交叉变量的因子负荷没有超过 0.5，表明问卷具有较好的结构效度（表 5-33）。

表 5-33 链接功能的探索性因子分析

	Component		特征值
	alin01	alin02	（解释的方差/%）
lin0004	0.816	0.070	
lin0005	0.792	0.035	2.403
lin0003	0.767	0.227	(34.332)
lin0002	0.572	0.524	
lin0006	0.037	0.844	
lin0007	0.065	0.769	1.967
lin0001	0.434	0.576	(28.105)

5.2.18 存取方式

在检索系统的存取方式方面，样本的 KMO 值为 0.759 大于 0.5，表示适合进行因子分析。Bartlett's 球形检验的卡方值为 1030.987（自由度为 10）达显著，表示样本的相关矩阵间有共同因子存在，可以对样本进行因子分析（表 5-34）。

表 5-34 存取方式的 KMO 及 Bartlett 球形检验

Kaiser-Meyer-Olkin Measure of Sampling Adequacy		0.759
Bartlett's Test of Sphericity	Approx. Chi-Square	1030.987
	df	10
	Sig.	0.000

针对检索系统的存取方式，本研究提取出了特征值大于 1 的一个因子，累积解释了 49.266% 的方差，每个题项在其相关联的变量上的因子负荷都大于 0.5，交叉变量的因子负荷没有超过 0.5，表明问卷具有较好的结构效度。

不过考虑到累积解释的方差只有 49.266%，通过对因子负荷的分析发现 acc0005 和 acc0004 与前面三个差距较大，有必要进一步审视题项，分析结果发现 acc0005 "该数据库提供了在单位外面通过 BRAS/VPN 等方式接入，保证了系统的可访问性" 虽然和数据库的存取有关，但是并不由数据库决定，而取决于各个单位网络的配置情况，不是检索系统可以左右的。acc0004 虽然是由数据库商决定的，但是大多数调查对象都是集团用户，因此这些充值方式对其几乎没有影响，从而考虑删除这两题。删除之后再次进行因子分析，样本的 KMO 值为 0.687 大于 0.5，表示适合进行因子分析。Bartlett's 球形检验的卡方值为 751.092（自由度为 3）达显著，表示样本的相关矩阵间有共同因子存在，可以对样本进行因子分析。

再次进行因子分析之后，提取出特征值大于 1 的一个因子 aacc01 累积解释了 68.638% 的方差，每个题项在其相关联的变量上的因子负荷都大于 0.5，交叉变量的因子负荷没有超过 0.5，表明问卷具有较好的结构效度（表 5-35）。

表 5-35 存取方式的探索性因子分析

	Component	特征值
	aacc01	（解释的方差/%）
acc0002	.856	2.059
acc0003	.838	(68.638)
acc0001	.789	

5.2.19 问卷第一部分

在分别对问卷第一部分各组功能进行探索性因子分析之后，成功地实现了数据的降维，不过因子数依然有 40 多个，有些偏多，参考 Begoña Pérez-Mira 博士论文的做法，对问卷第一部分主成分分析之后的因子再次进行探索性因子分析，达到了进一步降维的目的。样本的 KMO 值为 0.946 大于 0.5，表示适合进行因子分析。Bartlett's 球形检验的卡方值为 18 479. 439（自由度为 1035）达显著，表示样本的相关矩阵间有共同因子存在，可以对样本进行因子分析（表5-36）。

表5-36 问卷第一部分的 KMO 及 Bartlett 球形检验

Kaiser-Meyer-Olkin Measure of Sampling Adequacy		0.946
Bartlett's Test of Sphericity	Approx. Chi-Square	18 479. 439
	df	1 035
	Sig.	0. 000

针对问卷第一部分的各个因子，本研究提取出了特征值大于 1 的 9 个因子，累积解释了 57. 195% 的方差，每个题项在其相关联的变量上的因子负荷都大于 0. 3，交叉变量的因子负荷没有超过 0. 5，表明问卷具有较好的结构效度（表5-37）。

表5-37 问卷第一部分的探索性因子分析（1）

	Component								
	Sys01	Sys2	Sys3	Sys4	Sys5	Sys6	Sys7	Sys8	Sys9
aper02	.816	.165	.068	.159	.114	.155	.069	−.003	.096
aper03	.774	.084	.151	.047	.122	.136	−.032	.150	−.032
aper01	.746	.019	.196	.200	.123	.173	.123	.047	.094
ahelp01	.697	.222	.207	.172	.055	.042	.123	−.067	.001
aale01	.653	.263	.272	.097	.095	.066	−.019	.133	.006
acomm01	.620	.101	−.021	.091	.073	.139	.052	−.037	−.002
aexp01	.532	.008	.206	.451	.290	.041	−.017	.027	.155
ainter01	.524	.014	.186	.486	.155	.099	.135	.111	.000
aexp02	.509	.249	.005	.344	.039	.073	.274	−.067	.107
alin01	.496	.119	.409	.101	.004	.146	.055	.165	.060
alim01	.151	.796	−.029	.120	−.039	.056	−.055	.078	−.051
alim02	.163	.773	−.127	.146	−.080	.118	−.040	.071	.031
aord01	.079	.637	−.183	−.179	.198	.043	.233	−.099	.134
alim03	.267	.627	.102	.280	.150	.004	−.048	.100	−.289
aord03	.075	.578	.162	−.308	.160	−.017	.261	−.217	.104
asea01	.211	.550	−.153	.266	.075	.345	.050	−.021	.104
alim05	.181	.525	.228	.254	.065	.221	−.116	−.188	.163
abro01	−.018	.508	−.221	−.062	−.005	−.004	.232	.403	.060
asea03	.112	.492	.267	.119	.007	.321	.055	.191	.076
alim04	.310	.368	.268	.233	.340	.111	−.182	.254	−.148
alim06	.030	.248	.609	.064	.052	.091	.113	.032	.155
alim07	.178	.139	.606	.260	.272	−.003	−.024	−.155	−.072

	Component								
	Sys01	Sys2	Sys3	Sys4	Sys5	Sys6	Sys7	Sys8	Sys9
alin02	.269	−.135	.592	.225	−.011	.035	.104	.232	.111
asea02	.214	−.126	.579	.162	.292	.099	.028	−.031	−.018
aabs01	.168	−.187	.564	.114	.112	.203	.074	.031	.068
adis01	.225	−.339	.506	.278	.270	.128	.121	.059	.217
atec02	.211	.094	.176	.713	.094	.053	.091	.096	−.027
afee01	.271	.050	.376	.576	.132	.105	−.002	−.032	−.074
atec01	.331	.365	.115	.556	.028	.094	−.059	.094	−.043
aexp03	.210	.046	.147	.501	.079	−.049	.230	−.178	.122
asea04	.057	.113	.204	.421	.085	.307	.203	.020	.180
agro04	.112	.253	.095	.093	.583	.152	.230	.034	−.066
aord02	.225	.042	.154	.043	.543	.268	−.175	.184	.139
agro01	.151	−.023	.311	.187	.533	.222	.313	.209	.070
atag01	.160	.119	.209	.208	.521	.064	.088	−.032	.343
aord04	.107	−.266	.446	.043	.469	.063	.064	.139	.078
acom01	.335	.138	.184	.069	.184	.681	.030	−.028	−.066
acom02	.277	−.063	.418	.183	.226	.541	.108	.051	−.034
acom03	.290	.226	.338	.138	.100	.519	.102	−.108	−.084
agro02	.154	.327	−.193	.010	.245	.502	.056	.211	.059
agro03	.082	.262	.242	−.059	.071	.445	.011	.206	.320
amap01	.265	−.019	.055	.112	.209	.048	.569	.040	−.012
abro03	.024	.159	.267	.184	−.016	.108	.557	.186	−.059
abro02	.107	.109	.132	−.013	.324	.087	.103	.671	.066
aacc01	.236	−.113	.273	.225	−.016	.050	.177	.308	.191
adis02	.078	.063	.124	.046	.123	.002	−.047	.074	.786

表 5-37 的结果中，因子 9 只有一个题项，对于后继的结构方程分析是不合适的，因此将因子数设定为 8，再次进行因子分析，累积解释了 54.997% 的方差，每个题项在其相关联的变量上的因子负荷都大于 0.3，交叉变量的因子负荷没有超过 0.5，表明问卷具有较好的结构效度（表 5-38）。

表 5-38　问卷第一部分的探索性因子分析（2）

	Component							
	Sys 1	Sys 2	Sys 3	Sys 4	Sys 5	Sys 6	Sys 7	Sys 8
aper02	.812	.175	.093	.164	.172	.084	.106	−.003
aper03	.768	.097	.171	.052	.180	−.016	−.019	.148

	Component							
	Sys 1	Sys 2	Sys 3	Sys 4	Sys 5	Sys 6	Sys 7	Sys 8
aper01	.744	.039	.232	.200	.174	.121	.096	.047
ahelp01	.692	.226	.212	.177	.027	.139	.015	-.055
aale01	.645	.274	.273	.099	.085	.002	.023	.139
acomm01	.619	.107	.001	.097	.150	.064	.004	-.043
ainter01	.517	.029	.222	.490	.138	.137	.012	.123
aexp01	.515	.006	.238	.471	.185	.029	.206	.058
aexp02	.509	.252	.021	.344	.037	.272	.104	-.060
alin01	.496	.158	.423	.082	.062	.027	.039	.153
alim01	.148	.799	-.063	.110	.013	-.027	-.048	.064
alim02	.166	.785	-.152	.129	.038	-.032	.016	.046
alim03	.250	.614	.080	.296	.096	.021	-.239	.113
aord01	.071	.596	-.198	-.158	.140	.315	.179	-.082
asea01	.215	.576	-.125	.250	.297	.058	.089	-.058
alim05	.177	.552	.235	.240	.157	-.092	.168	-.207
aord03	.065	.542	.134	-.290	.027	.341	.151	-.191
asea03	.117	.542	.284	.085	.198	.031	.039	.151
abro01	-.016	.498	-.242	-.071	.003	.231	.046	.399
alim04	.287	.367	.277	.253	.298	-.100	-.082	.269
asea02	.198	-.115	.612	.175	.191	.071	.028	-.007
alim07	.156	.136	.611	.280	.093	.045	-.006	-.118
alim06	.026	.279	.608	.043	.003	.107	.149	.035
alin02	.268	-.092	.607	.201	-.057	.052	.085	.236
aabs01	.167	-.144	.604	.098	.149	.052	.057	.024
adis01	.215	-.315	.560	.280	.193	.124	.236	.080
acom02	.279	.001	.502	.162	.491	.092	-.055	.009
aord04	.084	-.278	.489	.073	.299	.137	.151	.180
acom03	.296	.286	.397	.112	.395	.086	-.114	-.159
atec02	.203	.114	.201	.710	.060	.081	-.021	.106
afee01	.261	.076	.404	.575	.110	.005	-.057	-.024
atec01	.325	.389	.122	.547	.070	-.060	-.042	.088
aexp03	.204	.042	.161	.508	-.049	.235	.139	-.150
asea04	.061	.157	.254	.397	.219	.169	.149	-.003
acom01	.343	.207	.270	.044	.601	.018	-.099	-.098
aord02	.201	.037	.208	.073	.551	-.075	.218	.196
agro02	.157	.356	-.132	.001	.549	.075	.049	.163
agro04	.085	.211	.134	.141	.457	.361	.036	.074
agro01	.131	-.031	.374	.213	.447	.385	.133	.239

	Component							
	Sys 1	Sys 2	Sys 3	Sys 4	Sys 5	Sys 6	Sys 7	Sys 8
agro03	.091	.324	.285	−.098	.334	−.024	.272	.154
amap01	.260	−.039	.088	.130	.114	.587	.007	.069
abro03	.031	.181	.285	.163	−.011	.511	−.097	.183
adis02	.075	.070	.133	.035	.031	−.047	.787	.090
atag01	.134	.089	.244	.245	.327	.194	.434	.017
abro02	.093	.108	.154	−.006	.275	.135	.094	.684
aacc01	.239	−.079	.294	.202	−.019	.120	.155	.307

通过表 5-37 和表 5-38 的分析发现，因子 1 和 2 完全相同，因子 3 则增加了三个因子负荷相对偏低的题项，因子 4 二者相同，因子 5 则增加了一个因子负荷比较小的题项，因子 6 与因子 8 相同，也就是说将特征值大于 1 与设定因素数位 8 二者区别甚微，在后继的结构方程分析中，本研究将采用表 5-38 的结果。

5.2.20 问卷第二部分外生潜变量

在问卷第二部分外生潜变量方面，样本的 KMO 值为 0.950 大于 0.5，表示适合进行因子分析。Bartlett's 球形检验的卡方值为 30 350.977（自由度为 1891）达显著，表示样本的相关矩阵间有共同因子存在，可以对样本进行因子分析（表 5-39）。

表 5-39 问卷第二部分外生潜变量的 KMO 及 Bartlett 球形检验（1）

Kaiser-Meyer-Olkin Measure of Sampling Adequacy		0.950
Bartlett's Test of Sphericity	Approx. Chi-Square	30 350.977
	df	1 891
	Sig.	0.000

针对问卷第二部分的外生潜变量，本研究提取出了特征值大于 1 的 13 个因子，累积解释了 63.240% 的方差，每个题项在其相关联的变量上的因子负荷都大于 0.3，交叉变量的因子负荷没有超过 0.5，表明问卷具有较好的结构效度（表 5-40）。

表 5-40 问卷第二部分外生潜变量的探索性因子分析（1）

	Component												
	1	2	3	4	5	6	7	8	9	10	11	12	13
int0005	0.66	0.05	0.15	0.12	0.19	0.15	−0.03	0.16	0.04	0.04	−0.01	−0.03	0.16
int0003	0.66	0.06	0.07	0.00	0.10	0.13	0.04	0.14	0.25	0.19	0.06	0.08	0.06
int0004	0.64	0.07	0.05	0.11	0.14	0.11	0.02	0.22	0.23	0.05	−0.01	−0.04	0.08

续表

	Component												
	1	2	3	4	5	6	7	8	9	10	11	12	13
int0006	0.62	0.15	0.15	0.10	0.17	0.16	0.10	0.06	-0.03	0.16	0.09	0.02	-0.10
int0007	0.61	0.07	0.17	0.03	0.24	0.18	0.09	0.05	0.07	-0.09	0.05	0.16	0.03
int0002	0.58	0.05	0.08	0.09	0.03	-0.03	-0.04	0.26	0.13	0.22	0.30	0.01	-0.05
curr0001	0.56	0.10	0.12	0.11	0.22	0.13	0.15	0.04	0.08	0.06	0.07	0.31	0.08
curr0002	0.52	0.13	0.07	0.07	0.21	0.18	0.20	0.00	-0.01	-0.01	0.08	0.34	0.08
int0001	0.50	0.09	0.06	0.11	0.07	0.08	-0.06	0.32	0.12	0.20	0.17	0.25	-0.06
sec0001	0.42	0.16	0.12	0.25	-0.03	0.00	0.32	-0.16	0.24	0.28	0.06	0.14	-0.15
index	0.37	0.15	0.11	0.06	0.12	0.10	0.07	0.23	0.25	0.28	0.03	0.07	0.16
ent0003	0.11	0.81	0.15	0.08	0.11	0.09	0.13	0.00	0.03	0.02	0.04	0.01	0.01
eng0002	0.04	0.78	0.09	-0.02	0.00	0.11	0.13	-0.09	0.09	0.09	0.08	0.10	-0.11
ent0002	0.12	0.78	0.20	0.08	0.10	0.11	0.13	0.03	0.01	-0.02	0.10	0.02	0.07
eng0001	0.06	0.77	0.04	-0.02	-0.05	0.10	0.13	-0.12	0.12	0.11	0.03	0.11	-0.05
ent0001	0.13	0.72	0.26	0.11	0.10	0.12	0.08	0.07	0.04	0.03	0.12	0.00	0.08
eng0003	0.06	0.70	0.15	0.16	0.13	0.10	0.07	0.11	0.13	0.11	0.05	0.00	-0.08
aes0006	0.16	0.21	0.72	0.13	0.05	0.08	0.11	0.07	0.13	0.28	0.12	0.14	-0.05
aes0007	0.10	0.24	0.72	0.17	0.07	0.10	0.14	0.11	0.07	0.19	0.11	0.12	-0.06
aes0008	0.18	0.26	0.72	0.17	0.06	0.11	0.10	0.04	0.11	0.11	0.13	0.08	-0.05
aes0009	0.24	0.29	0.65	0.15	0.06	0.11	0.09	0.05	0.09	0.09	0.09	0.07	0.13
aes0010	0.10	0.13	0.51	0.18	0.24	-0.03	0.10	0.33	0.11	-0.11	0.03	-0.19	0.05
time0002	0.09	0.07	0.10	0.73	0.12	0.14	0.04	0.11	0.16	0.06	0.11	0.08	0.11
time0001	0.11	0.12	0.11	0.71	0.01	0.13	0.08	0.08	0.04	0.19	0.14	0.05	0.11
time0003	0.14	0.06	0.24	0.70	0.17	0.03	0.01	0.14	0.25	-0.08	0.02	0.05	-0.06
time0004	0.05	0.08	0.27	0.64	0.14	0.08	0.00	0.14	0.29	-0.12	-0.01	0.08	-0.06
cost0003	0.17	0.02	0.06	0.51	0.08	-0.03	0.05	0.27	-0.11	0.27	0.25	-0.14	0.06
aut0002	0.21	0.10	0.00	0.12	0.71	0.12	-0.01	0.11	0.16	0.11	0.16	0.17	0.01
aut0003	0.13	-0.01	0.09	0.23	0.69	0.06	0.05	0.30	0.05	0.13	0.15	-0.07	-0.07
aut0004	0.31	0.15	0.10	0.05	0.65	0.11	0.14	0.05	0.11	0.18	-0.04	0.05	0.03
aut0001	0.30	0.05	0.10	0.02	0.58	0.10	0.01	0.09	0.15	0.13	0.18	0.34	0.02
aut0005	0.33	0.13	0.15	0.10	0.57	0.14	0.13	0.16	0.10	0.20	-0.03	-0.02	0.02
fle0002	0.15	0.11	0.08	0.19	0.07	0.73	0.09	0.03	0.09	0.06	0.04	0.04	-0.10
fle0003	0.16	0.15	-0.01	-0.03	0.14	0.72	0.10	-0.03	0.13	0.08	0.04	0.13	-0.05
fle0004	0.14	0.17	0.08	0.05	0.13	0.62	0.13	0.05	0.15	0.17	0.07	0.08	-0.04
fle0001	0.23	0.08	0.15	0.26	0.06	0.60	0.04	0.13	0.09	0.26	-0.02	-0.04	0.02
loca0001	0.09	0.16	0.08	-0.02	0.03	0.51	0.34	-0.03	-0.06	-0.01	0.23	0.06	0.10

| | Component | | | | | | | | | | | | |
	1	2	3	4	5	6	7	8	9	10	11	12	13
pri0002	0.07	0.17	0.11	0.04	0.09	0.17	0.81	0.15	0.10	0.03	0.07	0.03	0.03
pri0001	0.17	0.21	0.11	-0.02	0.03	0.19	0.78	-0.07	0.06	0.04	-0.02	0.05	0.00
pri0003	-0.06	0.15	0.12	0.05	0.11	0.11	0.76	0.18	0.08	0.08	0.09	0.06	-0.03
sec0002	0.32	0.12	0.13	0.36	0.09	0.06	0.38	-0.10	0.25	0.23	0.17	0.03	-0.22
cost0001	0.07	0.20	0.01	0.29	-0.04	-0.02	0.38	0.01	0.07	0.11	0.34	0.28	-0.09
accur0002	0.18	-0.02	0.13	0.10	0.11	0.08	0.06	0.76	0.04	-0.02	0.05	0.13	-0.02
accur0003	0.22	-0.04	0.07	0.17	0.16	-0.01	0.09	0.72	0.08	0.11	0.08	0.07	0.01
accur0001	0.28	-0.05	0.08	0.18	0.19	0.02	0.06	0.67	0.10	0.21	0.05	0.00	0.05
rel0002	0.19	0.12	0.11	0.18	0.16	0.11	0.08	0.14	0.73	0.05	0.11	0.04	0.08
rel0001	0.22	0.11	0.10	0.18	0.10	0.12	0.10	0.06	0.73	0.07	0.04	0.13	0.05
rel0003	0.14	0.13	0.17	0.18	0.16	0.17	0.11	0.07	0.61	0.13	0.17	0.13	-0.06
sec0003	0.21	0.13	0.16	0.17	0.10	0.12	0.31	-0.03	0.37	0.25	0.17	-0.11	-0.24
eff0001	0.25	0.11	0.22	0.09	0.28	0.22	0.06	0.22	0.11	0.59	0.08	0.06	0.11
eff0002	0.21	0.14	0.23	0.02	0.30	0.26	0.10	0.12	0.14	0.57	0.10	0.11	0.10
aut0006	0.25	0.12	0.21	0.13	0.33	0.18	0.12	0.09	0.06	0.54	-0.04	0.04	0.07
eff0003	0.12	0.14	0.14	0.07	0.31	0.32	0.10	0.12	0.12	0.51	0.14	0.14	0.05
aes0003	0.20	0.21	0.30	0.11	0.15	0.10	0.10	0.07	0.26	0.10	0.59	0.01	0.08
aes0002	0.18	0.15	0.31	0.16	0.15	0.26	0.11	0.09	0.19	-0.03	0.55	-0.02	0.08
cost0002	0.00	0.20	-0.04	0.28	0.10	0.03	0.28	0.07	-0.06	0.06	0.47	0.13	-0.28
aes0001	0.19	0.08	0.31	0.26	0.16	0.26	0.03	0.12	0.26	0.09	0.46	0.00	0.08
aes0004	0.28	0.22	0.33	0.14	0.20	0.05	0.04	0.15	0.23	0.07	0.37	0.08	0.28
full0002	0.21	0.08	0.16	0.17	0.19	0.11	0.08	0.30	0.20	0.14	0.03	0.58	0.09
full0001	0.31	0.05	0.22	0.21	0.16	0.09	0.02	0.23	0.20	0.10	-0.04	0.57	0.07
curr0003	0.23	0.24	-0.03	-0.19	0.02	0.27	0.25	-0.17	-0.01	-0.02	0.07	0.49	-0.17
aes0005	0.17	-0.07	0.00	0.11	0.02	-0.09	-0.04	0.01	0.04	0.13	0.04	0.03	0.82

通过对表5-40结果的分析发现下面几个问题。

（1）问卷中系统安全构念的题项分散在三个因子中，并且因子负荷都比较低，对于学术信息检索系统而言，调查对象的学术数据库访问基本上都是通过各自学校进行的，因此问卷中三个题项对于调查对象而言就不太合适，因为信息用户基本上不存在其账号/密码的问题以及非法入侵的问题，这一点与以电子商务为主的网站显然不同，因此考虑删除该构念。

（2）因子13，仅涵盖一个题项，即有关美感的反向题，该题项作为一个因子，不合理性显然存在，因此该题项也考虑删除。

（3）原先在问卷中的费用感知构念的三个题项也分散在三个因子中，且因子负荷比较低，与系统安全性类似，由单位付费的学术数据库使用，无需用户付费，因此费用题项对于用户而言，其感知不准确，因此有关费用问题也考虑从量表中删除。

（4）题项标引 index 在因子 1 中的负荷与其他题项有明显差距，在一个因子中的合理性不充分，因此考虑将该题项也一并删除。

（5）原本娱乐体验与投入体验两个构念在因子 2 中，通过对题项的分析，发现二者确实语义上内在的逻辑性非常强，因此在一个因子中是合适的，不过该因子属于体验性质的题项，6 个题项意义不是非常大，因此考虑删除后面两个因子负荷比较小的因子。

（6）反映实时性的 curr0003，在线评议论文的问题始终不能与前面两个归入一个因子中，考虑调查对象以研究生为主，问卷结果显示，多数调查对象选择的数据库是 CNKI，而 CNKI 没有提供在线评议论文，因此对该题项的认识难以反映实际情况，从而考虑将该题项一并删除。

删除上述题项之后，再次进行探索性因子分析。样本的 KMO 值为 0.950 大于 0.5，表示适合进行因子分析。Bartlett's 球形检验的卡方值为 25 075.05（自由度为 1 275）达显著，表示样本的相关矩阵间有共同因子存在，可以对样本进行因子分析（表 5-41）。

表 5-41　问卷第二部分外生潜变量的 KMO 及 Bartlett 球形检验（2）

Kaiser-Meyer-Olkin Measure of Sampling Adequacy		0.95
Bartlett's Test of Sphericity	Approx. Chi-Square	25 075.05
	df	1 275.00
	Sig.	0.00

本研究提取出了特征值大于 1 的 11 个因子，累积解释了 64.19% 的方差，每个题项在其相关联的变量上的因子负荷都大于 0.4，交叉变量的因子负荷没有超过 0.5，表明问卷具有较好的结构效度（表 5-42）。

表 5-42　问卷第二部分外生潜变量的探索性因子分析（2）

	Rotated Component Matrix（a）										
	Component										
	1.00	2.00	3.00	4.00	5.00	6.00	7.00	8.00	9.00	10.00	11.00
int0005	0.68	0.16	0.12	0.15	−0.01	0.11	0.13	0.01	−0.05	0.11	0.03
int0003	0.67	0.08	0.12	0.08	0.04	0.01	0.12	0.27	0.04	0.20	0.03
int0004	0.65	0.04	0.06	0.10	0.04	0.16	0.17	0.19	0.02	0.15	−0.03
int0007	0.64	0.17	0.16	0.22	0.03	0.05	0.00	0.06	0.10	−0.02	0.16
int0006	0.61	0.18	0.18	0.14	0.13	0.09	0.07	−0.02	0.10	0.16	−0.02
curr0001	0.59	0.13	0.16	0.22	0.10	0.08	0.06	0.11	0.15	0.03	0.23
int0002	0.58	0.15	0.02	0.05	0.06	0.09	0.31	0.20	−0.01	0.11	−0.14
curr0002	0.56	0.09	0.21	0.22	0.13	0.04	0.00	0.04	0.21	−0.04	0.23
int0001	0.53	0.09	0.10	0.08	0.10	0.12	0.32	0.17	−0.03	0.15	0.10

	Rotated Component Matrix（a）										
	Component										
	1.00	2.00	3.00	4.00	5.00	6.00	7.00	8.00	9.00	10.00	11.00
aes0007	0.10	0.74	0.11	0.05	0.19	0.17	0.07	0.06	0.15	0.21	0.18
aes0006	0.16	0.73	0.10	0.04	0.16	0.12	0.05	0.14	0.12	0.27	0.18
aes0008	0.17	0.72	0.11	0.05	0.22	0.19	0.02	0.09	0.10	0.15	0.11
aes0009	0.25	0.67	0.10	0.03	0.24	0.16	0.03	0.08	0.07	0.16	0.10
aes0010	0.09	0.52	-0.09	0.20	0.05	0.23	0.27	0.03	0.09	0.04	-0.08
aes0002	0.17	0.47	0.36	0.24	0.12	0.13	0.18	0.29	0.09	-0.19	-0.20
aes0003	0.22	0.45	0.19	0.22	0.21	0.10	0.17	0.39	0.09	-0.05	-0.27
aes0004	0.31	0.44	0.11	0.24	0.19	0.13	0.21	0.29	0.01	-0.02	-0.08
aes0001	0.19	0.44	0.34	0.21	0.03	0.22	0.18	0.35	0.02	-0.03	-0.12
fle0002	0.14	0.07	0.73	0.07	0.08	0.20	0.02	0.05	0.09	0.09	0.07
fle0003	0.18	-0.03	0.70	0.12	0.14	0.00	-0.06	0.12	0.11	0.14	0.08
fle0004	0.14	0.10	0.63	0.13	0.14	0.05	0.04	0.14	0.13	0.18	0.08
fle0001	0.20	0.15	0.61	0.05	0.05	0.23	0.14	0.04	0.01	0.25	0.06
loca0001	0.12	0.14	0.54	0.05	0.17	-0.05	0.01	-0.01	0.30	-0.04	-0.06
aut0002	0.22	0.05	0.15	0.73	0.08	0.12	0.11	0.18	0.00	0.11	0.10
aut0003	0.12	0.12	0.07	0.68	-0.03	0.24	0.30	0.03	0.07	0.15	-0.05
aut0004	0.31	0.09	0.10	0.63	0.13	0.06	0.03	0.07	0.13	0.26	0.09
aut0001	0.32	0.14	0.15	0.62	0.04	-0.01	0.11	0.20	0.02	0.08	0.23
aut0005	0.33	0.13	0.11	0.53	0.09	0.13	0.15	0.05	0.12	0.33	-0.02
eng0001	0.05	0.09	0.13	-0.03	0.81	0.00	-0.09	0.12	0.12	0.06	0.06
eng0002	0.05	0.14	0.14	0.02	0.80	0.01	-0.07	0.11	0.15	0.07	0.03
ent0003	0.10	0.20	0.10	0.13	0.80	0.10	0.01	0.01	0.11	0.06	0.01
ent0002	0.13	0.26	0.12	0.12	0.75	0.10	0.05	0.01	0.11	0.02	-0.01
time0002	0.14	0.12	0.13	0.10	0.05	0.77	0.11	0.16	0.04	0.10	-0.01
time0003	0.13	0.23	0.03	0.16	0.02	0.73	0.12	0.19	0.02	-0.03	0.12
time0001	0.13	0.16	0.17	0.02	0.10	0.71	0.14	0.07	0.06	0.14	-0.06
time0004	0.06	0.24	0.05	0.12	0.04	0.71	0.11	0.21	0.02	-0.03	0.13
accur0002	0.17	0.13	0.08	0.11	-0.04	0.10	0.76	0.01	0.06	0.01	0.17
accur0003	0.21	0.09	-0.01	0.15	-0.06	0.17	0.74	0.08	0.09	0.13	0.07
accur0001	0.26	0.10	0.03	0.19	-0.08	0.16	0.70	0.08	0.05	0.20	0.02
rel0002	0.21	0.13	0.07	0.13	0.08	0.24	0.09	0.72	0.08	0.13	0.06

	Rotated Component Matrix（a）										
	Component										
	1.00	2.00	3.00	4.00	5.00	6.00	7.00	8.00	9.00	10.00	11.00
rel0001	0.24	0.10	0.09	0.08	0.09	0.22	0.02	0.71	0.09	0.13	0.16
rel0003	0.15	0.20	0.17	0.15	0.09	0.21	0.05	0.64	0.13	0.14	0.12
pri0002	0.09	0.13	0.17	0.08	0.15	0.07	0.14	0.10	0.83	0.04	-0.01
pri0003	-0.02	0.14	0.11	0.09	0.12	0.08	0.15	0.11	0.79	0.10	0.03
pri0001	0.19	0.10	0.19	0.01	0.20	0.01	-0.09	0.05	0.79	0.07	0.03
aut0006	0.28	0.20	0.16	0.27	0.08	0.13	0.08	0.07	0.12	0.60	0.01
eff0001	0.27	0.25	0.23	0.24	0.05	0.06	0.23	0.16	0.04	0.60	0.03
eff0002	0.24	0.25	0.27	0.26	0.13	0.01	0.14	0.19	0.08	0.58	0.02
eff0003	0.16	0.17	0.34	0.27	0.11	0.05	0.14	0.18	0.10	0.51	0.03
full0001	0.33	0.21	0.14	0.19	0.06	0.14	0.24	0.19	0.01	0.02	0.61
full0002	0.25	0.17	0.17	0.22	0.09	0.10	0.32	0.23	0.06	0.06	0.57

通过对结果的分析，发现下列问题。

（1）因子2中有关美感的题项，aes0001~aes0004在0.5以下，通过对题项的分析发现，调查对象对于是否具有良好的兼容性、版本之间的一致性等需要专业人员才能够比较好回答的问题有些力不从心，因此考虑将这四个题项删除。

（2）体现实时性的两个题项与体现完整性的题项汇聚在因子1中，通过对题项的分析，发现有其内在的合理性，因为如果数据库具有很好的实时性，则可以从最新文献的层面上保证数据库的完整性。

（3）本地化与灵活性汇聚在因子3中，也具有逻辑上的合理性，系统针对用户提供不同语种的版本支持，本身就是灵活性的体现，因此在一个因子中也是合理的。

删除之后，再次进行因子分析，样本的KMO值为0.940大于0.5，表示适合进行因子分析。Bartlett's球形检验的卡方值为22 749.18（自由度为1 081）达显著，表示样本的相关矩阵间有共同因子存在，可以对样本进行因子分析（表5-43）。

表5-43 问卷第二部分外生潜变量的 KMO 及 Bartlett 球形检验（3）

Kaiser-Meyer-Olkin Measure of Sampling Adequacy		0.94
Bartlett's Test of Sphericity	Approx. Chi-Square	22 749.18
	df	1 081.00
	Sig.	0.00

由于表5-42的因子内在的逻辑性已经合理，因此删除上述题项之后，再次进行因子分析，设定因子数为11，累积解释了63.78%的方差，每个题项在其相关联的变量上的因子负荷都大于0.5，交叉变量的因子负荷没有超过0.5，表明问卷具有较好的结构效度（表5-44）。

表5-44　问卷第二部分外生潜变量的探索性因子分析（3）

	Component											特征值
	1.00	2.00	3.00	4.00	5.00	6.00	7.00	8.00	9.00	10.00	11.00	解释的方差/%
int0005	0.67	0.19	0.20	−0.01	0.17	0.06	0.17	0.03	−0.07	0.07	−0.02	
int0003	0.67	0.07	0.09	0.05	0.11	0.01	0.11	0.23	0.05	0.26	0.09	
int0004	0.65	0.06	0.14	0.04	0.11	0.11	0.21	0.08	0.01	0.24	−0.06	
int0007	0.62	0.18	0.25	0.03	0.20	0.02	0.03	−0.06	0.09	0.10	0.15	4.56
int0006	0.61	0.16	0.16	0.13	0.18	0.09	0.08	0.16	0.10	−0.02	0.02	(9.70)
int0002	0.59	0.06	0.00	0.07	−0.06	0.18	0.24	0.30	0.03	0.09	0.10	
curr0001	0.57	0.11	0.21	0.09	0.14	0.11	0.02	0.09	0.16	0.07	0.34	
curr0002	0.54	0.07	0.20	0.12	0.19	0.07	−0.03	0.02	0.22	−0.01	0.34	
int0001	0.52	0.04	0.05	0.10	0.05	0.17	0.26	0.27	0.00	0.10	0.25	
aes0007	0.09	0.74	0.06	0.19	0.12	0.18	0.08	0.20	0.15	0.07	0.17	
aes0008	0.17	0.74	0.07	0.23	0.12	0.19	0.04	0.12	0.10	0.12	0.09	
aes0006	0.15	0.73	0.05	0.16	0.10	0.14	0.04	0.28	0.12	0.13	0.19	3.22
aes0009	0.24	0.69	0.07	0.24	0.14	0.14	0.07	0.10	0.06	0.12	0.05	(6.86)
aes0010	0.10	0.54	0.24	0.06	−0.03	0.18	0.35	−0.05	0.07	0.12	−0.17	
aut0002	0.20	0.02	0.71	0.09	0.14	0.13	0.10	0.15	0.01	0.16	0.20	
aut0003	0.10	0.09	0.68	−0.02	0.06	0.25	0.31	0.16	0.07	0.03	0.03	
aut0004	0.29	0.11	0.66	0.12	0.13	0.02	0.06	0.19	0.12	0.10	0.07	3.03
aut0001	0.29	0.09	0.58	0.05	0.11	0.03	0.07	0.17	0.03	0.14	0.38	(6.44)
aut0005	0.32	0.15	0.58	0.09	0.15	0.08	0.19	0.24	0.10	0.10	−0.05	
eng0001	0.05	0.07	−0.04	0.81	0.12	0.01	−0.11	0.10	0.13	0.09	0.10	
eng0002	0.05	0.13	0.01	0.80	0.12	0.02	−0.09	0.10	0.15	0.08	0.08	3.02
ent0003	0.10	0.21	0.15	0.80	0.12	0.08	0.03	0.02	0.10	0.04	−0.02	(6.43)
ent0002	0.12	0.25	0.13	0.76	0.13	0.09	0.06	0.01	0.11	0.03	−0.01	
fle0002	0.13	0.08	0.08	0.08	0.75	0.18	0.03	0.07	0.08	0.07	0.07	
fle0003	0.16	−0.02	0.13	0.14	0.72	−0.02	−0.05	0.12	0.11	0.14	0.08	
fle0001	0.18	0.17	0.08	0.04	0.65	0.21	0.16	0.21	0.00	0.07	0.03	2.98
fle0004	0.13	0.09	0.13	0.14	0.63	0.05	0.04	0.19	0.13	0.14	0.09	(6.34)
loca0001	0.11	0.11	0.03	0.18	0.53	−0.02	0.01	0.01	0.31	−0.02	0.00	
time0002	0.13	0.08	0.10	0.05	0.11	0.79	0.08	0.14	0.06	0.13	0.05	
time0001	0.13	0.11	0.01	0.10	0.13	0.75	0.10	0.22	0.08	0.01	0.04	2.86
time0003	0.12	0.23	0.17	0.02	0.04	0.72	0.14	−0.06	0.02	0.21	0.11	(6.09)
time0004	0.06	0.25	0.14	0.04	0.08	0.68	0.13	−0.07	0.01	0.24	0.10	

续表

	Component											特征值
	1.00	2.00	3.00	4.00	5.00	6.00	7.00	8.00	9.00	10.00	11.00	解释的方差/%
accur0002	0.16	0.13	0.11	−0.03	0.10	0.08	0.77	−0.01	0.05	0.03	0.18	
accur0003	0.21	0.07	0.15	−0.05	0.00	0.16	0.75	0.14	0.09	0.09	0.11	2.50 (5.32)
accur0001	0.25	0.08	0.20	−0.07	0.03	0.15	0.70	0.21	0.04	0.09	0.06	
eff0001	0.26	0.23	0.24	0.05	0.20	0.08	0.20	0.64	0.05	0.12	0.09	
eff0002	0.22	0.22	0.26	0.12	0.24	0.04	0.11	0.64	0.10	0.14	0.10	2.44 (5.19)
aut0006	0.26	0.20	0.30	0.07	0.16	0.13	0.06	0.59	0.12	0.06	0.01	
eff0003	0.14	0.13	0.26	0.10	0.31	0.09	0.09	0.58	0.12	0.12	0.12	
pri0002	0.08	0.11	0.09	0.16	0.17	0.07	0.13	0.06	0.83	0.09	0.02	
pri0003	−0.03	0.11	0.09	0.12	0.09	0.09	0.13	0.13	0.80	0.08	0.07	2.44 (5.18)
pri0001	0.18	0.11	0.03	0.20	0.20	0.00	−0.09	0.05	0.79	0.06	0.02	
rel0002	0.20	0.14	0.15	0.09	0.11	0.09	0.13	0.09	0.07	0.77	0.04	
rel0001	0.23	0.13	0.10	0.09	0.13	0.18	0.05	0.08	0.07	0.76	0.11	2.20 (4.67)
rel0003	0.14	0.18	0.14	0.10	0.17	0.21	0.05	0.17	0.13	0.64	0.16	
full0001	0.29	0.19	0.15	0.05	0.11	0.16	0.20	0.08	0.01	0.15	0.68	1.71 (3.64)
full0002	0.20	0.14	0.18	0.08	0.14	0.13	0.27	0.13	0.08	0.17	0.66	

5.2.21 问卷第二部分内生潜变量

在问卷第二部分体现模型的内生潜变量方面，样本的 KMO 值为 0.960 大于 0.5，表示适合进行因子分析。Bartlett's 球形检验的卡方值为 27 205.325（自由度为 1 326）达显著，表示样本的相关矩阵间有共同因子存在，可以对样本进行因子分析（表5-45）。

表5-45　问卷第二部分内生潜变量的 KMO 及 Bartlett 球形检验

Kaiser-Meyer-Olkin Measure of Sampling Adequacy		0.960
Bartlett's Test of Sphericity	Approx. Chi-Square	27 205.325
	df	1 326
	Sig.	0.000

本研究提取出了特征值大于 1 的 9 个因子，累积解释了 63.518% 的方差，每个题项在其相关联的变量上的因子负荷都大于 0.3，交叉变量的因子负荷没有超过 0.5，表明问卷具有较好的结构效度（表5-46）。

表 5-46　问卷第二部分内生潜变量的探索性因子分析（1）

	Component								
	1	2	3	4	5	6	7	8	9
ada0004	.790	.125	.008	.095	−.033	.108	−.030	−.040	.057
ada0005	.750	.127	.073	.091	.038	.163	−.015	.003	.097
ada0003	.712	.066	.152	.029	.104	.125	.013	−.084	.009
ada0006	.680	.109	.138	.138	.147	.104	.053	.038	.208
ada0007	.635	.136	.232	.076	.203	.062	.107	.105	.151
ada0002	.630	.275	.079	.078	.049	.242	.067	.030	.035
ada0001	.565	.305	.172	.207	.103	.225	.098	.079	.014
qual0002	.365	.329	.062	.348	.180	.154	.234	.003	.120
perf0002	.260	.727	.007	.154	.096	.135	.052	.032	.141
perf0003	.250	.694	.083	.134	.032	.196	.044	−.001	.242
perf0004	.145	.667	.201	.074	.119	.275	.098	.051	.142
perf0005	.143	.650	.183	.205	.115	.203	.034	.110	.128
perf0001	.031	.633	.131	.111	.238	.097	.033	.069	−.156
emo0001	.205	.492	.159	.403	.178	.031	−.069	.207	.122
sel0004	.213	.475	.135	.198	.283	.320	.261	.110	−.147
sel0003	.230	.462	.101	.113	.249	.235	.338	.030	−.194
qual0001	.315	.454	.074	.352	.135	.171	.216	.041	.101
sel0002	.207	.391	.023	.346	.369	.260	.195	.141	−.212
sat0001	.280	.356	.308	.265	.208	.155	.116	.173	.227
effc0003	.083	.061	.749	.156	.205	.165	.155	.020	−.027
effc0001	.165	.230	.735	.233	.203	.099	.084	.036	−.030
effc0002	.190	.167	.734	.166	.171	.156	.030	.044	.059
effc0004	.143	.035	.716	.167	.194	.216	.154	.030	.033
qua0001	.128	.190	.494	.218	.250	.403	.145	.085	−.046
sat0004	.115	.092	.457	.163	.391	.205	.223	.073	.244
sat0002	.122	.227	.413	.218	.346	.245	.157	.131	.196
sat0003	.220	.202	.351	.282	.286	.256	.142	.084	.265
inte0003	.126	.164	.186	.689	.112	.265	.124	.071	−.008
inte0001	.040	.184	.297	.668	.091	.200	.148	.018	.059
inte0002	.171	.103	.279	.652	.093	.255	.111	.005	.137
inte0004	.126	.282	.190	.626	.152	.296	.070	.051	−.090
emo0004	.199	.319	.126	.467	.223	.039	−.051	.091	.252
emo0002	.157	.332	.323	.386	.247	.016	−.021	.248	.226
easy0004	.074	.179	.148	.198	.736	.120	.044	.037	.101
easy0003	.040	.193	.241	.081	.716	.240	.004	.017	.158
easy0002	.153	.116	.256	.052	.695	.086	.094	−.028	.131
easy0001	.145	.143	.347	.105	.612	.097	.228	.083	−.038
sel0001	.149	.255	.191	.232	.539	.157	.208	.161	−.292
qua0005	.248	.157	.136	.123	.114	.680	.066	−.013	.074

	Component								
	1	2	3	4	5	6	7	8	9
qua0003	.179	.230	.264	.210	.126	.644	.007	.085	.170
qua0002	.190	.298	.225	.178	.123	.640	.056	.097	.086
qua0004	.207	.250	.206	.250	.150	.612	-.014	.105	.135
qua0007	.299	.201	.214	.247	.169	.542	.076	.132	.117
qua0006	.252	.156	.113	.286	.219	.471	.058	.145	-.126
ser0002	.093	.089	.221	.119	.147	.089	.720	-.010	.318
qual0003	.091	.149	.221	.199	.262	-.013	.671	-.043	.033
emo0005	.044	.145	.032	.073	-.008	.094	-.038	.838	.027
emo0003	-.016	.086	.027	.110	.188	.096	-.040	.821	-.082
inte0005	-.167	.013	.216	-.058	-.113	.105	.458	.532	-.090
ser0003	.388	.127	.025	.118	.103	.173	.162	-.060	.601
ser0004	.423	.179	.042	.034	.117	.158	.090	-.083	.596
ser0001	.400	.187	.106	.248	.123	.081	.320	-.077	.408

通过表 5-46 的分析可见，情感、选择性、系统质量认知与满意度分散在几个因子中，和问卷设计存在一定差别，因此有必要进一步进行因子分析，将因子数设定为 11 个，然后再次进行因子分析，得到的结果见表 5-47。

表 5-47 问卷第二部分内生潜变量的探索性因子分析（2）

	Component										
	1	2	3	4	5	6	7	8	9	10	11
ada0004	.796	.129	-.006	.107	.105	-.019	.042	-.020	.117	.051	-.031
ada0005	.736	.125	.083	.167	.092	.039	.074	-.013	.169	.066	-.033
ada0003	.710	.028	.135	.092	.050	.080	.138	.057	.145	-.024	-.034
ada0006	.679	.125	.080	.115	.120	.140	.009	.198	.160	.123	.054
ada0007	.660	.176	.160	.078	.087	.216	.015	.188	.071	.062	.160
ada0002	.603	.201	.060	.266	.011	.014	.156	.100	.064	.243	.032
ada0001	.514	.219	.182	.242	.122	.028	.240	.122	.080	.285	.030
perf0003	.252	.698	.042	.217	.124	.075	.096	.029	.209	.110	.081
perf0004	.175	.672	.123	.264	.108	.129	.185	.130	.112	-.046	.156
perf0005	.174	.665	.096	.212	.214	.132	.142	.163	.027	.049	.105
perf0002	.224	.664	.007	.156	.090	.077	.239	.026	.175	.229	.017
perf0001	.004	.529	.153	.078	.073	.156	.431	.030	-.042	.084	-.026
emo0001	.186	.509	.133	.075	.324	.138	.117	.197	-.018	.274	-.051
emo0002	.149	.400	.278	.062	.338	.231	.012	.267	.032	.203	-.032
effc0001	.134	.182	.744	.115	.188	.167	.159	.156	.019	.159	.063
effc0002	.164	.159	.742	.169	.157	.157	.088	.141	.096	.053	.029
effc0003	.075	.040	.739	.160	.165	.188	.116	.151	.025	.009	.160
effc0004	.128	.030	.724	.218	.184	.197	.088	.096	.091	.009	.161

	Component										
	1	2	3	4	5	6	7	8	9	10	11
qua0001	.077	.085	.494	.389	.168	.150	.308	.232	.047	.143	.066
qua0003	.156	.209	.229	.682	.171	.122	.052	.165	.096	.174	.031
qua0005	.240	.112	.112	.677	.136	.119	.132	.046	.115	.031	.067
qua0002	.159	.242	.208	.656	.146	.089	.179	.130	.092	.140	.048
qua0004	.184	.236	.194	.642	.225	.144	.097	.101	.091	.143	.005
qua0007	.296	.190	.153	.525	.261	.122	.170	.239	.097	.015	.080
qua0006	.243	.111	.120	.447	.299	.160	.305	.047	-.056	.017	.037
inte0003	.137	.161	.147	.220	.723	.102	.182	.094	.041	.050	.110
inte0002	.173	.119	.231	.226	.668	.101	.057	.147	.151	.096	.097
inte0001	.027	.162	.267	.177	.652	.078	.129	.135	.091	.172	.112
inte0004	.125	.230	.155	.238	.640	.093	.307	.138	.003	.052	.017
easy0004	.082	.179	.127	.142	.182	.762	.129	.089	.027	.124	.062
easy0002	.163	.125	.241	.083	.075	.719	.130	.077	.130	-.017	.099
easy0003	.037	.178	.202	.243	.076	.707	.151	.199	.108	.032	-.003
easy0001	.117	.049	.327	.096	.046	.537	.300	.237	-.013	.186	.166
sel0003	.152	.252	.157	.154	.073	.083	.666	.055	.151	.089	.138
sel0002	.140	.221	.066	.196	.298	.207	.626	.103	.020	.144	.026
sel0004	.155	.311	.152	.242	.175	.116	.621	.162	.100	.045	.107
sel0001	.097	.077	.204	.099	.169	.352	.614	.238	-.115	.143	.053
sat0003	.198	.140	.199	.238	.200	.165	.128	.652	.141	.215	.074
sat0004	.129	.069	.286	.163	.153	.303	.103	.628	.129	.020	.199
sat0002	.119	.190	.266	.195	.201	.219	.205	.615	.120	.016	.112
sat0001	.222	.291	.236	.120	.197	.048	.276	.516	.228	.153	.005
ser0003	.291	.125	.062	.141	.104	.061	.042	.139	.745	.058	.012
ser0004	.348	.193	.051	.140	.021	.096	-.011	.161	.679	.045	-.020
ser0001	.282	.094	.169	.093	.135	.079	.120	.077	.565	.393	.145
qual0001	.217	.297	.105	.232	.161	.069	.240	.113	.135	.625	.093
qual0002	.281	.186	.076	.207	.176	.130	.193	.126	.145	.583	.116
emo0004	.155	.340	.141	.108	.361	.232	-.016	.093	.124	.391	-.057
ser0002	.085	.073	.173	.053	.155	.175	.100	.108	.407	.045	.690
qual0003	.093	.068	.190	-.012	.175	.309	.170	-.006	.110	.252	.652
inte0005	-.102	.102	.121	.139	.002	-.108	.022	.182	-.335	-.063	.650

通过表5-47的分析可知，将inte0005与qual0003以及ser0002置于一个因子之下是不合适的，因此删除inte0005，因子数设为11，并且删除部分因子中因子负荷比较小的题项之后，得到最终的结果见表5-48，累积可以解释的方差为70.094%。

表5-48 问卷第二部分内生潜变量的探索性因子分析（3）

	Component										
	1	2	3	4	5	6	7	8	9	10	11
ada0004	.801	-.007	.099	.138	.110	.046	-.015	.101	-.041	.063	.089
ada0005	.744	.088	.052	.104	.182	.111	.016	.152	-.028	.112	.102
ada0003	.720	.108	.071	.071	.103	.130	.082	.110	.079	-.024	-.010
ada0006	.678	.099	.081	.102	.118	.055	.086	.180	.196	.154	.144
ada0007	.648	.199	.101	.182	.036	.055	.176	.130	.217	.065	.101
effc0003	.063	.756	.160	.014	.140	.150	.157	.069	.194	.072	.011
effc0002	.153	.751	.152	.141	.170	.077	.153	.087	.109	.109	.099
effc0001	.112	.746	.201	.164	.104	.150	.151	.035	.152	.135	.155
effc0004	.119	.738	.168	-.011	.196	.134	.178	.141	.123	.093	.014
inte0003	.125	.149	.753	.154	.164	.161	.106	.069	.118	.119	.069
inte0001	.015	.247	.687	.118	.166	.132	.093	.130	.111	.176	.124
inte0002	.171	.226	.686	.097	.205	.066	.099	.169	.144	.134	.100
inte0004	.130	.149	.659	.218	.197	.272	.120	-.027	.120	.120	.114
perf0003	.227	.058	.150	.733	.169	.100	.108	.182	.026	.127	.176
perf0004	.143	.156	.124	.711	.229	.212	.120	.111	.149	.119	-.015
perf0002	.208	.007	.135	.670	.111	.188	.116	.138	.019	.110	.335
perf0005	.137	.106	.199	.643	.179	.197	.117	.039	.187	.269	.032
qua0005	.241	.109	.174	.101	.706	.179	.100	.120	.085	.008	.014
qua0003	.137	.217	.197	.178	.692	.098	.110	.106	.167	.157	.124
qua0002	.139	.204	.196	.243	.648	.188	.107	.094	.137	.061	.133
qua0004	.169	.204	.204	.202	.645	.144	.119	.091	.095	.193	.125
sel0003	.128	.170	.095	.249	.148	.696	.070	.169	.056	-.015	.130
sel0002	.117	.071	.248	.150	.170	.687	.191	.043	.066	.225	.134
sel0004	.137	.166	.150	.257	.236	.682	.099	.118	.131	.128	.091
sel0001	.078	.204	.161	.034	.064	.647	.311	-.061	.234	.160	.098
easy0004	.077	.145	.158	.109	.104	.174	.774	.047	.132	.169	.125
easy0003	.043	.205	.105	.165	.212	.135	.744	.085	.199	.047	.080
easy0002	.159	.263	.077	.094	.043	.163	.725	.173	.081	.077	-.008
ser0003	.307	.024	.047	.080	.189	.034	.068	.720	.058	.149	.095

	Component										
	1	2	3	4	5	6	7	8	9	10	11
ser0001	.240	.160	.157	.100	.060	.109	.078	.642	.067	.109	.327
ser0002	.007	.260	.211	.162	−.047	.187	.107	.639	.244	−.059	−.102
ser0004	.368	.003	−.022	.142	.208	−.023	.119	.632	.086	.137	.095
sat0004	.114	.293	.164	.085	.133	.133	.247	.175	.708	.081	−.001
sat0003	.184	.199	.185	.130	.211	.140	.109	.148	.691	.174	.246
sat0002	.118	.270	.203	.167	.185	.209	.205	.123	.613	.110	.072
emo0002	.123	.261	.175	.175	.125	.167	.127	.138	.202	.693	−.014
emo0001	.156	.102	.209	.326	.133	.230	.068	.053	.091	.643	.080
emo0004	.128	.116	.231	.147	.120	.062	.203	.184	.039	.581	.286
qual0002	.254	.124	.189	.166	.149	.191	.129	.160	.143	.083	.682
qual0001	.184	.126	.182	.276	.187	.252	.069	.149	.102	.158	.661

每个因子可以解释的方差与累积可解释的方差见表5-49。

表5-49　问卷第二部分内生潜变量各因子可以解释的方差

因子	Total	of Variance（%）	Cumulative（%）
1	3.560	8.899	8.899
2	3.294	8.235	17.134
3	2.871	7.178	24.312
4	2.845	7.111	31.423
5	2.696	6.741	38.164
6	2.683	6.707	44.871
7	2.354	5.885	50.756
8	2.285	5.713	56.468
9	2.019	5.046	61.515
10	1.845	4.614	66.129
11	1.586	3.966	70.094

通过上述分析之后，每个因子的结构效度如何，有必要仔细分析。

5.2.22　信息质量

在信息质量方面，样本的 KMO 值为 0.814 大于 0.5，表示适合进行因子分析。Bartlett's 球形检验的卡方值为 1459.082（自由度为 6）达显著，表示样本的相关矩阵间有共同因子存在，可以对样本进行因子分析（表 5-50）。

表 5-50　信息质量的 KMO 及 Bartlett 球形检验

Kaiser-Meyer-Olkin Measure of Sampling Adequacy		0.814
Bartlett's Test of Sphericity	Approx. Chi-Square	1459.082
	df	6
	Sig.	0.000

针对信息质量本研究提取出了特征值大于 1 的一个因子，累积解释了 67.941% 的方差，每个题项在其相关联的变量上的因子负荷都大于 0.7，交叉变量的因子负荷没有超过 0.5，表明问卷具有较好的结构效度（表 5-51）。

表 5-51　信息质量的探索性因子分析

	Component	特征值
	1	（解释的方差/%）
qua0003	.846	
qua0002	.833	2.718
qua0004	.829	（67.941）
qua0005	.788	

5.2.23　自适应性

在自适应性方面，样本的 KMO 值为 0.830 大于 0.5，表示适合进行因子分析。Bartlett's 球形检验的卡方值为 1773.639（自由度为 10）达显著，表示样本的相关矩阵间有共同因子存在，可以对样本进行因子分析（表 5-52）。

表 5-52　自适应性的 KMO 及 Bartlett 球形检验

Kaiser-Meyer-Olkin Measure of Sampling Adequacy		0.830
Bartlett's Test of Sphericity	Approx. Chi-Square	1773.639
	df	10
	Sig.	0.000

针对自适应性，本研究提取出了特征值大于 1 的一个因子，累积解释了 61.414% 的方差，每个题项在其相关联的变量上的因子负荷都大于 0.7，交叉变量的因子负荷没有超过

0.5，表明问卷具有较好的结构效度（表5-53）。

表5-53　自适应性的探索性因子分析

	Component	特征值
	1	（解释的方差/%）
ada0004	.808	
ada0005	.807	
ada0006	.796	3.071
ada0007	.768	(61.414)
ada0003	.737	

5.2.24　易用认知

在易用认知方面，样本的 KMO 值为 0.798 大于 0.5，表示适合进行因子分析。Bartlett's 球形检验的卡方值为 1396.158（自由度为21）达显著，表示样本的相关矩阵间有共同因子存在，可以对样本进行因子分析（表5-54）。

表5-54　易用认知的 KMO 及 Bartlett 球形检验

Kaiser-Meyer-Olkin Measure of Sampling Adequacy		0.798
Bartlett's Test of Sphericity	Approx. Chi-Square	1396.158
	df	6
	Sig.	0.000

针对易用认知，本研究提取出了特征值大于 1 的一个因子，累积解释了 66.761% 的方差，每个题项在其相关联的变量上的因子负荷都大于 0.7，交叉变量的因子负荷没有超过 0.5，表明问卷具有较好的结构效度（表5-55）。

表5-55　易用认知的探索性因子分析

	Component	特征值
	1	（解释的方差/%）
easy0003	.846	
easy0004	.826	2.670
easy0002	.820	(66.761)
easy0001	.775	

5.2.25 选择性

在选择性方面，样本的 KMO 值为 0.763 大于 0.5，表示适合进行因子分析。Bartlett's 球形检验的卡方值为 1433.598（自由度为 6）达显著，表示样本的相关矩阵间有共同因子存在，可以对样本进行因子分析（表 5-56）。

表 5-56　选择性的 KMO 及 Bartlett 球形检验

Kaiser-Meyer-Olkin Measure of Sampling Adequacy		0.763
Bartlett's Test of Sphericity	Approx. Chi-Square	1433.598
	df	6
	Sig.	0.000

针对检索系统的选择性，本研究提取出了特征值大于 1 的一个因子，累积解释了 66.237% 的方差，每个题项在其相关联的变量上的因子负荷都大于 0.7，交叉变量的因子负荷没有超过 0.5，表明问卷具有较好的结构效度（表 5-57）。

表 5-57　选择性的探索性因子分析

	Component	特征值
	1	（解释的方差/%）
sel0004	.849	
sel0002	.834	.649
sel0003	.786	（66.237）
sel0001	.784	

5.2.26 系统性能认知

在系统性能认知方面，样本的 KMO 值为 0.804 大于 0.5，表示适合进行因子分析。Bartlett's 球形检验的卡方值为 1530.873（自由度为 6）达显著，表示样本的相关矩阵间有共同因子存在，可以对样本进行因子分析（表 5-58）。

表 5-58　系统性能认知的 KMO 及 Bartlett 球形检验

Kaiser-Meyer-Olkin Measure of Sampling Adequacy		0.804
Bartlett's Test of Sphericity	Approx. Chi-Square	1530.873
	df	6
	Sig.	0.000

针对系统性能认知，本研究提取出了特征值大于 1 的一个因子，累积解释了 68.604%的方差，每个题项在其相关联的变量上的因子负荷都大于 0.8，交叉变量的因子负荷没有超过 0.5，表明问卷具有较好的结构效度（表 5-59）。

表 5-59　系统性能认知的探索性因子分析

	Component	特征值
	1	（解释的方差/%）
perf0003	.855	
perf0004	.831	2.744
perf0002	.815	（68.604）
perf0005	.811	

5.2.27　情感认知

在情感认知方面，样本的 KMO 值为 0.675 大于 0.5，表示适合进行因子分析。Bartlett's 球形检验的卡方值为 652.812（自由度为 3）达显著，表示样本的相关矩阵间有共同因子存在，可以对样本进行因子分析（表 5-60）。

表 5-60　情感认知的 KMO 及 Bartlett 球形检验

Kaiser-Meyer-Olkin Measure of Sampling Adequacy		0.675
Bartlett's Test of Sphericity	Approx. Chi-Square	652.812
	df	3
	Sig.	0.000

针对检索系统的情感认知，本研究提取出了特征值大于 1 的两个因子，累积解释了 66.366%的方差，每个题项在其相关联的变量上的因子负荷都大于 0.7，交叉变量的因子负荷没有超过 0.5，表明问卷具有较好的结构效度（表 5-61）。

表 5-61　情感认知的探索性因子分析

	Component	特征值
	1	（解释的方差/%）
emo0002	.846	
emo0001	.827	1.991
emo0004	.770	（66.366）

5.2.28 系统质量

在系统质量方面，样本的 KMO 值为 0.619 大于 0.5，表示适合进行因子分析。Bartlett's 球形检验的卡方值为 614.421（自由度为 3）达显著，表示样本的相关矩阵间有共同因子存在，可以对样本进行因子分析（表 5-62）。

表 5-62 系统质量的 KMO 及 Bartlett 球形检验

Kaiser-Meyer-Olkin Measure of Sampling Adequacy		0.619
Bartlett's Test of Sphericity	Approx. Chi-Square	614.421
	df	3
	Sig.	0.000

针对系统质量，本研究提取出了特征值大于 1 的一个因子，累积解释了 63.369% 的方差，每个题项在其相关联的变量上的因子负荷都大于 0.7，交叉变量的因子负荷没有超过 0.5，表明问卷具有较好的结构效度（表 5-63）。

表 5-63 系统质量的探索性因子分析

	Component	特征值
	1	（解释的方差/%）
qual0002	.854	
qual0001	.853	1.901
qual0003	.666	（63.369）

5.2.29 服务质量

在服务质量方面，样本的 KMO 值为 0.731 大于 0.5，表示适合进行因子分析。Bartlett's 球形检验的卡方值为 1018.252（自由度为 6）达显著，表示样本的相关矩阵间有共同因子存在，可以对样本进行因子分析（表 5-64）。

表 5-64 服务质量的 KMO 及 Bartlett 球形检验

Kaiser-Meyer-Olkin Measure of Sampling Adequacy		0.731
Bartlett's Test of Sphericity	Approx. Chi-Square	1018.252
	df	6
	Sig.	0.000

针对服务质量，本研究提取出了特征值大于 1 的一个因子，累积解释了 59.209% 的方差，每个题项在其相关联的变量上的因子负荷都大于 0.5，交叉变量的因子负荷没有超过 0.5，表明问卷具有较好的结构效度。

不过由于 59.209% 的累积解释率，删除因子负荷排在最后面的题项 ser0002 之后，再次进行因子分析，样本的 KMO 值为 0.688 大于 0.5，表示适合进行因子分析。Bartlett's 球形检验的卡方值为 775.790（自由度为 3）达显著，表示样本的相关矩阵间有共同因子存在，可以对样本进行因子分析。提取出了特征值大于 1 的一个因子，累积解释了 69.128% 的方差，每个题项在其相关联的变量上的因子负荷都大于 0.7，交叉变量的因子负荷没有超过 0.5，表明问卷的结构效度令人满意（表 5-65）。

表 5-65　服务质量的探索性因子分析

	Component	特征值
	1	（解释的方差/%）
ser0003	.858	2.074
ser0004	.845	
ser0001	.790	（69.128）

5.2.30　满意度

在满意度方面，样本的 KMO 值为 0.719 大于 0.5，表示适合进行因子分析。Bartlett's 球形检验的卡方值为 1035.382（自由度为 3）达显著，表示样本的相关矩阵间有共同因子存在，可以对样本进行因子分析（表 5-66）。

表 5-66　满意度的 KMO 及 Bartlett 球形检验

Kaiser-Meyer-Olkin Measure of Sampling Adequacy.		0.719
Bartlett's Test of Sphericity	Approx. Chi-Square	1035.382
	df	3
	Sig.	0.000

针对满意度，本研究提取出了特征值大于 1 的一个因子，累积解释了 74.363% 的方差，每个题项在其相关联的变量上的因子负荷都大于 0.8，交叉变量的因子负荷没有超过 0.5，表明问卷具有较好的结构效度（表 5-67）。

表 5-67　满意度的探索性因子分析

	Component	特征值
	1	（解释的方差/%）
sat0003	.876	2.231
sat0004	.864	
sat0002	.846	（74.363）

5.2.31 使用意图

在使用意图面，样本的 KMO 值为 0.800 大于 0.5，表示适合进行因子分析。Bartlett's 球形检验的卡方值为 1507.710（自由度为 6）达显著，表示样本的相关矩阵间有共同因子存在，可以对样本进行因子分析（表 5-68）。

表 5-68 使用意图的 KMO 及 Bartlett 球形检验

Kaiser-Meyer-Olkin Measure of Sampling Adequacy		0.800
Bartlett's Test of Sphericity	Approx. Chi-Square	1507.710
	df	6
	Sig.	0.000

针对使用意图，本研究提取出了特征值大于 1 的一个因子，累积解释了 68.292% 的方差，每个题项在其相关联的变量上的因子负荷都大于 0.8，交叉变量的因子负荷没有超过 0.5，表明问卷具有较好的结构效度（表 5-69）。

表 5-69 使用意图的探索性因子分析

	Component	特征值（解释的方差/%）
	1	
inte0003	.842	
inte0002	.827	2.732
inte0004	.820	(68.292)
inte0001	.816	

5.3 信 度 分 析

信度分析的作用是衡量问卷结果的一致性程度，问卷信度越高，结果越可信。本研究的信度检验方法采用 Cronbach's α 系数。分析工具采用 spss13.0 完成，分别计算出问卷各部分总的以及各构念的 Cronbach's α 系数。

5.3.1 问卷第一部分

问卷第一部分的 17 个构念中，Cronbach's α 在 0.7 以上的有 12 个，在 0.7 以下的有 5 个，仅检索结果的标识功能信度偏低，问卷第一部分总的 Cronbach's α 为 0.965，说明问卷总体信度可以满意。

　　由于问卷的第一部分是直接针对检索系统的各功能进行提问，所以不能简单地通过增加对内容语句的修饰，增删题项的方式提高问卷的信度。与吴明隆（2000）相比，本研究第一部分的信度基本可以满意（表5-70）。

表5-70　问卷第一部分的信度分析

因子（变量）Scale	测量项目数	指标 Items	Cronbach's Alpha if Item Deleted	Cronbach's α
检索系统浏览	8	bro0001	0.639	0.595
		bro0002	0.573	
		bro0003	0.596	
		bro0004	0.518	
		bro0005	0.539	
		bro0006	0.514	
		bro0007	0.540	
		bro0008	0.569	
检索结果的显示	7	dis0002	0.623	0.665
		dis0003	0.685	
		dis0004	0.741	
		dis0005	0.568	
		dis0006	0.562	
		dis0007	0.600	
		dis0008	0.589	
检索结果的排序功能	11	ord0001	0.686	0.683
		ord0002	0.665	
		ord0003	0.689	
		ord0004	0.654	
		ord0005	0.644	
		ord0006	0.654	
		ord0007	0.656	
		ord0008	0.656	
		ord0009	0.649	
		ord0010	0.667	
		ord0011	0.653	
检索结果的标识功能	4	tag0001	0.386	0.414
		tag0002	0.264	
		tag0003	0.368	
		tag0004	0.366	

续表

因子（变量） Scale	测量项目数	指标 Items	Cronbach's Alpha if Item Deleted	Cronbach's α
检索结果的分类 /分组功能	11	gro0001	0.738	0.749
		gro0002	0.719	
		gro0003	0.727	
		gro0004	0.725	
		gro0005	0.728	
		gro0006	0.729	
		gro0007	0.733	
		gro0008	0.733	
		gro0009	0.734	
		gro0010	0.737	
		gro0011	0.738	
查询扩展功能	11	Com0001	0.851	0.855
		Com0002	0.842	
		Com0003	0.837	
		Com0004	0.839	
		Com0005	0.841	
		Com0006	0.836	
		Com0007	0.840	
		Com0008	0.841	
		Com0009	0.848	
		Com0010	0.848	
		Com0011	0.845	
检索方式选择	14	sea0001	0.703	0.702
		sea0002	0.693	
		sea0003	0.690	
		sea0004	0.681	
		sea0005	0.685	
		sea0006	0.679	
		sea0007	0.686	
		sea0008	0.683	
		sea0009	0.671	
		sea0010	0.680	
		sea0011	0.686	
		sea0012	0.685	
		sea0013	0.700	
		sea0014	0.684	

续表

因子（变量）Scale	测量项目数	指标 Items	Cronbach's Alpha if Item Deleted	Cronbach's α
检索字段与限定条件	33	lim0001	0.908	0.907
		lim0002	0.911	
		lim0003	0.906	
		lim0004	0.905	
		lim0005	0.910	
		lim0006	0.907	
		lim0007	0.904	
		lim0008	0.904	
		lim0009	0.904	
		lim0010	0.904	
		lim0011	0.909	
		lim0012	0.906	
		lim0013	0.903	
		lim0014	0.904	
		lim0015	0.903	
		lim0016	0.903	
		lim0017	0.903	
		lim0018	0.903	
		lim0019	0.903	
		lim0020	0.903	
		lim0021	0.903	
		lim0022	0.903	
		lim0023	0.903	
		lim0024	0.904	
		lim0025	0.904	
		lim0026	0.905	
		lim0027	0.904	
		lim0028	0.904	
		lim0029	0.904	
		lim0030	0.905	
		lim0031	0.907	
		lim0032	0.904	
		lim0033	0.907	

因子（变量）Scale	测量项目数	指标 Items	Cronbach's Alpha if Item Deleted	Cronbach's α
检索技术选择	6	tec0001	0.768	0.778
		tec0002	0.745	
		tec0003	0.718	
		tec0004	0.743	
		tec0005	0.732	
		tec0006	0.759	
相关反馈	3	fee0001	0.559	0.634
		fee0002	0.383	
		fee0003	0.652	
检索结果输出功能	10	exp0001	0.795	0.802
		exp0002	0.792	
		exp0003	0.802	
		exp0004	0.784	
		exp0005	0.773	
		exp0006	0.769	
		exp0007	0.781	
		exp0008	0.781	
		exp0009	0.771	
		exp0010	0.798	
交互性	3	inter0001	0.771	0.852
		inter0002	0.740	
		inter0003	0.862	
个性化服务	13	per0001	0.910	0.917
		per0002	0.910	
		per0003	0.912	
		per0004	0.910	
		per0005	0.911	
		per0006	0.909	
		per0007	0.907	
		per0008	0.910	
		per0009	0.911	
		per0010	0.909	
		per0011	0.912	
		per0012	0.912	
		per0013	0.910	

续表

因子（变量） Scale	测量项目数	指标 Items	Cronbach's Alpha if Item Deleted	Cronbach's α
帮助服务	4	help0001	0.686	0.734
		help0002	0.648	
		help0003	0.675	
		help0004	0.688	
激励机制	4	ale0001	0.712	0.768
		ale0002	0.714	
		ale0003	0.700	
		ale0004	0.723	
链接功能	7	lin0001	0.754	0.786
		lin0002	0.737	
		lin0003	0.743	
		lin0004	0.755	
		lin0005	0.765	
		lin0006	0.776	
		lin0007	0.781	
存取方式	5	acc0001	.750	0.769
		acc0002	.642	
		acc0003	.676	

5.3.2　问卷第二部分的外生潜变量

问卷第二部分的外生潜变量的所有构念的 Cronbach's α 都在 0.7 以上，总体的 Cronbach's α 为 0.949，说明问卷信度令人满意（表 5-71）。

表 5-71　问卷第二部分外生潜变量的信度分析

因子（变量） Scale	测量项目数	指标 Items	Cronbach's Alpha if Item Deleted	Cronbach's α
完整性	9	int0005	0.856	0.871
		int0003	0.852	
		int0004	0.856	
		int0007	0.857	
		int0006	0.857	
		int0002	0.859	
		curr0001	0.854	
		curr0002	0.860	

续表

因子（变量）Scale	测量项目数	指标 Items	Cronbach's Alpha if Item Deleted	Cronbach's α
美感	5	aes0007	0.805	0.854
		aes0008	0.804	
		aes0006	0.806	
		aes0009	0.818	
		aes0010	0.881	
权威性	5	aut0002	0.794	0.837
		aut0003	0.816	
		aut0004	0.802	
		aut0001	0.814	
		aut0005	0.816	
娱乐感知	4	eng0001	0.829	0.862
		eng0002	0.822	
		ent0003	0.816	
		ent0002	0.831	
系统灵活性	5	fle0002	0.718	0.781
		fle0003	0.723	
		fle0001	0.742	
		fle0004	0.730	
		loca0001	0.786	
时间认知	4	time0002	0.763	0.827
		time0001	0.806	
		time0003	0.771	
		time0004	0.788	
准确性	3	accur0002	0.756	0.802
		accur0003	0.715	
		accur0001	0.716	
有效性	4	eff0001	0.783	0.843
		eff0002	0.780	
		aut0006	0.831	
		eff0003	0.812	
隐私	3	pri0002	0.730	0.844
		pri0003	0.816	
		pri0001	0.799	

续表

因子（变量）Scale	测量项目数	指标 Items	Cronbach's Alpha if Item Deleted	Cronbach's α
系统可靠性	3	rel0002	0.683	0.811
		rel0001	0.730	
		rel0003	0.801	
全文	2	full0001	. （a）	0.774
		full0002	. （a）	

5.3.3 问卷第二部分的内生潜变量

问卷第二部分的内生潜变量的构念 Cronbach's α 基本上都在 0.7 以上，总体的 Cronbach's α 为 0.959，说明问卷信度令人满意（表 5-72）。

表 5-72 问卷第二部分内生潜变量的信度分析

因子（变量）Scale	测量项目数	指标 Items	Cronbach's Alpha if Item Deleted	Cronbach's α
效能认知	4	effc0001	0.830	0.872
		effc0002	0.836	
		effc0003	0.841	
		effc0004	0.839	
信息质量	4	qua0005	.821	0.842
		qua0003	.786	
		qua0002	.795	
		qua0004	.797	
自适应性	5	ada0004	.801	0.842
		ada0005	.802	
		ada0003	.825	
		ada0006	.807	
		ada0007	.816	
易用认知	3	easy0004	.722	0.814
		easy0003	.730	
		easy0002	.780	
选择性	4	sel0001	0.801	0.828
		sel0002	0.771	
		sel0003	0.801	
		sel0004	0.758	

因子（变量）Scale	测量项目数	指标 Items	Cronbach's Alpha if Item Deleted	Cronbach's α
系统性能认知		perf0002	0.815	0.847
		perf0003	0.789	
		perf0004	0.804	
		perf0005	0.816	
情感认知	3	emo0001	0.644	0.746
		emo0002	0.606	
		emo0004	0.726	
系统质量	3	qual0001	0.886	0.770
		qual0002	0.936	
服务质量	4	ser0003	0.653	0.776
		ser0001	0.555	
		ser0004	0.629	
满意度	3	sat0002	0.786	0.827
		sat0003	0.737	
		sat0004	0.758	
使用意图	4	inte0001	0.807	0.844
		inte0002	0.802	
		inte0003	0.794	
		inte0004	0.807	

5.4 验证性因子分析

5.4.1 收敛效度

根据 Fornell and Larcker（1981）所提出的评估收敛效度的标准：①所有题项标准化的因素负荷量要大于 0.5；②组合信度值（composite reliability，CR）大于 0.7；③平均变异萃取量（average variance extracted，AVE）大于 0.5。

其中 CR 与 AVE 的计算公式见公式（5-1）和（5-2）。

$$CR = \frac{(\sum_{n=1}^{k} \lambda)^2}{(\sum_{n=1}^{k} \lambda)^2 + \sum_{n=1}^{k} \varepsilon} \tag{5-1}$$

$$AVE = \frac{\sum_{n=1}^{k} \lambda^2}{\sum_{n=1}^{k} \lambda^2 + \sum_{n=1}^{k} \varepsilon^2} \tag{5-2}$$

其中 λ 为观测变量的因子负荷，ε 为测量误差。本研究通过验证性因子分析评估问卷的收敛效度，分析工具为 lisrel 8.7，参数估计采用最大似然法，结果见表5-73。

表5-73　问卷的收敛效度

因子	测量指标	因子负荷 λ	测量误差 ε	t 值	平均变异萃取量（AVE）	组合信度（CR）
Sys01	aper02	0.85	0.28	31.50	0.5139	0.903669
	aper03	0.75	0.44	26.06		
	aper01	0.81	0.34	29.55		
	ahelp01	0.74	0.46	25.60		
	aale01	0.7	0.51	23.75		
	acomm01	0.56	0.68	18.03		
	aexp01	0.69	0.53	23.24		
	ainter01	0.7	0.51	23.70		
	aexp02	0.61	0.63	20.02		
Sys02	alim01	0.79	0.38	27.49	0.368261	0.84786
	alim02	0.79	0.38	27.65		
	aord01	0.53	0.71	16.69		
	alim03	0.68	0.53	22.67		
	aord03	0.42	0.82	12.83		
	asea01	0.67	0.54	22.27		
	alim05	0.57	0.68	17.83		
	abro01	0.43	0.82	12.98		
	asea03	0.54	0.71	16.76		
	alim04	0.51	0.74	15.63		
Sys03	alim06	0.46	0.79	14.12	0.388578	0.788594
	alim07	0.56	0.68	17.95		
	alin02	0.7	0.52	23.40		
	asea02	0.64	0.59	20.96		
	aabs01	0.6	0.64	19.33		
	adis01	0.74	0.45	25.55		

续表

因子	测量指标	因子负荷 λ	测量误差 ε	t 值	平均变异萃取量（AVE）	组合信度（CR）
Sys04	atec02	0.68	0.53	22.00	0.385225	0.751869
	afee01	0.74	0.46	24.25		
	atec01	0.68	0.53	21.99		
	aexp03	0.47	0.78	14.12		
	asea04	0.48	0.77	14.30		
Sys05	agro04	0.51	0.74	15.23	0.351815	0.726744
	aord02	0.54	0.71	16.52		
	agro01	0.75	0.44	24.45		
	atag01	0.57	0.68	17.41		
	aord04	0.57	0.68	17.38		
Sys06	acom01	0.73	0.46	24.16	0.382765	0.746937
	acom02	0.73	0.47	23.92		
	acom03	0.68	0.54	21.88		
	agro02	0.42	0.83	12.31		
	agro03	0.46	0.79	13.66		
Sys07	amap01	0.46	0.78	10.39	0.203087	0.3375
	abro03	0.44	0.81	10.10		
Sys08	abro02	0.41	0.83	10.83	0.166166	0.365482
	aacc01	0.49	0.76	12.50		
	adis02	0.3	0.91	8.26		
完整性	int0005	0.67	0.55	22.24	0.433264	0.859113
	int0003	0.71	0.49	24.03		
	int0004	0.67	0.55	22.09		
	int0007	0.65	0.57	21.47		
	int0006	0.65	0.58	21.30		
	int0002	0.59	0.65	18.99		
	curr0001	0.69	0.52	23.07		
	curr0002	0.62	0.61	20.13		

续表

因子	测量指标	因子负荷 λ	测量误差 ε	t 值	平均变异萃取量（AVE）	组合信度（CR）
美感	aes0007	0.84	0.3	30.63	0.571824	0.866151
	aes0008	0.82	0.34	29.33		
	aes0006	0.84	0.29	30.75		
	aes0009	0.74	0.46	25.32		
	aes0010	0.49	0.76	15.19		
权威性	aut0002	0.75	0.44	25.52	0.517351	0.842653
	aut0003	0.69	0.53	22.77		
	aut0004	0.73	0.46	24.88		
	aut0001	0.71	0.5	23.71		
	aut0005	0.72	0.49	24.06		
娱乐认知	eng0001	0.75	0.43	25.68	0.61108	0.862642
	eng0002	0.78	0.39	27.15		
	ent0003	0.81	0.34	28.63		
	ent0002	0.78	0.39	26.97		
灵活性	fle0002	0.71	0.49	23.15	0.428309	0.786925
	fle0003	0.7	0.51	22.73		
	fle0001	0.65	0.58	20.56		
	fle0004	0.69	0.53	22.17		
	loca0001	0.5	0.75	15.10		
时间认知	time0002	0.76	0.43	25.46	0.550031	0.829742
	time0001	0.67	0.55	21.54		
	time0003	0.78	0.4	26.44		
	time0004	0.76	0.43	25.42		
准确性	accur0001	0.69	0.52	22.50	0.573972	0.801023
	accur0002	0.78	0.4	26.10		
	accur0003	0.8	0.36	27.10		

续表

因子	测量指标	因子负荷 λ	测量误差 ε	t 值	平均变异萃取量（AVE）	组合信度（CR）
有效性	eff0001	0.8	0.35	28.35	0.584278	0.848507
	eff0002	0.81	0.34	28.69		
	aut0006	0.7	0.5	23.57		
	eff0003	0.73	0.46	24.97		
隐私	pri0002	0.88	0.23	31.24	0.649451	0.846896
	pri0003	0.75	0.43	25.36		
	pri0001	0.78	0.39	26.59		
可靠性	rel0002	0.82	0.33	28.16	0.5979	0.816455
	rel0001	0.78	0.4	26.25		
	rel0003	0.72	0.48	23.57		
全文质量	full0001	0.79	0.38	25.81	0.630757	0.773569
	full0002	0.8	0.36	26.19		
效能认知	effc0003	0.77	0.4	26.95	0.630996	0.872384
	effc0002	0.8	0.36	28.20		
	effc0001	0.82	0.32	29.59		
	effc0004	0.78	0.39	27.40		
使用意图	inte0003	0.77	0.41	26.52	0.577584	0.845402
	inte0001	0.75	0.44	25.38		
	inte0002	0.75	0.43	25.82		
	inte0004	0.77	0.41	26.51		
系统性能认知	perf0003	0.79	0.37	27.69	0.582197	0.847801
	perf0004	0.75	0.44	25.60		
	perf0002	0.77	0.41	26.71		
	perf0005	0.74	0.45	25.27		
信息质量	qua0005	0.69	0.53	22.78	0.575408	0.843858
	qua0003	0.8	0.37	27.96		
	qua0002	0.78	0.4	27.04		
	qua0004	0.77	0.41	26.49		
选择性	sel0003	0.69	0.52	23.12	0.552802	0.831306
	sel0002	0.78	0.39	27.07		
	sel0004	0.79	0.38	27.45		
	sel0001	0.71	0.5	23.75		

因子	测量指标	因子负荷 λ	测量误差 ε	t 值	平均变异萃取量（AVE）	组合信度（CR）
易用认知	easy0004	0.8	0.37	27.14	0.597793	0.816455
	easy0003	0.8	0.36	27.25		
	easy0002	0.72	0.48	23.61		
服务质量	ser0003	0.74	0.45	24.39	0.53	0.77
	ser0001	0.72	0.48	23.69		
	ser0004	0.73	0.47	23.91		
满意度	sat0004	0.78	0.39	26.93	0.617534	0.828859
	sat0003	0.8	0.36	27.94		
	sat0002	0.78	0.4	26.79		
情感认知	emo0002	0.72	0.47	23.83	0.500267	0.749766
	emo0001	0.74	0.46	24.33		
	emo0004	0.66	0.57	21.03		
系统质量	qual0002	0.77	0.41	25.67	0.62	0.76
	qual0001	0.8	0.36	27.15		
自适应性	ada0004	0.74	0.46	24.93	0.520331	0.843933
	ada0005	0.75	0.44	25.49		
	ada0003	0.65	0.58	20.91		
	ada0006	0.76	0.43	25.80		
	ada0007	0.71	0.5	23.57		

根据 Fornell and Larcker（1981）提出的评估收敛效度的标准，①表 5-73 的因子负荷 sys07 和 sys08 中的所有因子负荷都小于 0.5，sys04 和 sys06 中的部分因子负荷小于 0.5，其他因子的负荷全部大于 0.5。本研究拟在后继的结构方程分析中去除 sys7 和 sys8。对于 sys04 和 sys06 由于仅仅少部分因子的负荷在 0.5 以下，并且也都在 0.4 以上，因此予以保留。②在排除 sys07 和 sys08 之后，所有因子的 CR 值都在 0.7 以上，因此满足了 Fornell and Larcker 的要求。③在排除了 sys07 和 sys08 之后，sys02-6 等因子的 AVE 低于 0.5，如何解释呢？Fornell and Larcker 认为平均变异数萃取量属于较保守的标准，故即使超过 50% 以上的变异数是来自测量误差，如果单独以 CR 为基础，仍可以认为构念的收敛效度是恰当的，因此，虽然存在因子平均变异数萃取量小于 0.5 的情况，但仍可判定其具有收敛效度。

5.4.2　区分效度

Fornell and Larcker 认为要具有良好的区分效度，本身构念的 AVE 值要大于与其他构念间的相关系数平方，也就是说，本身的 AVE 值的平方根要大于与其他构念间的相关系数。表 5-74 的对角线数据为 AVE 的平方根，从表中数据可知除了 easy3、easy5 与 int9 之外，其他都符合区分度的要求，由于 AVE 属于较保守标准的结论，可以认为量表具有合理的区分效度。

表 5-74 结构变量的区分效度

	sys1	sys2	sys3	sys4	sys5	sys6	int9	aes10	aut11	eng12	fle13	time14	accur15	eff16	pri17	rel18	full19	effc	inte	perf	qua	sel	easy	ser	sat	emo	qual	ada
sys1	0.72																											
sys2	0.49	0.61																										
sys 3	0.6	0.04	0.62																									
sys4	0.74	0.48	0.69	0.62																								
sys5	0.6	0.26	0.81	0.59	0.59																							
sys6	0.69	0.5	0.66	0.63	0.74	0.62																						
int9	0.31	-0.04	0.7	0.37	0.48	0.36	0.66																					
aes10	0.37	0.06	0.55	0.34	0.43	0.3	0.54	0.76																				
aut11	0.26	0.05	0.54	0.28	0.38	0.28	0.73	0.49	0.72																			
eng12	0.36	0.22	0.3	0.27	0.31	0.29	0.34	0.54	0.31	0.78																		
fle13	0.37	0.19	0.44	0.3	0.33	0.31	0.58	0.47	0.54	0.44	0.65																	
time14	0.19	0.09	0.41	0.17	0.31	0.22	0.45	0.55	0.47	0.26	0.39	0.74																
accur15	0.19	0	0.5	0.21	0.29	0.23	0.58	0.39	0.6	0.03	0.28	0.48	0.76															
eff16	0.34	0.03	0.62	0.31	0.44	0.34	0.7	0.61	0.75	0.38	0.65	0.44	0.53	0.76														
pri17	0.27	0.2	0.22	0.22	0.15	0.2	0.35	0.42	0.34	0.45	0.49	0.25	0.25	0.4	0.81													
rel18	0.29	0.03	0.52	0.35	0.37	0.3	0.61	0.53	0.56	0.34	0.5	0.61	0.42	0.55	0.35	0.77												
full19	0.21	-0.02	0.62	0.32	0.4	0.31	0.69	0.51	0.63	0.28	0.46	0.51	0.58	0.59	0.31	0.56	0.79											
effc	0.23	0.09	0.42	0.21	0.31	0.24	0.5	0.58	0.63	0.31	0.38	0.56	0.55	0.57	0.29	0.48	0.48	0.79										
inte	0.3	-0.02	0.59	0.3	0.44	0.3	0.61	0.59	0.64	0.37	0.44	0.45	0.42	0.62	0.3	0.52	0.51	0.66	0.76									
perf	0.36	-0.01	0.63	0.42	0.44	0.32	0.61	0.6	0.51	0.46	0.51	0.51	0.33	0.59	0.37	0.64	0.55	0.46	0.63	0.76								
qua	0.31	0	0.59	0.3	0.45	0.3	0.69	0.55	0.74	0.42	0.55	0.5	0.47	0.69	0.35	0.6	0.54	0.64	0.72	0.7	0.76							
sel	0.36	-0.08	0.71	0.38	0.48	0.36	0.71	0.62	0.64	0.29	0.42	0.52	0.59	0.63	0.26	0.56	0.58	0.59	0.69	0.7	0.68	0.74						
easy	0.3	0.14	0.5	0.32	0.35	0.31	0.49	0.55	0.54	0.28	0.37	0.58	0.54	0.53	0.25	0.48	0.5	0.63	0.55	0.53	0.56	0.64	0.77					
ser	0.39	0.24	0.33	0.28	0.36	0.33	0.46	0.57	0.43	0.55	0.53	0.38	0.24	0.47	0.46	0.47	0.37	0.46	0.49	0.59	0.56	0.46	0.46	0.73				
sat	0.24	0.11	0.45	0.23	0.3	0.23	0.51	0.56	0.63	0.32	0.48	0.61	0.56	0.59	0.32	0.54	0.52	0.73	0.69	0.59	0.69	0.67	0.68	0.6	0.79			
emo	0.33	-0.01	0.56	0.32	0.41	0.36	0.58	0.64	0.55	0.57	0.47	0.51	0.41	0.63	0.35	0.57	0.5	0.61	0.74	0.76	0.69	0.7	0.61	0.58	0.68	0.71		
qual	0.34	0.03	0.55	0.3	0.38	0.34	0.63	0.61	0.53	0.49	0.53	0.51	0.41	0.63	0.37	0.61	0.54	0.55	0.68	0.74	0.68	0.72	0.56	0.66	0.65	0.72	0.78	
ada	0.4	0.21	0.41	0.29	0.37	0.33	0.5	0.59	0.43	0.59	0.65	0.35	0.18	0.56	0.51	0.5	0.39	0.43	0.46	0.58	0.58	0.47	0.39	0.7	0.51	0.54	0.62	0.72

5.5 结构方程分析

5.5.1 测量模型的拟合标准

各个变量在其测量指标上的因子负荷及其显著性检验值（t 值）见表 5-73。从表 5-73 可以看出，各指标在其变量上的因子负荷均大于 0.4，且 t 值都大于 2，满足显著性的要求。

除了因子负荷与 t 值之外，根据侯捷泰（2004）的观点，本研究的拟合指标报告 χ^2/df，RMSEA，NFI、NNFI、CFI 与 IFI（表 5-75）。

表 5-75　测量模型拟合指标

适配指标	标准值	检验结果	拟合情况
χ^2/df	$2 < \chi^2/df < 5$	$20978.77/8079 = 2.596$	理想
RMSEA	<0.08	0.041	理想
NFI	>0.9	0.96	理想
NNFI	>0.9	0.98	理想
CFI	>0.9	0.98	理想
IFI	>0.9	0.98	理想

"RMSEA 值在 0.05～0.08，表示模型适配度尚可，小于 0.05 表示模型适配度佳"，表 5-75 的数据表明，本研究的 RMSEA 值为 0.041，小于 0.05，表明本研究构建的模型适配良好。表 5-73 与表 5-75 的数据表明，各指标值均达到理想的建议值，表明测量模型能够很好地符合拟合的要求，即测量模型结构合理。

5.5.2 结构模型的拟合标准

结构模型部分，本研究依然报告 χ^2/df，RMSEA，NFI、NNFI、CFI 与 IFI 作为模型适配的衡量指标。表 5-76 的结果是初始模型的拟合指标。

表 5-76　结构模型拟合指标（1）

适配指标	标准值	检验结果	拟合情况
χ^2/df	$2 < \chi^2/df < 5$	$25814.27/8308 = 3.107$	理想
RMSEA	<0.08	0.048	理想
NFI	>0.9	0.96	理想
NNFI	>0.9	0.97	理想
CFI	>0.9	0.97	理想
IFI	>0.9	0.97	理想

从表 5-76 可知，模型总体拟合很好，但是部分指标 t 值小于 1.96（表 5-77）。

表 5-77　没有通过 t 检验的研究假设

研究假设	完全标准化的参数估计值	t 值	结论
Full19→qua	0.02	0.49	不支持
Accur15→qua	−0.07	−1.68	不支持
Ser→sat	0.08	1.86	不支持

根据侯杰泰（2004）的建议，从 t 值最小的路径渐次地删除之后，表 5-77 中的三个研究假设 t 值都没有达到显著，从而删除这三个路径，最后得到的模型的拟合指标见表 5-78，最后得到的模型各路径的系数、t 值与结论见表 5-79。

根据 TEDS 模型，浏览性、结果格式、导航、排序以及可存取性对易用性有正向的影响，尝试在模型中增加路径 sys7→easy 和 sys8→easy，结果显示路径 sys8→easy 的路径系数为 2.07，显然不合理。其他的尝试都没有能够使得这两个因子合理地成为模型的组成部分，遂不再尝试。

表 5-78　结构模型的拟合指标（2）

适配指标	标准值	检验结果	拟合情况
χ^2/df	$2 < \chi^2/df < 5$	26524/8312 = 3.19	理想
RMSEA	<0.08	0.049	理想
NFI	>0.9	0.96	理想
NNFI	>0.9	0.97	理想
CFI	>0.9	0.97	理想
IFI	>0.9	0.97	理想

表 5-79　模型的路径系数以及 t 值

研究假设	模型路径	路径系数	t 值	结论
	Sys1→sel	0.59	12.81	支持
	Sys2→sel	−0.39	−9.07	支持
H18：排序对效能认知有正向的影响	Sys2→effc	0.11	3.43	支持
H15：主题摘要对效能认知有正向的影响 H16：链接对效能认知有正向的影响 H14：主题描述对效能认知有正向的影响	Sys3→effc	0.15	4.28	支持
H17：可选择性对效能认知有正向的影响	Sele→effc	0.50	11.64	支持
H25：交互性对自适应性有正向的影响 H27：社区对自适应性有正向的影响	Sys1→ada	0.14	4.31	支持
H26：灵活性对自适应性有正向的影响 H28：本地化对自适应性有正向的影响	fle→ada	0.70	17.08	支持
	Sys5→perf	0.20	5.84	支持
	Fle→perf	0.29	7.35	支持

研究假设	模型路径	路径系数	t 值	结论
H5：时间节约对性能感知有正向的影响	Time→perf	0.10	2.43	支持
H7：可靠性对性能感知有正向的影响	Rel→perf	0.38	7.97	支持
H1：美感对愉悦感知有正向的影响	Aes10→emo	0.54	12.10	支持
H2，H3：娱乐体验、投入体验对愉悦感知有正向的影响	Eng12→emo	0.27	6.6	支持
H21：全面性对信息质量认知有正向的影响 H23：实时性对信息质量认知有正向的影响	Int→qua	0.26	5.15	支持
H24：权威性对信息质量认知有正向的影响	Aut→qua	0.38	6.84	支持
H22：有效性对信息质量认知有正向的影响	Eff→qua	0.25	5.06	支持
H19：全文质量对信息质量认知有正向的影响	Full19→qua	0.02	0.49	不支持
H20：准确性对信息质量认知有正向的影响	Accur15→qua	−0.07	−1.68	不支持
	Sys4→easy	0.23	4.13	支持
	Sys6→easy	0.21	3.68	支持
H38：个性化服务对服务质量有正向的影响 H37：帮助对服务质量有正向的影响 H36：激励机制对服务质量有正向的影响	Sys1→ser	0.10	2.94	支持
	Fle→ser	0.15	2.24	支持
	Pri→ser	0.10	2.60	支持
H35：自适应性对服务质量有正向的影响	Ada→ser	0.52	8.26	支持
H39：信息质量对满意度有正向的影响	Qua→sat	0.29	7.27	支持
H41：服务质量对满意度有正向的影响	Ser→sat	0.08	1.86	不支持
H40：系统质量对满意度有正向的影响	Qual→sat	0.56	11.53	支持
H34：效能感知对系统质量有正向的影响	Effc→qual	0.21	5.41	支持
H32：性能感知对系统质量有正向的影响	Perf→qual	0.30	7.59	支持
	Sel→qual	0.29	7.17	支持
H31：易用性对系统质量有正向的影响	Easy→qual	0.08	2.59	支持
H33：愉悦感对系统质量有正向的影响	Emo→qual	0.32	8.23	支持
	Ada→qual	0.23	5.94	支持
H43：信息质量对使用意图有正向的影响	Qua→inte	0.35	8.33	支持
H45：服务质量对使用意图有正向的影响	Ser→inte	−0.16	−4.11	支持
H44：系统质量对使用意图有正向的影响	Qual→inte	0.55	8.76	支持
H42：用户满意度对使用意图有正向的影响	Sat→inte	0.11	2.0	支持

5.5.3 研究假设的结果解释

根据表 5-79，本研究的假设大部分都得到了支持，但是部分没有能够得到验证，主要原因在于先前的探索性因子分析和验证性因子分析过程中，从模型中删除了部分题项和因子所致，比如有关易用性的假设主要集中在 sys7 和 sys8 中，因此该部分没有得到验证。由于已经删除了经费与安全的相关题项，因此研究假设 H4 和 H6 没有得到验证。

考虑以下两个因素：①在探索性因子分析中，功能组已经分散在各个系统因子中，因此严格地按照研究假设进行验证比较困难；②TEDS 模型本身缺乏大量实证研究的支持（表4-20），所以模型本身也有完善与修正的必要，尤其是系统过程与价值增值部分的映射关系更是如此，从而本研究在系统过程对价值增值的影响中带有探索性分析的意味。基于此，本研究修订的部分包括以下几个方面。

（1）本研究没能证实研究假设 H29 和 H30，但是发现隐私与相关反馈对于服务质量存在直接影响而无需通过自适应性的中介。

（2）在 TEDS 模型中（表4-20），选择性示例的系统过程是选择，该系统过程在学术信息检索系统的实现中可以包括的系统功能太多，本研究将其实例化为系统因子 1 和系统因子 2，这两个因子分别对选择性存在正性与负性的影响。研究还发现选择性对于提高系统质量具有正性的影响。

（3）本研究还发现灵活性与系统因子 5 中的功能对系统性能存在正性的影响。

（4）系统因子 4 和系统因子 6 对易用性存在正性的影响。

结构方程分析的最终结果如图 5-1 所示。

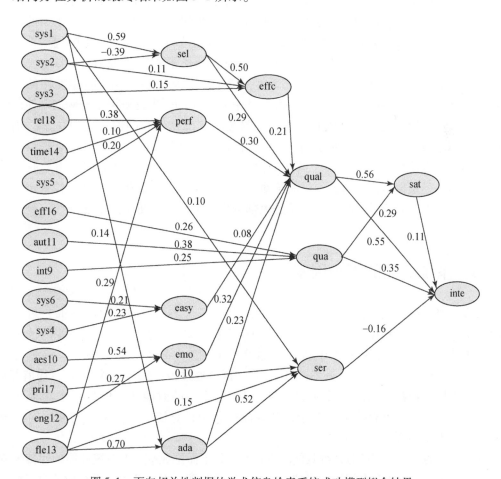

图 5-1　面向相关性判据的学术信息检索系统成功模型拟合结果

第6章 研究结论与进一步研究方向

6.1 研 究 结 论

6.1.1 选择性的影响因素

从表 5-79 可知，系统因子 1（sys1）、系统因子 2（sys2）对选择性存在不同方向的影响，路径系数分别为 0.59 和 −0.39。其中系统因子 1 包括个性化（aper01，aper02，aper03）、帮助（ahelp01）、激励（aale01）、社区、交互 1（ainter01）、输出 2（aexp01，aexp02）与社区 1（acomm01），这些因子通过表 4-28 的均数分析可知，其题项的均值都在 3 以上，结合 TEDS 模型，这些因子属于系统服务的范畴；系统因子 2 中包括检索字段（alim1～5）、浏览（abro1）、排序（aord1，aord3）和检索方式（asea1，asea3），这些因子通过表 4-28 的均数分析可知，大部分均值在 3 以下，因此属于用户很少使用的一些系统功能。路径系数的结果与均值分析一致，其中 sys1 中的题项提供了用户倾向于使用的丰富的功能，便于用户的选择，从而其路径系数是正向的比较高的值，达到 0.59，而 sys2 虽然其中的题项很庞大，但是对于用户的使用倾向而言是负性的，由于界面上提供了大量的用户不太经常使用的一些选项，虽然提供了很好的选择性，但是增加了用户的认知开销，因而其路径系数是负性的，不过其绝对值依然比较大，达到 0.39。该结论提示：在检索系统的设计中，对于这些必要的但又是大部分用户不倾向于使用的功能项如何处理需要仔细斟酌。

6.1.2 系统效能的影响因素

从表 5-79 可知，系统因子 2（sys2）、系统因子 3（sys3）与选择性（sele）对系统效能存在正性的影响，路径系数分别是 0.11、0.15 和 0.50。其中选择性和系统因子 2 已经在 6.1.1 中阐明；系统因子 3 中包括检索字段 6～7（alim6～7）、链接、检索方式 2（asea2）、文摘（aabs）与显示 1（adis1）。这些因子通过表 4-28 的分析可知，均值都在 3 以上，属于用户经常使用的系统功能，与 TEDS 模型中的效能认知的外生潜变量基本吻合。路径系数的结果也表明 sys2 对于系统效能的影响相对较小，而 sys3 与 sele 对系统效能的影响要大得多。

前面讨论的是三个因子对系统效能的直接影响，下面再观察一下系统效能的间接影响因素。Sys1 对于系统效能存在间接的影响，路径系数为 0.29，而 sys2 对于系统效能也存在间接的影响，路径系数为 −0.20。直接效应与间接效应综合之后，得到总的效应见表 6-1。

表 6-1　系统效能的总效应

	sys1	sys2	sys3	sele
Effc	0.29	−0.08	0.15	0.50

表 6-1 的数据表明虽然 sys1 对于系统效能没有直接的影响,但是通过中介变量 sele,其对系统效能的间接影响达到 0.29,该值表明系统用户对于检索系统的个性化服务等功能是肯定的,同时也充满了美好的期待,也就是说检索系统有必要在个性化服务、帮助、激励机制、社区与交互性等方面做得更好。sys2 虽然对系统效能存在正向的直接影响,但是其对系统效能的总的影响为 −0.08,该数据对于检索系统的分析与设计而言具有非常重要的价值,也就是说,检索系统应该审慎地处理这些看似有用,但是如果过多实际上带来负面效应的因素。sys3 的影响是正性的,但是路径系数相对而言不大,通过对 sys3 题项的分析可知,sys3 的题项都是检索系统普遍提供的功能,可以认为是检索系统功能的核心集合,因此其影响相对而言虽然不高,但是又极其重要,其中的检索结果的文摘题项,均值达到 3.88,表明大部分信息用户倾向于使用该功能,不过囿于现有的自然语言处理技术,检索系统提供该功能还需要做非常扎实的研究。

6.1.3　自适应性的影响因素

从表 5-79 可知,系统因子 1 和灵活性对自适应性存在正性的影响,路径系数分别达到 0.14 和 0.70,因子 1 已经在 6.1.1 节阐明,该结论证实了 TEDS 模型的假设,即交互性、社区、本地化、个性化、帮助、激励与灵活性影响检索系统的自适应性。其中可见,系统的灵活性对于自适应性的影响非常大,其路径系数达到 0.70,因此,检索系统有必要在同一公司的多个数据库之间、不同公司的多个数据库之间、数据库与因特网之间、消除重复记录与提供多语种支持等方面投入足够的精力,以充分提高整个系统的自适应性。不过,这些功能如果都要做到难度非常大,其中容易实现的是多语种支持和同一公司内部的多个数据库之间的跨库检索功能。不同公司之间以及数据库与因特网资源之间的跨库检索实现起来难度很大,牵涉技术层面的问题与非技术层面的问题,比如不同公司的商业利益、商业机密等就属于非技术层面的问题,而数据接口等属于技术层面的问题。通常,技术层面的问题相对容易解决一些,而非技术层面的问题处理起来往往更加困难。学术数据库之间的跨库检索如果说还相对容易实现的话,数据库与因特网资源之间的跨库检索则难度更大。主要原因在于,除了非技术层面的问题之外,后者的技术难度比前者大得多,现在的学术数据库都是结构化数据,跨库检索的问题更多地体现在接口层面,而因特网数据则通常为非结构化数据,即使个别搜索引擎有一些预处理的机制,但是对于网络这样的开放集合,想要将这些非结构化或者半结构化的数据转换为结构化数据,按照目前的自然语言处理技术,在没有人干预的前提下,完全实现还需要时间,究竟何时能够实现,目前尚不能给出明确的答案。

6.1.4　系统性能的影响因素

从表 5-79 可知,系统因子 5 (sys5),灵活性 (fle),时间认知 (time) 与可靠性

（rel）对系统性能存在正性的影响，路径系数分别为0.20，0.29，0.10和0.38。其中系统因子5包括排序2和排序4（aord02，aord04）、分组1和分组4（agro1，agro4）与标识（atag），这些因子通过表4-28的均数分析可知，其题项的均值基本上都在3以上，属于用户倾向于使用的系统功能。4个影响因素中，时间认知的影响最小，路径系数只有0.10，从而显示相对于系统因子5的各个构念、灵活性与可靠性来说，时间认知就显得不那么重要，也就是说数据库的页面载入速度、全文下载速度等时间认知指标没有其他几个指标的影响那么明显。与之对应，系统的可靠性对系统性能的影响则比其他三个大得多，路径系数达到0.38，从而提示学术检索系统的设计者要充分重视系统的可靠性，也即如何保证系统能够总是处于可用状态与具有很好的鲁棒性是十分重要的。

系统因子5与系统的灵活性对于系统性能的影响介于上述两个因子之间，路径系数分别达到0.20和0.29，显然这两个因子也具有非常重要的影响，针对系统因子5的重要影响，检索系统的设计者应该将排序、分组功能与标识等在现有技术的基础上进行优化，比如对于均值达到3.64和4.01的按照时间与相关度。由于按照时间排序现在的检索系统不外乎采用了按照由近及远或者由远及近的方式，就时间而言，更多的排序策略也难以发掘，不过对于相关性而言，挖掘的余地和空间则很大，例如如何按照文献信息的各种内在特征进行排序，现有的研究已经做得比较充分，不过是否可以利用文献的一些外部特征进行排序，是学术界可以思考的途径。该设想将作为本研究进一步的研究方向，有待深入。

6.1.5 情感认知的影响因素

从表5-79可知，美感（aea10）和娱乐体验（eng12）对情感认知存在正性的影响，路径系数分别为0.54，0.27。其中美感对于情感认知的影响非常显著，路径系数达到0.54，该数据提醒检索系统的设计者，在检索系统的分析和设计中，在完善各种功能的基础上，对于界面的美感也应该给予充分的考虑，具体体现在界面的色调、图形、字体与字形、各种按钮的标识、整体是否简洁、信息量的多少等。该部分内容牵涉系统的可用性工程的研究，也是目前学术界的一个研究热点。信息用户的娱乐体验对于情感认知也存在正性的影响，如何让信息用户在信息检索过程中感受到快乐并且深深地被吸引这是一个非常复杂的问题，也是一个多因的问题，系统中哪些因素能够影响用户的娱乐体验也是本研究进一步的研究主题。

6.1.6 易用认知的影响因素

从表5-79可知，系统因子4（sys4）和系统因子6（sys6）对易用认知存在正性的影响，路径系数分别为0.23，0.21。其中系统因子4包括相关反馈、检索技术1和检索技术2，输出3（以文本、XML等格式导出检索结果）与检索方式4（高级检索/专家检索），这些功能增强了检索系统的易用程度，比如高级检索/专家检索（需要信息用户具备较专深的检索知识），当用户能够熟练使用该方式之后，就能够比较容易的使用相应的检索系统，不再需要不断地点击各种按钮与选项。检索系统提供的包括布尔检索等各种检索技术，使得用户能够容易地根据自己的信息需求构建检索表达式，从而完成检索并获得自己所需要的信息。系统因子 6 包括查询扩展 1~3（acom1~3），分组 2 与分组 3。系统提供的诸如参考文献、链接的文献网络图、共引文献分析、相似文献推荐等查询扩展功能提供给信息用户从多个不同的视角获取文献的方式，避免了信息用户简单地从检索输入界面通过字符串匹配的方式获得文献的单一方式。随着学术数据库记录数的不断递增，用户的检索结果集也会越来越大，动辄出现成百上千条检索记录。目前提供的基于某种排序的线性方式，使得信息用户必须不断地通过点击"下一页"的方式在结果集中搜寻真正与其信息需求匹配的文献。检索系统可以通过作者单位、作者所用关键词对检索结果进行分类从而将检索结果展示方式从原先的线性结构转换为树形结构，这就减少了用户不断从庞大的线性集合中费时费力地搜寻文献的体力与脑力的开销。

通过表 4-28 的分析可知，系统因子 4 的均值都在 3 以上，表明其中的功能是信息用户使用得比较多的功能，并且实实在在地提高了系统的易用性，系统因子 6 的相关题项中相关反馈的均值也都在 3 以上，也表明是信息用户使用得比较频繁的功能。分组 2 和分组 3 的题项的均值基本都在 3 以下，从而表明是目前信息用户使用的比较少的功能，但是这些功能能够提高系统的易用性，从而提示信息检索系统的设计者，对于分组功能的分析与设计需要在现有功能的基础上联合学术界开展深入的研究，提供更好的能够满足用户需要的分组功能。

关于提高系统的易用性，用户常用的功能检索系统需要做得更好，对于目前用户使用得比较少，但又能够提高系统易用性的功能则需要深入研究，提供更能够满足用户需要的功能，这也是需要进一步研究的主题。

6.1.7 信息质量的影响因素

根据 TEDS 模型和 ISSM 的研究成果，信息的完整性、权威性、有效性、实时性、全文质量与准确性等相关性判据能够影响信息的质量，本研究的数据表明完整性、实时性、权威性、有效性对于信息质量存在正性的影响，路径系数分别为 0.26，0.38 与 0.25。由于在主成分分析中已经将信息的完整性与实时性置于一个因子之中，因此 0.26 的完整性的路径系数也包括实时性的影响。本研究的数据不支持全文质量与信息的准确性对于信息质量的影响。在正性影响的四个相关性判据中，权威性占据了主要的位置，表明检索系统提供的学术信息的权威程度对于信息质量的影响最大，其次是信息的完整性与实时性，对于学术研究而言，信息的完整与实时性对保证研究的开展显然将起到积极的作用。信息的有效性，包括文献内容能够被其他文献验证，方法、观点可靠与表达的逻辑严密等直接提高了文献的有效性。基于以上分析，检索系统在组织文献时，应该将着眼点放在权威、完整性、实时性与有效性上。本研究认为这几个方面也是数据库商可努力的，比如权威性，需要数据库商在组织文献的时候将目光放在同行评议论文、专业协会、学会的论文、SCI、SSCI、CSSCI 论文，其他诸如声誉好的出版商出版的论文，相关领域重要机构的论文等。在完整性与实时性方面，尽量保证文献的良好的连续性、增大时间的跨度、资料的内容齐全、丰富的期刊品种、跨多个学科与文献类型的丰富等。数据库本身则需要加快文献处理的速度、加快数据库的更新周期，减少与纸质出版物的时差，尽可能多地提供在线评议论文。

本研究没有证实准确性与全文质量对于信息质量的正性影响，看似不可思议，反思之后发现也很合理，即使仅根据直觉，信息的准确性也会对信息质量起到积极的影响，但是对于学术数据库而言，信息的准确性不是它能够保证的，信息的准确性的保证在于出版商、在于各种期刊编辑部的工作人员与审稿人员，因而在本研究中，信息准确性对数据库的信息质量没有提供正性的影响。反之，如果针对那些直接从事信息生产的系统进行信息质量的评估，则准确性应该也必然是信息质量的正性的影响因素。全文质量中的题项全文的清晰度与图片、表格清晰对于信息质量的影响也不显著，本研究认为可能的原因是现在所有的检索系统基本上都提供了 PDF 格式的全文输出，对于所有的信息用户来说，其体验是尽管不同系统提供的全文清晰度存在差异，但是对于理解文献内容没有造成障碍，因此是可接受的，相对而言，全文是否足够清晰与文献的权威性、完整性、实时性、有效性等相比，自然就不那么重要。不过对于检索系统而言，尽可能提高全文的清晰度尽管不是非常重要，但也仍然是其需要努力改善的一个方面。

6.1.8　服务质量的影响因素

从表 5-79 可知，系统因子 1（sys1）、灵活性、隐私与自适应性对服务质量存在正性的影响，路径系数分别为 0.10、0.15、0.10、0.52。系统因子 1 所包含的因子已经在 6.1.1 节中阐述，灵活性、隐私与自适应性等对服务质量的影响，证实了 TEDS 的假设。其中自适应性对服务质量的影响最大，路径系数达到 0.52，系统因子 1 和隐私对自适应性的影响相似，路径系数都为 0.1，而灵活性的直接影响介于中间，路径系数为 0.15。

前面讨论的都是直接影响，由于系统因子 1 和灵活性也是自适应性的外生潜变量，从而存在服务质量的间接影响。系统因子 1 对服务质量存在 0.07 的间接影响，而灵活性对服务质量存在 0.36 的间接影响。四个因子对服务质量的总的影响见表 6-2。

表 6-2　服务质量的总效应

	sys1	fle	pri	ada
ser	0.18	0.51	0.10	0.52

从表 6-2 可见，加上间接影响之后，灵活性对于服务质量的影响达到 0.51，而系统因子 1 对服务质量的影响达到 0.18，其他两个因子没有变化。该结果提示信息检索系统的设计者，如果要提高系统的服务质量，应该把主要的着眼点放在自适应性与灵活性，其次是系统因子 1，最后是隐私保护上面，由于自适应性的影响因素也是系统因子 1 和灵活性，从而也就意味着，系统的设计者需要把精力更多地放在系统因子 1 和灵活性上，其次才是信息用户的隐私保护。该结论与电子商务领域的研究结论存在一定的差异，主要原因在于，电子商务领域中都是注册用户，系统中存有大量的用户个人信息，因此信息用户非常注重这些系统对个人信息的保护，尤其是牵涉隐私的部分信息。而学术信息检索领域，目前主要是集团用户，信息用户基本上都是通过单位购买的使用权，用户只要是特定单位的

正式师生员工都可以合法使用相关的数据库，不需要提供个人信息，因而也就无所谓个人隐私的保护问题。不过在本研究中，隐私虽然路径系数不大，但是也达到了显著的水平，这说明用户更多的是从直觉的角度觉得该问题也是非常重要的，但是现有的学术检索系统还没有达到泄露其隐私的程度，因此影响还比较小。对于灵活性与系统因子1则又有不同，这两个因子是用户正在使用的相关功能，因此，检索系统需要切实地提高这些功能的效能，从而提高系统的服务质量，具体的设想见自适应性一节。

6.1.9 系统质量的影响因素

从表5-79可知，效能认知（effc）、性能认知（perf）、选择性（sel）、易用认知（easy）、情感认知（emo）与自适应性（ada）对系统质量存在正性的影响，路径系数分别为0.21，0.30，0.29，0.08，0.32，0.23。

本研究中的数据证实了TAM/TAM2（Venkatesh et al.，2003）等模型中有关易用认知构念的影响随着时间的推移而不断降低的结论。根据调查对象因特网使用年限与学术数据库使用年限的统计，因特网使用年限在1年以下的仅占1.2%，1~2年的也仅占1.9%，96.9%的调查对象其因特网使用年限在2年以上（表4-25），这些数据表明调查对象基本上都具有比较丰富的因特网使用经验。调查对象学术数据库的使用年限的统计表明，仅4.2%的调查对象其学术数据库的使用年限在1年以下，高达95.8%的调查对象其学术数据库的使用年限在1年以上（表4-25），从而也积累了丰富的学术数据库使用经验。对于具有丰富的因特网与学术数据库使用经验的调查对象而言，系统的易用性已经不是那么重要，虽然路径分析依然具有显著性，但是路径系数非常低，从而证明了TAM等模型中的研究结论，随着用户系统使用经验的积累，易用性对于逐渐成熟的系统用户而言，其重要性不断下降，该结论与"入芝兰之室，久而不闻其香"具有相同的道理。该结论也提醒系统的设计者，如果系统是全新的，用户几乎没有使用相似系统的体验，那么根据TAM模型的研究结论，还是有必要将易用性作为一个重要的指征审慎对待，而如果系统的目标用户已经具有类似系统的使用经验，则没有必要将主要的精力放在如何使系统更加易用，而应该将主要的精力放在其他那些无论对新手还是老手都很重要的因子。

除了易用认知之外，其他5个因子对于系统质量的贡献虽有差异，但是路径系数都在0.2以上，并且差别不大，那么也就意味着检索系统的设计者应该将效能认知、性能认知、选择性、情感认知（emo）与自适应性（ada）都作为主要的影响系统质量设计的因子进行对待与处理。由于这5个因子又分别受到系统因子1、系统因子2等外生潜变量的影响，下面观察一下这些因子对于系统质量的间接影响（表6-3）。

表6-3 系统质量的总效应

	sys1	sys2	sys3	sys4	sys5	sys6	aes	eng	fle	time	rel	sel
qual	0.26	-0.13	0.03	0.02	0.06	0.02	0.17	0.09	0.25	0.03	0.11	0.10

从表6-3可知，选择性对于系统质量除了存在直接影响高达0.29的路径系数之外，还存在通过effc的间接影响，系数为0.10，因此选择性对于系统质量的总的影响系数为

0.39，从而在 6 个直接影响系统质量的因子中，选择性的影响跃升为最大。其他对系统质量存在间接影响的外生潜变量中，系统因子 1 的影响最大，系数达到 0.26，其次为灵活性 0.25，处于第三位的美感，达到 0.17，可靠性也在 0.1 以上，达到 0.11，而系统因子 2 虽然绝对值也在 0.1 以上，但是其影响是反向的，达到 -0.13，其余的因子影响系数都在 0.1 以下，相对而言，程度要小一些。

这些数据对于检索系统的启示在于，如果要提高检索系统的系统质量，首先应关注系统的选择性，即从检索入口、检索方式与检索技术等层面提供丰富的可选择项，从而方便信息用户利用这些选项完成其信息需求的表达。不过需要注意的问题在于，系统因子 2 对于系统性能的影响是反向的，而系统因子 2 包括检索字段 1~5、检索方式 1 与检索方式 3 等提供丰富选择的系统功能，表 4-28 的统计结果表明，这些选项的均值在 3 以下，表明是信息用户使用较少，或者是不太倾向于使用的一些系统选项。那么就存在一个问题，那就是如何既充分地保证系统的选择性，同时又避免过多的选项给信息用户带来过多的认知负担。针对该问题，可以从检索方式选择中的 asea2 的几个因子中得到启示，asea2 中包括的题项为"简单/快速检索方式"、"自然语言检索方式"、"跨库检索方式"与"经典检索方式，即万方的提供标题、作者、关键词与摘要检索途径的检索方式"，通过表 4-28 的均值分析可以发现，这些题项除了自然语言检索方式的均值为 3.39 之外，其他几个题项的均值都在 3.6 以上，也就是说是属于用户非常倾向于使用的系统功能。检索系统的设计者可以在设计系统时，将用户经常使用的选项采用类似于万方的做法，将其放在一个标签页中，而对于那些用户使用比较少但能提高系统选择性的选项则放在其他标签页下，从而避免了所有的选项都在一个标签页下增加用户认知负担的做法。这种做法比较好地符合了"20/80"定律，即 20% 的功能即可以满足 80% 用户的需求，而另外 80% 的功能则放在不常用的标签页下，从而满足另外 20% 用户的需求。

在选择性之后，系统因子 1 和灵活性对于系统质量的影响系数差别很小，分别为 0.26 和 0.25，提示其对系统质量的贡献处于非常重要的位置，因此为了提高系统质量，应该着力提高系统因子 1 的功能与系统的灵活性。通过 6 个系统因子的分析可以发现，除了系统因子 2 的贡献为负性的之外，系统因子 1 对于系统质量的影响远远领先于其他 4 个因子，通过对各个因子所包含的内容与题项的分析，可以将其分为两大类，即系统因子 3~6 属于检索系统普遍提供的基本功能，如检索字段、链接、排序、分组、输出等，这些功能各系统之间的实现尽管有一定的差异，但是都达到了现有检索技术研究的顶尖水平，从而也存在类似于易用认知的情况，即随着时间的流逝，信息用户对于每个系统都提供的这些非常重要的功能已经熟视无睹，从而产生了视觉疲劳，因而显示 sys3~6 对于系统质量的影响不是很大，而 sys1 所包含的因子诸如个性化、社区、激励、交互与帮助等在个别学术信息检索系统中新出现的功能反而是被调查对象认为是影响系统质量的主要因素。

这种现象可以通过行为心理学中的"习惯化"（habituation）理论加以解释，所谓的习惯化是指"有机体对外源刺激的反应强度随该刺激的重复出现而减弱、以至消失，停歇一定时间后遇同样刺激又恢复反应的现象"（甘怡群，2005）。在学术信息检索系统中，由于调查对象都有长期使用检索系统核心功能的体验，从而导致信息用户对于这种重复出现的外源性刺激（核心功能）反应减弱，反而对检索系统新推出的个性化服务功能（新出现的外源性刺激）反应强烈。习惯化体现在问卷的结果中就是核心功能得分偏低，而新功能得分偏高。

这些数据提醒检索系统的分析与设计者，首先还是应该关注学术信息检索系统的核心竞争力，即系统因子3~6，在充分发掘检索技术各领域的研究成果的基础上，提供更先进的检索技术等为用户服务。在此基础上，应该尽可能的考虑系统因子1。本研究将系统因子1中所囊括的因子称为检索系统的附加服务，原先的检索系统没有提供这些服务，已经能够很好地为信息用户提供服务。如果在传统的检索系统之上，提供这些附加服务，这些附加服务在电子商务领域的应用表明，其能够很大程度上提高电子商务系统的采纳与接受，根据本研究的数据将显著地提高检索系统的系统质量。

表5-79的数据还表明，时间认知对于系统质量的影响比较小，本研究认为有其内在的合理性，根据计算机网络的知识，总时延 = 传播时延 + 发送时延 + 处理时延。发送时延取决于距离与信号的速率，目前对于调查对象而言大多在单位或者家庭访问学术检索系统，物理距离有限，多数情况下，传播时延可以忽略不计；发送时延取决于数据块大小与信道带宽之比，对于用户的发送请求而言数据块很小，因此该时间也可以忽略，因此总时延主要取决于处理时延，若将处理时延分为通信子网内部交换机与路由器的处理时延和学术信息检索系统的处理时延两部分，对于学术检索系统的使用而言，在学校/单位有镜像站点的检索系统时延都很小，而学校没有镜像站点的检索系统，其时延通常会显著增大。这个现象说明时延主要受限于网络的处理时延，而非检索系统的处理时延，也就是说，对于检索系统商而言，其对时间认知的贡献只能是通过购置配置更好的计算机以尽可能降低其处理时延，以及通过研究更高效的算法以提高信息查询的处理速度。而在现有的技术背景下，后者可提升的空间有限，即使购置更高档的机器，处理时延的降低也不会很明显；至于网络，是由各个单位自己研建的，与检索系统没有关系，所以，对调查对象的时间认知影响很低。一方面意味着信息用户可以接受相对比较长的时延，另一方面也说明信息用户了解目前时延比较长主要不是检索系统的原因，而在于网络；基于这两方面的原因，时间认知对于系统质量的影响比较小是可以理解的。

表5-79的数据还表明，系统的美感对于系统质量具有比较大的影响，因此在关注系统功能的基础上，对检索系统的界面设计等在内的可用性方面的研究也需要给予足够的重视，可以充分地利用HCI领域的研究成果改进检索系统的色调、图形、字体、字形、与各种按钮的标识以及整体的简洁性等。HCI已经成为一个独立的非常有前景的研究领域与学科，因此如何借鉴HCI的研究成果以改进整个检索系统的美感有待于更深入的研究。有关可靠性与娱乐认知的影响前文已经说明，本节不再展开。

6.1.10 满意度的影响因素

从表5-79可知，系统质量、信息质量对满意度存在正性的影响，路径系数分别为0.56，0.29。本研究的数据不支持服务质量对满意度的影响，其 t 值为1.86，路径系数为0.08，由于 t 值达到1.96为具备显著性，而本研究略低于该值，其中的具体因素有待进一步探讨。三个因子中，系统质量对满意度的影响最大，信息质量次之，而服务质量不显著。

ISSM 的研究显示，在个体层次系统质量→满意度之间的关系显示为强相关（Ivari，2005）。研究者基于不同的系统平台展开的研究分别采用不同的题项评估系统质量，比如作为衡量系统质量之一的管理信息系统中的管理支持功能与用户满意存在强相关（Gelderman，2002）；通过可靠性与下载时间衡量系统质量的网站系统，研究结果也显示系统质量与用户满意存在强的正相关（Kim et al.，2002）。Petter（2008）对 ISSM 的元分析表明，针对关系系统质量→满意度，在其分析的 21 项实证分析中，该关系全部表现为强的正相关。本研究为 ISSM 在系统质量→满意度关系增添了新的实证依据，本研究也表明在学术数据库检索系统中，系统可以做出快速反应、清楚且容易理解与界面设计友好作为系统质量衡量判据的题项也证实了该关系的强相关。

信息质量→满意度之间的关系在 Petter（2008）的元分析中，16 项研究有 15 项的结果表明二者存在强相关关系，在个体水平上，该关系也显示出强相关关系。多项研究表明该关系有比较强的持续性，没有受到时间等因素的影响，该结论与易用认知存在显著差异。以网站为研究平台的研究表明，以网站内容和内容组织作为信息质量的研究表明其与用户满意存在强相关。本研究为个体层次的信息质量→满意度增添了新的强相关证据，其影响系数达到 0.29，同时也表明在以学术信息检索系统为研究对象的语境下，为 ISSM 增加了该关系强相关的证据。

针对服务质量与满意度之间的关系，不同研究的结论并不像前面两个因子对满意度那么一致。研究者采用多种不同的方法研究了服务质量与满意度之间的关系。有些研究将服务质量通过系统支持人员的特征进行衡量，结论并不一致。Choe（1996）的研究发现在韩国企业中，信息系统支持人员的经验与用户满意没有直接的影响，随着时间的流逝二者的关系强度会发生显著的变化。在系统部署的初期，支持人员的经验对于用户满意稍有影响，而随着系统运行时间的延长，则难以见到这种关系的存在。在 Petter（2008）的元分析中，12 项研究的结论中，该关系呈显著性的有 6 项，而另外 6 项则不能提供二者强相关的证据。本研究为服务质量→满意度之间的关系弱相关提供了证据，但是二者的关系在本研究中没有达到显著性。从而表明在学术信息检索系统中，服务质量对用户满意不能提供足够的支持。通过问卷的三个题项"服务人员具有良好的知识和专业素质"、"数据库能够实时处理并回复我使用方面的问题"与"数据库了解我的个性化需求"等三个题项衡量的服务质量，确实是不能让调查对象满意的，根据表 4-4 的调查，现在学术信息检索系统几乎没有人工服务，因此很难在这三个方面令人满意，因此弱相关的结果也在意料之中。本研究提示检索系统的经营者，应该对人工服务给予足够重视，及时地解决信息用户的各种问题，提供更加人性化的服务。

在讨论了直接影响的基础上，下面观察一下间接影响，结果见表 6-4。

表 6-4　满意度的间接影响因素

	sys1	sys2	sys3	sys4	sys5	sys6	int9	aes10	aut11	eng12
Sat	0.15	−0.07	0.02	0.01	0.03	0.01	0.07	0.10	0.11	0.05

	fle13	time14	eff16	rel18	effc	perf	sel	easy	emo	ada
Sat	0.14	0.02	0.07	0.06	0.12	0.17	0.22	0.04	0.18	0.13

从表6-4可知，除了系统因子2对于满意度的影响为反向之外，其他因子对于满意度都存在正性的影响。其中选择性的间接影响最大，路径系数达到0.22，系统因子1、情感认知、自适应性、灵活性、效能认知、性能认知、美感与权威性等对满意度的影响在0.1以上，其他因子对于满意度的影响都在0.1以下。由表中数据可知，为了提高信息用户的满意度，主要的着眼点应该是提高系统的选择性、情感认知、性能认知、系统因子1、灵活性、效能认知、自适应性、权威性与美感等。而因子在0.1以下的表面看似乎不那么重要，但是在6.1.8节已经讨论，不再赘述。

6.1.11　使用意图的影响因素

从表5-79可知，信息质量、系统质量与满意度对使用意图存在正性的影响，路径系数分别为0.35，0.55和0.11，而服务质量对使用意图存在负性的影响，路径系数为－016。4个因子中，系统质量对使用意图的影响最大，信息质量次之，服务质量与满意度依次递减排在后面。

针对关系系统质量→使用意图，先前的研究没有提供一致的结论，许多研究通过易用认知衡量系统质量，研究结论显示其对使用意图的影响为正性。Venkatesh 和 Davis（2000）和 Venkatesh 和 Morris（2000）等的研究显示易用认知对于使用意图具有正性的影响，不过 Straub（1995）的研究显示易用认知对实际使用仅仅存在弱相关。Iivari（2005）的研究证实了系统质量与使用间的正性关系。Goodhue 和 Thompson（1995）发现系统可靠性与系统使用存在正性的关系。Agarwal 和 Prasad（1997）探讨了哪些信息系统的特征能够影响使用意图与使用，在分析诸如相对优势和兼容性等特征时研究结论也出现了不一致的现象。Venkatesh（2003）的研究发现在系统部署、实施阶段努力期望与使用意图之间存在强的正相关关系，不过3至6个月之后，这种强相关关系则渐渐消融。在 Petter（2008）的元分析中，21项研究中的9项显示为正性的影响，而剩下的研究则表现为不支持或者得不到一致的结论。本研究则为关系系统质量→使用意图提供了正性强相关的证据，其影响系数达到0.55，同时也在以学术信息检索系统为研究对象的语境下，为 ISSM 增加了该关系强相关的证据。与前面研究中简单地将系统质量等同于易用认知不同，本研究根据TEDS 模型，将系统质量通过愉悦认知、性能认知、易用认知、效能认知、选择性与自适应性衡量，得到了强相关的结论。该结论证实了 Adams（1992）的猜想，即系统质量是一个复杂的构念，该构念不能简单的通过易用认知、可靠性等单一的构念进行评估，而应该采用更加全面的因子进行衡量，只有这样才能得到科学、合理的结论，而不至于瞎子摸象。

相对于关系系统质量→使用意图的广泛研究，信息质量→使用意图的研究无论在个体还是组织水平上都研究甚少。一个主要的原因是研究者倾向于将信息质量作为衡量用户满意的题项，很少单独作为一个独立的构念进行研究。在信息系统成功模型中，信息质量与使用意图之间的关系通常作为一个整体进行研究。Rai（2002）的研究发现信息质量与系统使用存在正相关。Halawi（2007）的研究显示，在知识管理系统中，信息质量对于使用意图存在显著的影响。而 Iivari（2005）的研究显示信息质量对于使用意图没有显著影响。

在 Petter（2008）的元分析中，6 项研究中的 3 项显示为正性的影响，而剩下的研究则表现为不支持或者得到了不一致的结论。本研究则为关系系统质量→使用意图提供了正性强相关的证据，其影响系数达到 0.35，同时也在以学术信息检索系统为研究对象的语境下，为 ISSM 增加了该关系强相关的证据。本研究根据 TEDS 模型，将信息质量通过有效性、权威性、实时性、全面性、准确性以及全文质量进行衡量，得到了强相关的结论。该结论也说明信息质量是一个复杂的构念，应该采用更加全面的因子对其进行衡量，这样才能够正确地评价信息质量与使用意图之间的关系。

目前无论在个体层次还是组织层次，都鲜有文献探讨服务质量→使用意图之间的关系。Choe（1996）通过韩国的财务信息系统的研究证实，系统支持人员的从业年限对于使用的频率以及使用意愿存在弱相关。对 Nolan（1973）的信息系统成熟度模型的深入分析显示，系统支持人员的从业年限与系统使用存在显著的正相关，不过，在模型的后期，发现原先的强正相关关系竟然演变为负相关关系。在 Petter（2008）的元分析中，3 项研究都没有证实信息系统成功模型中该关系的假设。本研究则为关系服务质量→使用意图提供了负相关的证据，其影响系数达到 −0.16，同时也在以学术信息检索系统为研究对象的语境下，为 ISSM 增加了该关系负相关的证据。本结论表明，相对于电子商务、知识管理系统等系统的研究而言，学术数据库检索系统的服务还十分有必要得到加强。

Iivari（2005）的研究表明满意度→使用意图之间的关系在个体水平上存在中等强度的相关，不过在组织水平上该关系则没有得到证实。Rai（2002）的研究显示满意度与使用意图存在强相关关系。Wixom 和 Todd（2005）的研究不仅证实了满意度与系统使用之间的强相关关系，同时也证实了该关系可以由技术采纳构念进行中介。本研究则为关系满意度→使用意图提供了正相关的证据，其影响系数达到 0.11，同时也在以学术信息检索系统为研究对象的语境下，为 ISSM 增加了该关系正相关的证据。

前面讨论了信息质量、服务质量、系统质量与满意度对使用意图的直接影响，下面观察一下使用意图的间接影响因素，见表 6-5。

表 6-5 使用意图的间接影响因素

	sys1	sys2	sys3	sys4	sys5	sys6	int9	aes10	aut11	eng12
inte	0.13	−0.08	0.02	0.01	0.04	0.01	0.10	0.11	0.15	0.05

	fle13	time14	eff16	pri17	rel18	effc	perf	sel	easy	qua
inte	0.07	0.02	0.10	−0.02	0.07	0.12	0.18	0.24	0.05	0.03

	emo	qual	ada
inte	0.20	0.06	0.05

根据表 6-5 显示信息质量与系统质量除了直接影响之外，对使用意图还存在间接影响，因而二者对于使用意图的总影响分别达到 0.38 和 0.61，从而进一步增强了前面的结论，即信息质量与系统质量对使用意图存在正性的强相关。

在其他因子中，系统因子 2 与隐私对于系统使用存在负性的影响，有关二者的详细讨论分别见系统质量和服务质量的影响因素一节。除了二者之外，涉及信息质量维度的主要是信息的权威性、有效性和完整性与实时性对使用意图存在显著的正相关，影响系数达到

0.15、0.1 和 0.1。涉及系统质量的因子中，选择性、情感认知、性能认知、效用认知、美感与可靠性等对于使用意图存在间接的影响。外生潜变量中，系统因子 3 ~ 6 的影响相对而言比较小，具体分析见系统质量一节。

6.2　进一步的研究方向

本研究开展了基于本土的相关性判据研究，构建了包括 9 个类别的相关性判据集，并将其与 VAM、TEDS 与 ISSM 进行整合构建了面向相关性判据的学术信息检索系统成功模型，并证实了模型的有效性。本研究通过对模型的实证研究，提出了改进学术信息检索系统的若干建议，这些建议如何才能体现在学术信息检索系统的改进之中，还有待于整个学术界与产业界的共同努力。本研究拟在前面提出的建议中，先行选取基于相关性判据的检索系统相关性排序与学术检索系统的界面改进作为进一步的研究方向。

6.2.1　多视角的相关性排序方案

根据用户信息行为的研究结论：不同学术信息用户对文献信息的需求存在很大差异，即使同一用户在不同的语境之下其信息需求也往往不尽相同，因此应该尽可能多地提供给信息用户根据其信息需求进行检索结果排序的方式。根据信息用户相关性判据的研究结果，分别依据用户不同的相关性判据提供不同的检索结果排序应该能更好地满足信息用户的需求。目前，学术信息检索系统大多只提供了依据出版时间与相关性的线性排序方案，因此根据用户信息行为模式和相关性判据的研究结论对现有系统进行改进是大有可为的。

6.2.2　检索系统的界面改进研究

根据不同类别的相关性判据对于信息质量、系统质量、服务质量、满意度与使用意图的影响，可以考虑在充分吸收人机交互研究成果的基础上，对学术信息检索系统的界面改进进行理论与实证研究。比如根据表 6-3 的数据，可以考虑设计出既有充分的选择性，同时又避免增加信息用户认知开销的和谐界面。更具体的研究思路还有待在后继的研究中充实与完善。

参 考 文 献

成颖，孙建军，巢乃鹏 . 2004. 信息检索中的相关性模型 . 图书情报工作，（12）：46-50

成颖，孙建军，宋玲丽 . 2005. 相关性判据研究 . 中国图书馆学报，31（3）：55-60

成颖，孙建军 . 2004. 信息检索中的相关性研究 . 情报学报，（6）：689-696

风笑天 . 2005. 现代社会调查方法 . 武汉：华中科技大学出版社

甘怡群 . 2005. 心理与行为科学统计 . 北京：北京大学出版社

郭秀艳译 . 2001. 实验心理学——掌握心理学的研究 . 上海：华东师范大学出版社

侯杰泰，温忠麟，成子娟 . 2004. 结构方程模型及其应用 . 北京：教育科学出版社

黄慕萱 . 1996. 资讯检索中"相关"概念之研究 . 中国台湾：学生书局

黄雪玲 . 1993. 信息检索中"相关"概念与"相关"判断 . 美国信息科学学会台北学生分会会讯，6
（6）：84-106

贾俊平 . 2006. 统计学 . 第二版 . 北京：清华大学出版社

康耀红 . 1990. 相关性及排序原则 . 情报理论与实践，（4）：7-9

李本乾 . 2000. 描述传播内容特征 . 检验传播研究假设：内容分析法简介（下）. 当代传播，（1）：47-49

李国秋，吕斌 . 1996. 检索相关性研究的发展 . 情报理论与实践，（2）：56-59

梁战平 . 2007. 我国科技情报研究的探索与发展 . 情报探索，（7）：3-7

马费成 . 2007. 论情报学的基本原理及理论体系构建 . 情报学报，26（1）：3-13

屈鹏等 . 2007. 国际情报学研究主题的聚类分析——基于 1996 – 2003 年的 LISA 数据库 . 情报学报，26
（6）：909-917

孙绍荣 . 1989. 论试验方法在情报学理论建设中的作用：美国的相关性试验的启示 . 情报理论与实践，
（2）：9-10

孙绍荣 . 1989. 美国的文献相关性试验评介 . 情报业务研究，（2）：137-140

王家钺 . 2001. 信息检索中相关性概念的研究 . 现代外语，（2）：181-191

吴明隆 . 2000. SPSS 统计应用实务 . 北京：中国铁道出版社

吴明隆 . 2009. 结构方程模型：AMOS 的操作与应用 . 第一版 . 重庆：重庆大学出版社

张新民，化柏林，罗卫东 . 2008. 相关性研究探析 . 情报学报，27（5）：691-697

朱滢 . 2000. 实验心理学 . 北京：北京大学出版社

Adams D A, Nelson R R, Todd P A. 1992. Perceived usefulness, ease of use, and usage of information technolo-
gy: a replication. MIS Quarterly, 16（2），227-247

Agarwal R, Prasad J. 1997. The role of innovation characteristics and perceived voluntariness in the acceptance of
information technologies. Decision Sciences, 28（3）：557-582

Bailey J E, Pearson S W. 1983. Development of a tool for measuring and analyzing computer user satisfac-
tion. Management Science, 29（5）：530-545

Barnes M D, Penrod C, NEIGER B L, et al. 2003. Measuring the relevance of evaluation criteria among health
information seekers on the internet. Journal of Health Psychology, 8（1）：71-82

Barry C L, Schamber L. 1998. User's criteria for relevance evaluation：A cross-situational comparison. Information

Processing and Management, 34 (2/3): 219-236

Barry C L. 1994. User-defined relevance criteria: An exploratory study. Journal of the American Society for Information Science, 45 (3): 149-159

Barry C L. 1993. The identification of user relevance criteria and document characteristics: Beyond the topical approach to information retrieval. Unpublished doctoral dissertation. Syracuse, NY: Syracuse University

Bateman J. 1998. Modeling changes in end-user relevance criteria: An information seeking study. Unpublished doctoral dissertation. Texas: University of North Texas

Belkin N J, Cool C, Koenemann J et al. 1996. Using relevance feedback and ranking in interactive searching// Harman D. TREC-4. Washington, D. C. : Proceedings of the Fourth Text Retrieval Conference

Borlund P. 2003. The concept of relevance in IR. Journal of the American Society for Information Science, 54 (10): 913-925

Burton V T, Chadwick S A. 2000. Investigating the practices of student researchers: Patterns of use and criteria for use of internet and library. Sources Computers and Composition, 17: 309-328

Bush V. 1945. As we may think. The Atlantic Monthly, July: 101-108

Choe J M. 1996. The relationships among performance of accounting information systems, influence factors, and evolution level of information systems. Journal of Management Information Systems, 12 (4): 215-239

Compeau D R, Higgins C A, Huff S. 1999. Social cognitive theory and individual reactions to computing technology: A longitudinal study. MIS Quarterly, 23 (2), 145-158

Compeau D R, Higgins C A. 1995. Computer self-efficacy: Development of a measure and initial Test. MIS Quarterly, 19 (2): 189-211

Cool C, Belkin N J, Kantor P B. 1993. Characteristics of texts affecting relevance judgments//Williams M E. Proceedings of the 14th national online meeting, 77-84. Medford, NJ: Learned Information, Inc

Cooper W S. 1973a. On selecting a measure of retrieval effectiveness, part 1: The subjective philosophy of evaluation. Journal of the American Society for Information Science, 24 (2): 87-100

Cooper W S. 1973b. On selecting a measure of retrieval effectiveness, part 2: Implementation of the philosophy. Journal of the American Society for Information Science, 24 (6): 413-424

Crystal A, Jane Greenberg. 2006. Relevance criteria identified by health information users during web searches. Journal of the American Society for Information Science and Technology, 57 (10): 1368-1382

Cuadra C A, Katter R V. 1967a. Opening the black box of relevance. Journal of Documentation, 23 (4), 291-303

Cuadra C A, Katter R V. 1967b. Experimental studies of relevance judgments final report. volume 1: Project summary. Cleveland, OH: Case Western Reserve University, School of Library Science, Center for Documentation and Communication Research

Davis F D. 1989. Perceived usefulness, perceived ease of use, and user acceptance of information technology. MIS Quarterly, 13 (3): 318-340

Davis F, Bagozzi R, Warshaw R. 1989. User acceptance of computer technology: A comparison of two theoretical models. Management Science, 35: 982-1003

DeLone W, McLean E. 1992. Information system success: The quest for the dependent variable. Information System Research, 3 (1): 60-95

DeLone W, McLean E. 2003. The DeLone and McLean Model of information systems success: A ten-year update. Journal of Management Information Systems, 19 (4): 9-30

Dervin B. 1983. An overview of Sense-Making research: Concepts, methods, and results to date. Paper presented at the meeting of the International Communication Association, Dallas, TX

Eisenberg M, Barry C. 1988. Order effects: A study of the possible influences of presentation order on user judgment of document relevance. Journal of the American Society for Information Science, 39: 293-300

Eyono S D O. 2010. An information and system quality evaluation framework for tribal portals: The case of selected tribal portals from cameroon. 2010 2nd International Conference on Computer Technology and Development (ICCTD 2010): 115-120

Fleiss J L, Gross A J. 1991. Meta-analysis in epidemiology, with special reference to studies of the association between exposure to environmental tobacco smoke and lung cancer: a critique. J Clin Epidemiol, 2: 127-139

Froehlich T J. 1994. Relevance reconsidered—Towards an agenda for the 21st century: Introduction to special topic issue on relevance research. Journal of the American Society for Information Science, 45 (3): 124-133

Gelderman M. 2002. Task difficulty, task variability and satisfaction with management support systems. Information & Management, 39 (7), 593-604

Goffman W, Newill V A. 1966. Methodology for test and evaluation of information retrieval systems. Information Storage and Retrieval, 3 (1), 19-25

Goffman W. 1964. On relevance as a measure. Information Storage and Retrieval, 2 (3): 201-203

Goodhue D L, Thompson R. 1995. Task-technology fit and individual performance. MIS Quarterly, 19 (2): 213-236

Goodrum A, Pope R, Godo E et al. 2010, Newsblog relevance: Applying relevance criteria to news- related blogs. Proceedings of the American Society for Information Science and Technology, 47: 1, 2

Halawi L A, Mccarthy R V, Aronson J E. 2007 An empirical investigation of knowledge- management systems' success. The Journalof Computer Information Systems, 48 (2): 121-135

Harter P. 1992. Psychological relevance and information science. Journal of theAmerican Society for Information Science, 43 (9): 602-615

Harter S P, Hert C A. 1997. Evaluation of information retrieval systems: Approaches, issues, and methods. // Martha E W. 1997. Annual Review of Information Science and Technology (ARIST). New York: Interscience Publishers

Hernon P, Calvert P J. 2005. E-service quality in libraries: Exploring its features and dimensions. Library & Information Science Research, 27: 377-404

Hirsh S G. 1999. Children's relevance criteria and information seeking on electronic resources. Journal of the American Society for Information Science, 50: 1265-1283

Howard D L. 1994. Pertinence as reflected in personal constructs. Journal of the American Society for Information Science, 45: 172-185

Ingwersen P. 1992. Information retrieval interaction. London: Tayler Graham Publishing

Inskip C, MacFarlane A, Rafferty P. 2010. Creative professional users' musical relevance criteria. J. Information Science, 36 (4): 517-529

Ivari J. 2005. An empirical test of the deLone- mcLean model of information system success. The DATABASE for Advances in Information Systems, 36 (2): 8-27

Janes J W, McKinney R. 1992. Relevance judgments of actual users and secondary judgers: a comparative study. Library quarterly, 62 (2): 150-168

Janes J W. 1991a. Relevance judgments and the incremental presentation of document representations. Information Processing & Management, 27 (6): 629-646

Janes J W. 1991b. The binary nature of continuous relevance judgments: A case study of users' perceptions. Journal of the American Society for Information Science, 42 (10): 754-756

Janes J W. 1994. Other people's judgments: A comparison of user's and other's judgments of document relevance, topicality, and utility. Journal of the American Society for Information Science, 45 (3): 160-171

Kim B, Hanb I. 2011. The role of utilitarian and hedonic values and their antecedents in a mobile data service environment. Expert Systems with Applications, 38 (3): 2311-2318

Kim J, Lee J, Han K, et al. 2002. Business as buildings: metrics for the architectural quality of internet businesses. Information Systems Research, 13 (3): 239-254

Kim S, Oh J S, Oh S. 2007. Best-answer selection criteria in a social Q&A site from the user oriented relevance perspective. Proceeding of the 70th Annual Meeting of the American Society for Information Science and Technology, 44 (1): 1-15

Kinnucan M T. 1992. The size of retrieval sets. Journal of the American Society for Information Science, 43: 29-72

Kuhlthau C C. 1993. Seeking meaning: a process approach to library and information services. Norwood, NJ: Ablex Publishing

Kulkarni U R, Raviindran S, Freeze R. 2006. A knowledge management success model: theoretical development and empirical validation. Journal of Management Information Systems, 23 (3): 309-347

Lancaster F W. 1979. Information retrieval systems: Characteristics, testing and evaluation. New York: John Wiley & Sons

Lawley K N, Soergel D, Huang X. 2005. Relevance criteria used by teachers in selecting oral history materials. Charlotte: Proceedings of the American Society for Information Science and Technology

Leonard L E. 1975. Inter-indexer consistency and retrieval effectiveness: Measurement and relationship. Illinois, IL: Ph. D Dissertation, University of Illinois, IL

Liddy E D. 1990. Anaphora in natural language processing and information retrieval. Information Processing & Management, 26 (1): 39-52

Maglaughlin K L, Sonnenwald D H. 2002, User perspectives on relevance criteria: A comparison among relevant, partially relevant, and not-relevant judgments. Journal of the American Society for Information Science and Technology, 53: 327-342

Markey K. 1984. Interindexer consistency tests: A literature review and report of a test of consistency in indexing visual materials. Library and information science research, (6): 155-177

Maron M E, Kuhns J L. 1960. On relevance, probabilistic indexing, and information retrieval. Journal of the Association for Computing Machinery, 7 (3): 216-244

McKinney V, Yoon K, Zahedi F. 2002. The measurement of Web-customer satisfaction: An expectation and disconfirmation approach. Information Systems Research, 13 (3): 296-309

Mellon C A. 1990. Naturalistic inquiry for library science: Methods and applications for research, evaluation, and teaching. New York: Greenwood Press

Meng Y. 2005. An exploration of users' video relevance criteria. Unpublished doctoral dissertation, the university of north carolina at chapel hill

Metzler P P, Haas S W, Cosic C L, et al. 1990. Conjunction, ellipsis, and other discontinuous constituents in the Constituent Object Parser. Information Processing & Management, 26 (1): 53-71

Mizzaro S. 1997. Relevance: The whole history. Journal of the American Society for Information Science, 48 (9): 810-832

Mizzaro S. 1998. How many relevances in information retrieval. Interacting with Computers, (10): 303-320

Moore G C, Benbasat I. 1991. Development of an instrument to measure the perceptions of adopting an information technology innovation. Information Systems Research, 2 (3): 173-191

Nilan M S, Peek R P, Snyder H W. 1988. A methodology for tapping user evaluation behaviors: An exploration of users' strategy, source and information evaluating. Proceedings of the American Society for Information Science. Medford, NJ: Learned Information

Papaeconomou C, Zijlema A F, Ingwersen P. 2008. Searchers' relevance judgments and criteria in evaluating web pages in a learning style perspective. New York: Proceedings of the second international symposium on information interaction in context

Parasuraman A, Zeithaml V A, Berry L L. 1991. Refinement and reassessment of the SERVQUAL scale. Journal of Retailing, 67 (4): 420-450

Park T K. 1992. The nature of relevance in information retrieval: An empirical study. Bloomington, IN: Unpublished doctoral dissertation, School of Library and Information Science, Indiana University

Park T K. 1993. The nature of relevance in information retrieval: An empirical study. Library Quarterly, 63 (3): 318-351

Petter S, DeLone W H, McLean E R. 2008. Measuring information systems success: models, dimensions, measures, and interrelationships. European Journal of Information System, 17 (3): 236-263

Pitt L F, Watson R T, Kavan C B. 1995. Service quality: A measure of information systems effectiveness. MIS Quarterly, 19 (2): 173-188

Pérez-Mira B. 2010. Validity of DeLone and McLean's model of information systems success at the web site level of analysis. Unpublished doctoral dissertation, Louisiana State University

Rai A, Lang S S, Welker R B. 2002. Assessing the validity of IS success models: An empirical test and theoretical analysis. Information SystemsResearch, 13 (1): 5-69

Rees A M, Schulz D G. 1967a. A field experimental approach to the study of relevance assessments in relation to document searching (2 vols., NSF Contract No. C-423). Cleveland, OH: Center for Documentation and Communication Research, School of Library Science, Case Western Reserve University

Rees A M, Schultz D G. 1967b. A field experimental approach to the study of relevance assessments in relation to document searching: Final report, Volume 1. Cleveland, OH: Case Western Reserve University, School of Library Science, Center for Documentation and Communication Research

Reijo S, Jarkko K. 2006. User-defined relevance criteria in web searching. Journal of Documentation, 62 (6): 685-707

Salton G, Buckley C, Smith M. 1990. On the application of syntactic methodologies in automatic text analysis. Information Processing & management, 26 (1): 73-92

Salton G. 1989. Automatic text processing: The transformation, analysis, and retrieval of information by computer. Boston: Addison-Wesley

Saracevic T. 1975. Relevance: A review of and a framework for the thinking on the notion in information science. Journal of the American Society for Information Science, 26 (6): 321-343

Saracevic T. 1996. Relevance reconsidered '96//Ingwersen P, Pors N O. 1996. Proceedings of CoLIS 2, second international conference on conceptions of library and information science: Integration in perspective, Copenhagen. Copenhagen: Royal School of Librarianship

Saracevic T. 2007. Relevance: A review of the literature and a framework for thinking on the notion in information science. Part II: nature and manifestations of relevance. Journal of the American Society for Information Science and Technology, 58 (3): 1915-1933

Saracevic T. 2007. Relevance: A review of the literature and a framework for thinking on the notion in information science. Part III: Behavior and effects of relevance. Journal of the American Society for Information Science and Technology, 58 (13): 2126-2144

Savolainen R, Kari J. 2006. User-defined relevance criteria in web searching. Journal of Documentation, 62 (6): 685 - 707

Savolainen R. 2010. Source preference criteria in the context of everyday projects: relevance judgments made by prospective home buyers. Journal of Documentation, 66 (1): 70-92

Schamber L, Bateman J. 1996. User criteria in relevance evaluation: Toward development of a measurement scale. Medford, NJ: Proceedings of the American Society for Information Science, Baltimore, MD

Schamber L, Eistnberg M B, Nilan M S. 1990. A re-examination of relevance: Toward a dynamic, situational definition. Information Processing & Management, 26 (6): 755-775

Schamber L. 1991. Users' criteria for evaluation in a multimedia information seeking and use situation. Syracuse, NY: Unpublished doctoral dissertation, Syracuse University

Schamber L. 1994. Relevance and information behavior. Annual Review of Information Science and Technology, 29: 3-48

Scholl H. 2011. The TEDS framework for assessing information systems from a human actors' perspective: Extending and repurposing Taylor's Value-Added Model. Journal of the American Society for Information Science and Technology, 62 (4): 789-804

Seddon P B. 1997. A respecification and extension of the DeLone and McLean Model of IS success. Information Systems Research, 8 (3): 240-253

Sedera D G. 2004. A factor and structural equation analysis of the enterprise systems success measurement model. Washington, D. C.: International Conference of Information Systems

Sedghia S, Sandersona M, Clougha P. 2008. A study on the relevance criteria for medical images. Pattern Recognition Letters, 29 (15): 2046-2057

Sperber D, Wilson D. 2001. Relevance: Communication and Cognition. 北京: 外语教学与研究出版社

Spink A, Greisdorf H, Bateman J. 1998. Examining different regions of relevance: From highly relevant to not relevant. NJ: Medford, Proceedings of the American Society for Information Science, Columbus, OH

Straub D W, Limayem M, Karahamna-Evaristo E. 1995. Measuring system usage: implications for IS theory testing. Management Science, 41 (8): 1328-1342

Su L T. 1993. Is relevance an adequate criterion for retrieval system evaluation: An empirical inquiry into user's evaluation. Medford, NJ: Proceedings of the American Society for Information Science

Tang R, Solomon P. 1998. Toward an understanding of the dynamics of relevance judgment: An analysis of one person's search behavior. Information Processing & Management, 34 (2/3): 237-256

Tang R, Solomon P. 2001. Use of relevance criteria across stages of document evaluation: On the complementarity of experimental and naturalistic studies. JASIST, 52 (8): 676-685

Taube M, Gull C D, Wachtel I S. 1952. Unit terms in coordinate indexing. American Documentation, 3 (4): 213-218

Taylor A R, Cool C, Belkin N J, et al. 2007. Relationships between categories of relevance criteria and stage in task completion. Information Processing and Management, 43 (4): 1071-1084

Taylor A R, Zhang X, Amadio W J. 2009. Examination of relevance criteria choices and the information search process. Journal of Documentation, 65 (5): 719-744

Taylor R S. 1986. Value-added processes in information systems. Norwood, NJ: Ablex Publishing

Tombros A, Ruthven I, Jose J M. 2003. Searchers' criteria for assessing web pages. New York: Proceedings of the

26th annual international ACM SIGIR conference on Research and development in informaion retrieval

Tsakonas G, Papatheodorou C. 2007. Critical constructs of digital library interaction. Proceedings of 11th Panhellenic Conference on Informatics PIC 2007, 2: 57-67

Vakkari P, Hakala N. 2000. Changes in relevance criteria and problem stages in task performance. Journal of Documentation, 56 (5): 540-562

Venkatesh V, Davis F D. 2000. A theoretical extension of the technology acceptance model: four longitudinal field studies. Management Science, 46 (2): 186-204

Venkatesh V, Morris M G, Davis G B, et al. 2003. User acceptance of information technology: Toward a unified view. MIS Quarterly, 27 (3): 425-478

Venkatesh V, Morris M G. 2000. Why don't men ever stop to ask for directions? Gender, social influence, and their role in technologyacceptance and usage behavior. MIS Quarterly, 24 (1): 115-149

Vickery E. 1985. Interaction in information systems: A review of research from document retrieval to knowledge-based systems. London: The British Library

Wang P L. 2010. Contextualizing user relevance criteria: A meta-ethnographic approach to user-centered relevance studies. New Brunswick, NJ: Poster Paper IIiX 2010: Information interaction in context

Wang P, Soergel D. 1998. A cognitive model of document use during a research project. Study I: Document selection. Journal of the American Society for Information Science, 49 (2): 115-133

Wang P, White M D. 1999. A cognitive model of document use during a research project. Study II: Decisions at the reading and citing stages. Journal of the American Society for Information Science, 50 (2): 98-114

Wang P. 1994. A cognitive model of document selection of real users of information retrieval systems. College Park, MD Unpublished doctoral dissertation, University of Maryland, College of Library and Information Science

Westbrook L. 2001. Faculty relevance criteria: Internalized user needs. Library Trends, 50 (2): 197-206

Wilson P. 1973. Situational relevance. Information Storage and Retrieval, 9: 457-469

Wilson T D. 1997. Information behaviour: An inter-disciplinary perspective//Vakkari P, Savolainen R, Dervin B. 1996. Information seeking in context: proceedings of an international conference on research in information needs, seeking and use in different contexts. London: Taylor Graham

Wixom B H, Todd P A. 2005. A theoretical integration of user satisfaction and technology acceptance. Information Systems Research, 16 (1): 85-102

Xie H. 2008. Users' evaluation of digital libraries: Their uses, their criteria, and their assessment. Information Processing & Management, 44 (3): 1346-1373

Zhang X M. 2002. Collaborative relevance judgment: A group consensus method for evaluating user search performance. Journal of the American Society for Information Science and Technology, 53 (3): 220-231